汽车先进技术译丛

日本汽车技术协会·汽车技术经典书系

U0210386

汽车发动机环境对应技术

〔日〕井上惠太　迁村钦司　主编

刘显臣　译

机械工业出版社

本书以汽车发动机的环境保护技术研究成果为主线，从多个角度加以阐述，如排放废气及燃油消耗相关的法规，火花点火式发动机及压缩点火式发动机的燃烧、构造、排放处理、控制、燃料，以及包含代用燃料、混合动力的电动汽车、废气涡轮增压等。其研究与试验方法贴近工程实际，非常值得国内技术人员阅读借鉴。

序

　　本丛书是日本汽车技术协会主编的汽车技术经典书系，书系共 12 册。本系列丛书旨在阐述汽车相关的焦点技术及其将来的发展趋势，由活跃在第一线的研究人员和技术人员编写。

　　日本汽车技术协会的主要责任是向读者提供最新技术课题所需要的必要信息，为此我们策划了本系列丛书的出版发行。本系列丛书的各分册中，相对于包罗万象的全面涉及，编者更倾向于有所取舍地选择相关内容，并在此主导思想下由各位执笔者自由地发表其主张和见解。因此，本系列丛书传递的将是汽车工程学、技术最前沿的热点话题。

　　本系列丛书的主题思想是无一遗漏地包含基础且普遍的事项，与本协会的"汽车工学手册"属于对立的两个极端，"汽车工学手册"每十年左右修订一次，以包含当代最新技术为指导思想不断地进行更新，而本系列丛书则侧重于这十年当中的技术进展。再者，本系列丛书的发行正值日本汽车技术协会创立 50 年之际，具有划时代的意义，将会为今后的汽车工学、技术，以及工业的发展发挥积极的作用。

　　在本系列丛书发行之际，我代表日本汽车技术协会向所有为本系列丛书提供协助的相关人员，以及各位执笔者所做出的努力和贡献表示衷心的感谢。

社团法人　日本汽车技术协会
汽车技术经典书系出版委员会
委员长　池上 询

前　言

　　汽车自从 19 世纪后期问世以来，已经取得了显著的进展，目前对于人类来说已经是生活当中不可缺少的一部分。汽车已经深深地渗透到了人们的日常生活当中，在保有量不断增加的同时，它也带来公害、安全、道路混杂、废弃物等问题。这里所说的公害和安全，在技术层面上加以解决并不是很容易的事，可以说 20 世纪 60 年代以来全世界的技术人员都在全力以赴地努力着。它所涉及的知识范围并不完全是传统的机械工程领域，如果没有电子学、材料、测试、控制等各个领域技术的综合运用很难实现目标，技术人员都在努力获取新的知识，以前相互之间关系薄弱的不同领域研究者们，为了共同的目标而正在不断地加强合作。

　　本书以汽车发动机的环境保护技术最新研究成果为主线，从多个角度加以阐述，如排放废气及燃油消耗相关的法规，火花点火式发动机及压缩点火式发动机的燃烧、构造、排放处理、控制、燃料，以及包含代用燃料、混合动力的电动汽车、废气涡轮增压等。

　　由于本书中所涉及的领域众多，邀请了多位研究人员亲自执笔编撰。这是一个日新月异的时代，各个知识领域内不断地有新技术出现。本书在向读者介绍众多领域内知识全貌的同时，也可以作为研究人员在技术研究方面的参考。

　　最后，对百忙之中抽时间参与本书编写的编者们表示深深的谢意。

井上惠太
迁村钦司

编 辑 的 话

　　本书是由日本汽车技术协会组织编写的"汽车技术经典书系"的第1分册《自動車原動機の環境对応技術》翻译而来的。本丛书的特点是对汽车设计、测试、模拟、控制、生产等技术的细节描写深入而实用，所有作者均具备汽车开发一线的实际工作经验，尤其适合汽车设计、生产一线的工程师研读并应用于工程实践！本丛书虽然原版出版日期较早，但因为本丛书在编写时集聚了日本国内最优秀的专家，本丛书具有极高的权威性，是日本汽车工程技术人员必读图书，故多次重印，目前仍然热销。非常希望这套丛书的引进出版能使读者从本丛书的阅读中受益！本丛书由曾在日本丰田公司工作的刘显臣先生推荐，也在此表示感谢！

主编

井上憙太　　　丰田汽车株式会社

迁村钦司　　　新 ANSYS 有限公司

参编

井上憙太　　　丰田汽车株式会社

马渊章好　　　本田技术研究所株式会社

大圣泰弘　　　早稻田大学

山田敏生　　　丰田汽车株式会社

村中重夫　　　日产汽车株式会社

小松一也　　　马自达技术研究所株式会社

野村宏次　　　石油产业活性化中心技术开发部

大畠　明　　　丰田汽车株式会社

西胁一宇　　　立命馆大学

横田克彦　　　五十铃中央研究所株式会社

青柳友三　　　日野汽车株式会社

伊势　一　　　能量·环境咨询公司

渡边庆人　　　日产汽车株式会社

小笠原宏三　　力肯环境系统部

迁村钦司　　　新 ANSYS 有限公司

金　荣吉　　　全南大学

横井征一郎　　东燃石油株式会社

小俣达雄　　　日本石油株式会社

川胜史郎　　　大发汽车株式会社

铃木孝幸　　　日野汽车株式会社

伊藤高根　　　东海大学

目 录

序
前言
编辑的话
1 绪论 ················· 1
2 排放物及燃油率相关的法规动向 ········ 2
　2.1 排放物和大气污染 ········ 2
　　2.1.1 排放物引起的大气污染 ···· 2
　　2.1.2 排放法规的历史 ········ 3
　2.2 排放相关的法规动向 ······ 4
　　2.2.1 日本的法规动向 ········ 4
　　2.2.2 美国的法规动向 ········ 5
　　2.2.3 欧洲的法规动向 ········ 9
　2.3 与燃油消耗有关的法规动向 ··· 10
　　2.3.1 日本的法规动向 ······· 10
　　2.3.2 美国和欧洲的法规动向 ··· 10
　2.4 与燃料相关的法规动向 ····· 11
　　2.4.1 日本的法规动向 ······· 11
　　2.4.2 美国和欧洲的法规动向 ··· 12
3 火花点火式发动机 ······· 13
　3.1 导言 ················ 13
　3.2 燃烧特性与排放物的产生原理 ·· 13
　　3.2.1 燃烧特性与热效率 ······ 13
　　3.2.2 排放废气的产生原理和
　　　　　解决对策 ············ 20
　参考文献 ················ 25
　3.3 燃烧过程改善 ·········· 25
　　3.3.1 进气系统 ············ 25
　　3.3.2 燃油供给系统 ········· 28
　　3.3.3 燃烧室 ·············· 31
　　3.3.4 点火系统 ············ 33
　　3.3.5 EGR ················ 34
　　3.3.6 稀薄燃烧 ············ 35
　参考文献 ················ 37
　3.4 本体改善 ············· 38
　　3.4.1 机械损失控制和轻量化 ·· 38
　　3.4.2 泵气损失控制 ········· 44
　　3.4.3 泵气损失和机械损失的综合 ··· 46

参考文献 ················ 48
　3.5 后处理 ··············· 49
　　3.5.1 后处理技术的变迁 ······ 49
　　3.5.2 低温 HC 削减技术 ······ 54
　　3.5.3 稀燃 NO_x 催化剂 ······ 58
　　3.5.4 蒸发污染控制技术 ······ 62
　参考文献 ················ 62
　3.6 燃料 ················· 63
　　3.6.1 辛烷值 ·············· 63
　　3.6.2 挥发性 ·············· 64
　　3.6.3 构成 ··············· 65
　　3.6.4 硫成分 ·············· 67
　　3.6.5 铅 ················· 67
　　3.6.6 添加剂（清洁剂） ······ 68
　3.7 发动机·驱动系统控制 ····· 69
　　3.7.1 发动机控制历史 ······· 69
　　3.7.2 发动机控制现状 ······· 70
　　3.7.3 发动机控制动向 ······· 75
　　3.7.4 变速器控制 ·········· 77
　参考文献 ················ 79
4 压缩点火式发动机 ······· 80
　4.1 导言 ················ 80
　4.2 燃烧和排放物的发生原理 ··· 80
　　4.2.1 柴油燃烧和排放废气 ···· 80
　　4.2.2 氮氧化物 NO 的产生原理 ·· 84
　　4.2.3 炭烟的产生原理 ······· 88
　参考文献 ················ 91
　4.3 燃烧改善 ············· 92
　　4.3.1 燃油喷射系统 ········· 92
　参考文献 ··············· 107
　　4.3.2 燃烧室 ············· 108
　参考文献 ··············· 117
　　4.3.3 进排气系统 ·········· 117
　参考文献 ··············· 126
　　4.3.4 EGR ··············· 126
　参考文献 ··············· 131
　　4.3.5 发动机本体 ·········· 131

参考文献 ································· 134
4.4 燃料 ································· 134
4.4.1 燃料特性和排放物 ······ 134
4.4.2 燃油添加剂 ··············· 137
4.4.3 其他 ························· 137
参考文献 ································· 138
4.5 后处理技术 ······················ 138
4.5.1 酸化催化剂 ··············· 138
参考文献 ································· 140
4.5.2 DPF ························· 140
参考文献 ································· 148
4.5.3 NO$_x$ 还原催化剂 ········· 149
参考文献 ································· 154
4.6 柴油机技术的发展 ············· 154
参考文献 ································· 155

5 新能源及新发动机系统 156
5.1 导言 ······························· 156
参考文献 ································· 156
5.2 各种能源的展望 ················ 156
5.2.1 世界能源概况 ············· 156
5.2.2 世界石油概况 ············· 157
5.2.3 世界天然气概况 ·········· 158
参考文献 ································· 159
5.3 石油生产技术的进步 ··········· 159
5.3.1 美国的生产技术 ·········· 159
5.3.2 深度脱硫轻油的生产 ····· 163
参考文献 ································· 164

5.4 代用燃料发动机 ················ 165
5.4.1 天然气发动机 ············· 165
5.4.2 含氧燃料发动机 ·········· 169
5.4.3 氢发动机 ··················· 174
5.4.4 LPG 发动机 ··············· 176
参考文献 ································· 176
5.5 电动汽车 ························· 176
5.5.1 电动汽车概要 ············· 176
5.5.2 电动汽车用电池 ·········· 178
5.5.3 电动汽车用电机 ·········· 181
5.5.4 电机控制装置 ············· 183
参考文献 ································· 185
5.6 混合动力汽车 ··················· 185
5.6.1 发动机 – 电机混合动力
汽车的历史 ·············· 185
5.6.2 种类和特征 ··············· 185
5.6.3 混合动力汽车的案例和
参数 ······················· 187
5.6.4 大型公交车用油压再生
系统案例 ·················· 191
参考文献 ································· 192
5.7 陶瓷燃气轮机 ··················· 192
5.7.1 开发的目的和开发经历 ··· 192
5.7.2 技术现状 ··················· 194
5.7.3 展望 ························· 195
参考文献 ································· 196

1 绪 论

汽车发动机的环境保护对应技术是汽车关联技术中发展最为显著的领域。随着社会需求提高，通过与机械、化学、电子电气等其他广泛范围技术的综合应用，21 世纪以来汽车在世界范围内大面积普及的同时，该方面的技术已经成为越来越重要的一个技术分支。

以输出功率和可靠性为基本要求的发动机技术，现在要面对全新的技术要求。为了解决这些问题，一方面与以前几乎没有交流的其他技术领域正在取得技术合作，另一方面包括测试技术在内的发动机技术，都在发生着日新月异的变化。

目前，汽车用发动机的主流是汽油发动机和柴油发动机。这两种发动机都具有高温高压下急速间隔燃烧的特性，保证排放气体的清洁很困难。因此，为了实现低公害，仅仅依靠燃烧技术是不够的，特别是排放气体的后处理技术仍然需要更进一步的发展。另外，像燃气涡轮稳定性燃烧发动机的可行性探讨，甲醇、天然气等代用燃料发动机，以及包含燃料电池在内的电动汽车的研究开发也正在进行当中。

这些技术到底哪一种会成为今后的技术主流，目前虽然还无法确定，但是除了电动汽车的导入以外，恐怕仍将是以石油制品为燃料的往复循环式发动机为中心。

燃烧产物是与燃料的构成成分相关的，燃料的化学成分、物理特性等有着最内在的影响。燃料的蒸发性排放也有直接影响，对于燃料的研究也与发动机本身一样是技术研究的课题。

另一方面，从保护地球环境的角度来讲，是避不开 CO_2 问题的。石油燃料消费产生大量的碳的氧化物向大气中排放。但是石油资源是有限的，从有效利用能源的角度来讲，降低燃油消耗的需求也在不断强化。对于发动机来说最根本的效率提升课题，也是相当重要的。

实际上降低汽车行驶过程中的过渡条件下的燃油消耗，并不仅仅是燃料利用效率的问题，能量再利用或者转换的提升，以及动力总成整体的优化都是有具体要求的。发动机和电动机的组合应用即混合动力系统也同样需要从燃油利用率、排放这两个角度来预测其性能。构成动力总成系统的各个单元最佳化的电子控制技术也取得了显著的进步，已经成为汽车动力总成系统相关技术中不可或缺的一部分。

如上所述，汽车发动机的环境保护对应技术涉及非常宽的领域。对于技术人员来讲，它不仅仅是令人感兴趣的课题，而且还有许多的难题需要去解决。本书是各领域一线研究人员的最新研究成果汇总，对于未解决的问题也保持原状引入，期待着年轻一代的技术人员来接受这些挑战。

[井上惠太]

1

2　排放物及燃油率相关的法规动向

2.1　排放物和大气污染

2.1.1　排放物引起的大气污染

随着人文、经济生活的发展和对生活便利性的追求，发达国家已经进入汽车社会，世界各国汽车普及加速，使汽车已经成为运输和移动不可或缺的主要工具。但是同时，汽车排放物也给人体健康带来了严重的影响，使整个地球环境恶化也越来越严重。解决这些问题汽车生产者要承担主要的责任。造成大气污染的原因除了汽车的废气排放以外还存在其他很多种源头（工厂、办公场所、发电厂、船舶、飞机等），研究报告显示共有几百种污染物质。汽车排放对大气污染的贡献量，虽然因排放气体的成分、国家或者地域等而不同，但作为排放物主要成分的一氧化碳（CO）、碳氢化合物（HC）以及氮氧化合物（NO_x）大约占50%的比例，甚至更高。

汽车排放出来的气体分为排放气体、未燃烧气体（blowby gas）、蒸发气体三种。汽油发动机在燃烧过程中产生并排放的气体包括CO、HC、NO_x。燃烧过程中燃料与空气中的氧气（O_2）发生反应，一部分因氧气不足而生成CO和HC。另外，燃烧还会使空气中的氮气（N_2）与氧气（O_2）发生反应，反应的产物大部分以一氧化氮（NO）的形式排出。曲轴箱内的未燃烧混合气和燃油蒸发气体中的大部分成分即HC，从未完全密封的地方向大气排放。另外，燃料中所包含的硫成分以硫氧化物SO_x的形式排出。

虽然柴油发动机的CO及HC排放量较少，但它的特征是氮氧化物NO_x的排放量

大，还有主要成分为颗粒状物质PM的黑烟。

如上所述，汽车排出的废气成分在空气或者阳光的作用下发生化学反应，产生其他各类的二次污染物。CO很容易与血液中的红细胞结合，造成缺氧症，另外HC和NO_x在阳光的作用下发生化学反应，产生臭氧（O_3）、二氧化氮（NO_2）甚至多氧化合物O_x，形成光化烟雾，对人体造成一定的影响，甚至会对植物也带来伤害。NO_x和PM是引起呼吸系统疾病的最主要原因。关于柴油发动机所排放的PM对人体的影响，普遍认为大气中的漂浮颗粒状物质SPM是主要原因，最近这一点已经越来越受到关注。

作为抗爆燃剂使用的混入到汽油中的铅有可能引起铅中毒，目前发达国家基本上已经实现了汽油无铅化。各个国家的环保部门虽然制定了对人体无害的代表大气污染程度的环境标准，而现状是几乎所有的大城市都未能达到这个标准。仅对新车的个体排放废气进行强制要求是无法满足环境标准的，应该考虑汽车总量控制、减小交通流量等，制定综合性的城市环境治理对策。最近制定了许多解决环境问题的政策，还与整个地球环境相关的如地球温暖化、臭氧层破坏、酸雨等问题紧密地联系在一起。汽车排放到大气中的CO_2具有吸收太阳辐射热量的性质，形成温室效应，成为地球温暖化的主要原因。降低CO_2含量作为防止地球温暖化对策的同时，还与提高汽车燃油消耗率密切相关，各个国家都将其作为能源政策之一，并不断地加以推进和强化。另外汽车空调中的制冷剂氟利昂具有破坏臭氧层的特性，它能导致太阳紫外线的辐射量增加。这也是诱发

各种皮肤疾病和地球温暖化的主要原因，各个国家都给予了高度的重视。形成酸雨的原因之一，是汽车排放出来的 NO_x 在大气中发生化学反应而形成的硝酸物质。另外汽车排放出来的 SO_x 也会在大气中发生反应形成硫酸，它也被认为是形成酸雨的原因之一，通过降低燃料中的硫成分能够减少 SO_x 的排放，期望能够对燃料再进一步的改善。像这样各种各样针对环境问题的对策，应该根据国家或者地域的交通状况、气象、地形、社会及经济状况等，制定各自的汽车排放法规、燃油法规。

2.1.2　排放法规的历史

在美国，注意到汽车排放是大气污染主要原因是从 1950 年初 A. J. Haagenn Shmitte 博士对光化学雾霾原理的解释，以及说明控制汽车废气排放的必要性开始的。世界上最先实施汽车排放法规的是美国的加利福尼亚州（以下简称加州），在联邦内率先以 1966 年生产的汽车为对象开始实施排放法规。这件事成为导火索，联邦议会以 1968 年以后生产的汽车为对象授权各州开始实施排放控制法规。在那之后，1970 年根据马斯基参议员的提案，提出了在当时属于极为严厉的汽车排放法规，并于当年末颁布实行了《1970 年美国清洁空气法》（也称为马斯基法案）。马斯基法案成为自那之后的美国排放法规的根本，也给世界各国的排放法规带来了重大的影响。但是，在 1979 年末第 2 次石油危机冲击下，基于汽车产业不景气等原因，在马斯基法案基础上制定的法规在 1981 年以后，开始分阶段地实行。另外，随着之后的经济复苏以及对环境问题的高度重视，1990 年联邦大气清洁法规大幅度修订，同年在加州确定了低公害汽车与当时的强制排放法规紧密地连接在一起。

日本的汽车排放法规是 1955 年以后随着汽车的保有量及交通流量的增加、以大城市中交通流量较大的场所为中心开始实施的。1966 年开始实行 4 点工况法规，将汽油车的排放废气中的 CO 浓度控制在 3% 以下。在那之后，汽车排放被认为是大气污染的主要原因，作为受害者的东京都内的高校及中学学校提出了加强汽车排放控制的强烈要求，从 1973 年 4 月控制成分开始，除了 CO 以外，控制成分还增加了 HC 和 NO_x，在以前的浓度法规的基础上，根据 10 工况法限制每单位行驶距离内排放废气重量的法规开始实施。之后法规不断地得到强化，终于在 1978 年开始实施了被认为是世界第一严厉的针对汽油车的排放法规。但是对于柴油车的法规升级问题一直遗留到平成年代。

欧洲各国在第二次世界大战以后为了重建经济而形成了经济共同体，即欧盟。各个国家均不单独制定法规，基本思想是在欧洲范围内实行统一的法规。1970 年 3 月联合国欧洲委员会（ECE）制定了汽车排放法规 ECE15。之后，又追加了柴油车排放炭烟和漏气量法规，于 1981 年 9 月颁布了 ECE15 的 04 版（ECE15 的第 4 次法规修订）。该法规虽然与美国的 1972 年的法规水平相当，但是具体的实施时间由各国自行判断，最早的是从 1982 年开始实施的。在那之后，ECE15 又细分划为废气排放法规 ECE83、燃油测试法规 ECE84、输出功率测试法规 ECE85。

一方面，欧盟的 ECE 指令也数次修订和追加，形成了适用于今天的综合强化排放废气法规值欧盟统一型认证制度。

另一方面，东南亚的各个国家也从 1980 年开始进入了汽车普及化。但是，在这些地域内依然以未纳入排放法规的两冲程二轮车及柴油车为主，对铅及硫含量没有有效管理的汽油及柴油燃料在大量销售，大气污染日益严重。这些国家参考欧洲的排放法规，开始制定环境保护方面的政策，如燃料的改善、催化装置的强制安装、车检制度的导入等。

2.2 排放相关的法规动向

2.2.1 日本的法规动向

近年来降低城市的 NO_x 和颗粒状物质 PM 的排放受到了很高的关注，在 2000 年以前，是以柴油车为中心制定了各种强制法规。

a. NO_x 总量削减法

为了削减 NO_x 对大气的污染，日本在《削减特定区域内汽车排放碳氢化合物总量的特别措施法》的基础上，在特定区域（东京都、神奈川县、千叶县、埼玉县、大阪府、兵库县的各自一部分区域）内使用的车型法规于 1992 年 12 月开始实施。该使用车型法规，对于特定的汽车适用以前的排放法规中最为严厉的 NO_x 标准，不符合法规标准的车辆将无法通过车检，是被禁止使用的。上述法规从 1993 年 12 月 1 日以后在车检时实施（车辆总重量 3.5t 以上、5t 以下的于 1996 年 4 月 1 日以后实施）。另外对于在用车辆，根据平均使用年限等实际情况确定了过渡措施，到 2000 年之前，在特定区域内所使用的特定车辆的大部分都将更换成符合法规的车辆。

为了响应拥有重型柴油货物运输车的广大用户替换低 NO_x 排放车的需求，必须争取政府部门、货车和客运巴士等运输行业（运输公司老板）的理解。

b. 法规值强化

日本中央公害委员会（现在的日本中央环境委员会）在讨论上述《NO_x 总量削减法》之前的 1989 年 12 月，以当时那个时间点开始后的 10 年为目标，以柴油车为中心对汽车的 NO_x 和 PM 排放物大幅削减的《今后汽车排放废气削减方法》的申请进行汇总，并提交到环境部。环境部接受了申请，首先以 5 年为短期目标，以柴油车为中心强化 NO_x 排放法规，包括汽油车在内对排放废气工况进行修订，颁布了《汽车排放废气的允许限度》。按照这个法规，交通部于 1991 年 3 月修订了《道路运输车辆的保安标准》。修订内容概述如下。

① 货车、客运巴士的 NO_x 排放量最大削减了 35%。另外柴油车排放的 PM 在设定了新的允许限度的同时，还将炭烟的允许限度削减了 20%。

② 为了反映城市高速道路的行驶实际情况，对乘用车及轻型、中型卡车、客运巴士的排放废气测试工况由以前的 10 工况变更为 15 工况。另外重型卡车、客运巴士也从 6 工况变更为 13 工况。

③ 之前，对于柴油车 1995 年以后的长期目标，在汽车排放废气削减技术评价检讨会中，也报告了预计完成时间。法规强化的主要目标柴油车的排放废气法规强化的历程及预测，见表 2.2.1。

表 2.2.1　日本国内柴油车排放废气法规值的变迁（平均值）

年份				1986	1987	1988	1989	1990	1991	1992	1993	1994	1995	1996	1997	1998	1999	2000
乘用车 10 或者 10·15 工况	车辆总重 1.265t 以下	CO				2.10g/km					←					←		
		HC				0.4g/km					←					←		
		NO_x	直喷			0.7g/km					0.5g/km					0.4g/km		
			副室式			0.7g/km					0.5g/km					0.4g/km		
		PM				—							0.2g/km				0.08g/km	
	车辆总重 1.265t 以上	CO				2.10g/km					←					←		
		HC				0.4g/km					←					←		
		NO_x	直喷			0.9g/km					0.6g/km					0.4g/km		
			副室式			0.9g/km					0.6g/km					0.4g/km		
		PM				—					—			0.2g/km				0.08g/km	

（续）

年份			1986	1987	1988	1989	1990	1991	1992	1993	1994	1995	1996	1997	1998	1999	2000
货车10或10·15工况（中·重型以10^{-6}为单位的数据为6工况以g/（kW·h）为单位的数据为D13工况）	轻型车辆总重1.7t以下	CO	790×10^{-6}			2.10g/km					←			←			
		HC	510×10^{-6}			0.40g/km					←			←			
		NOx 直喷	470×10^{-6}			0.90g/km					0.60g/km			0.40g/km			
		NOx 副室式	290×10^{-6}			0.90g/km					0.60g/km			0.40g/km			
		PM	—					—			0.20g/km			0.08g/km			
	中型车辆总重1.7~2.5t	CO	790×10^{-6}			←					2.10g/km			←			
		HC	510×10^{-6}			←					0.40g/km			←			
		NOx 直喷	470×10^{-6}			380×10^{-6}					1.30g/km			0.70g/km			
		NOx 副室式	290×10^{-6}			260×10^{-6}					1.30g/km			0.70g/km			
		PM	—					—			0.25g/km			0.09g/km			
	重型车辆总重2.5t以上	CO	790×10^{-6}	←				←			7.4g/（kW·h）			←			
		HC	510×10^{-6}	←				←			2.9g/（kW·h）			←			
		NOx 直喷	470×10^{-6}	400			←				6.0g/（kW·h）			4.5g/（kW·h）			
		NOx 副室式	290×10^{-6}					260×10^{-6}			5.0g/（kW·h）			4.5g/（kW·h）			
		PM	—					—			0.7g/（kW·h）			0.25g/（kW·h）			

日本中央环境委员会于 1996 年 5 月发出的咨询《今后汽车排放废气削减对策》，关于从有害大气污染物质对策的观点出发，应该尽快实施政策的问题，于 1996 年 10 月进行了答复。答复的概要如下所示。

① 两轮车的排放废气削减对策。

新设置了 CO、HC 及 NO_x 的工况法规、CO 及 HC 的急速法规以及漏气量法规。小型两轮汽车及第一种电动汽车则在 1998 年末、小型自动两轮汽车及第二种电动汽车将于 1999 年末开始实施。

② 货用汽车的排放废气削减对策。

以汽油、LPG 为燃料的小型货车、中型货车（车辆总重量为 1.7~2.5t）以及重型货车（车辆总重量超过 2.5t）的 CO、HC 以及 NO_x 的工况法规加以强化，将于 1998 年末开始实施。另外，还对在用车的急速工况进行了法规强化。

③ 今后汽车排放废气削减对策的思路。

讨论了燃油蒸发量试验方法、包含重新评估冷启动条件在内的新削减目标，另外，还要求在 1989 年的答复目标值达成后，对新的削减目标进行研究。

另外关于以电动汽车或者 CNG（压缩天然气）车为代表的低公害汽车，环境部推进的《低公害汽车技术指南》及交通部的低公害汽车的普及、扩大计划等，今后将对其持续关注。

2.2.2 美国的法规动向

自称有世界上最大保有量、定位于汽车社会的美国，汽车排放废气被认为是一直未能得到彻底改善的大气污染的主要原因，为了强化汽车排放法规，在 1990 年之前对现行法规进行了大幅度的修订并开始实施。其中一个是伴随 1990 年颁布的联邦清洁大气法的修订，美国环境厅 EPA 提出的排放废气强化法规，另一个是受大气污染最严重的加州空气资源局 ARB 颁布的低排放汽车（LEV）法规。

a. 联邦清洁空气法的修订

1990 年 11 月，对当时布什政府重点政策之一的环境行政强化法案的根本，即联邦清洁空气法的修订进行了议会表决。该清洁空气法是 EPA 颁布的以汽车排放废气大幅削减为主要目的的法规，还对汽车以外的污染源的改善以法律的形式加以要求。另外还针对光化烟雾的主要原因低空间臭氧及 CO 等，相对于联邦制定的环境标准，针对未达到标准的地域及州的实际情况，要求各地方实施各自的法规（州实施计划）。关于汽车排放废气法规强化的条例，在清洁空气法的总则Ⅱ中提出要求。按照该法规EPA大部分的法规制定工作逐渐完成，但是排放废气测试方法的修订和排放废气控制装置耐久试验的修订工作仍将继续。以下为主要的EPA法规修订内容。

（i）排放废气法规值的强化 作为第一阶段的法规，从1994年车型开始分阶段地对排放废气中的非甲烷碳氢化合物（NMHC）加以强化，同时，法规要求在用车法耐用期间由原来的5万mile[⊖]（或者5年）延长一倍，到10万mile（或者10年），见表2.2.2。

在第一阶段法规中，还包括了旨在削减CO排放的寒冷地带城市低温（-7℃）CO排放法规。另外为了提高今后的环境标准合格率，在1997年评价的基础上，有必要进一步强化现行法规，从2004年车型开始，计划实施第二阶段的排放废气法规，见表2.2.3。

表2.2.2　联邦第一阶段法规（TIER Ⅰ）　　　　（单位：g/mile）

类型	使用年数（距离）	THC	NMHC	CO	NO$_x$	PM
乘用车及车型货车1	5年（5万mile）	0.41	0.25	3.4	0.4（1.0）	0.08
	10年（10万mile）	[0.80]	0.31	4.2	0.6（1.25）	0.10
车型货车2	5年（5万mile）	—	0.32	4.4	0.7	0.08
	10年（10万mile）	0.80	0.40	5.5	0.97	0.10

注：车型货车1的车辆总重量6000lb以下，车辆载重3750lb以下。

　　车型货车2的车辆总重量6000lb以下，车辆载重3750~5750lb以下。

　　[0.80]：仅适用于轻型货车1，（）内为适用于柴油车。

表2.2.3　联邦第二阶段法规（TIER Ⅱ）　　　　（单位：g/mile）

类型	使用年数（距离）	NMHC	CO	NO$_x$	PM
乘用车及车型卡车1	10年（10万mile）	0.125	1.7	0.2	0.08

注：以上为指南，由1997年的评价决定。

另外，车辆总重量超过8500lb的大型货车用柴油发动机，也在计划制定NO$_x$强化标准值。现行EPA的NO$_x$标准值为5.0g/（hp·h）（1hp·h=0.74kW·h），1998年提高到4.0g/（hp·h），并将于2004年将NO$_x$标准值再降低一半，达到2.0g/（hp·h）。

（ii）燃油蒸发量法规的强化 产生臭氧的主要原因中，挥发性有机化合物VOC的贡献量是最高的，以削减汽车汽油燃料中蒸发出来的气体（以HC为主成分，通常称为蒸发气体）为目的，对以前的蒸发量测试方法进行了大幅度的修订，从1996年车型开始分阶段地实行。修订的内容主要有蒸发量最多的3个连续的夏天晴朗天气期间日间泄漏试验，以及高温时市区街道行驶时的假想行驶试验。根据这些法规修订，促进了汽油车的燃油蒸气捕获装置及返回装置等技术的大幅进步。

（iii）加油时蒸发量法规 在加油站给汽车加油时向大气中蒸发出来的气体与上述的漏气量相同，是大气中的VOC的产生原因之一。关于汽油蒸发回收装置，加州等一部分大气污染较严重的区域虽然在加油站设置了加油回收装置，但EPA仍规定将蒸发

⊖　本书保留英制单位。1mile=1.609km；1lb=0.454kg；1马力=735.5W；1hp=745.7W；1USgal=37.785L；
　　1mmHg=133.3Pa；1bar=10⁵Pa；1cal=4.187J。

燃料回收率达到 95% 以上的回收装置安装在汽车上。按照这个法规，1998 年以后的乘用车型分阶段地开始实施。增加了蒸发气体回收装置，作为一种过渡手段来增加燃料的使用率，在装置设计时必须充分注意安全方面的问题。

（iv）车载故障诊断装置法规　随着汽车技术的发展，目前几乎所有的燃油供给装置都能够根据车载电脑进行电子控制。该法规规定汽车必须安装车载故障诊断装置（OBD），通过车载电脑对使用过程中的排放废气控制装置及关联部件的故障或者急剧恶化等及时探测，故障警报能够提醒驾驶人及时了解并对车辆进行必要的维修。该 EPA 法规全面接受了加州 ARB 的 OBD-Ⅱ 法规的重点条例，从 1994 年车型开始分阶段地实行。另外预计将从 1999 年车型开始实行 EPA 独自的 OBD 条例。不管是哪一种条例，都要求必须安装催化装置的劣化及燃烧时的失火检测装置，对于汽车制造商来说存在包括成本在内的很多困难。

（v）排放废气测试法的修订　汽车性能不断地取得进步，大约 1977 年设定的被称为 LA-4 的排放废气测试工况，已经无法真实反映目前加州的实际情况并对汽车排放废气进行有效的测试，因此，追加了新的测试法规。在现行的 LA-4 的基础上，追加了空调启动时的高温行驶工况、进入高速公路后的急加速工况以及在高速公路上超车工况等，根据 EPA 法规要求从 2000 年车型开始，根据 CARB 法规要求从 2001 年车型开始分阶段地进行法规限制。

（vi）认证耐久试验方法的修订　为了满足前述的第一阶段法规要求，将车辆安全使用距离由 5 万 mile 延长到了 10 万 mile，目前的行驶距离累积工况（11 种重叠工况）和排放废气试验工况相同，在过去没有过变更，已经落后于时代的发展，普遍认为已经无法反映市场上在用车的实际情况。汽车公司纷纷自行制定了更加严格的替代耐久试验规范，根据这些规范所得到的排放废气劣化系数暂且当作合规证明使用，并且得到了 EPA 的认可。但是要求汽车公司在车辆使用一段时间以后，对多个用户的汽车定期、及时地进行排放测试，来统计能够反映市场实际状态的劣化系数，并将这些耐久劣化系数和最初的满足合规状态的耐久劣化系数进行比较，以考察变化情况。

b. 加利福尼亚州低排放车辆法规

通过对过去汽车排放法规实际数值的评估，加州是被授权制定有别于联邦法规的唯一的州。该权限的授予是基于 1990 年加州 ARB 颁布的包含以下内容的低排放法规（LEV）。

（i）低排放汽车（LEV）的导入　根据 LEV 法规值的难易程度，按照如下方式进行分类。

① TLEV（过渡性低排放汽车）。

② LEV（低排放汽车）。

③ ULEV（超低排放汽车）。

为了取得以上这些 LEV 类型的认可，必须满足表 2.2.4 所示的法规值。法规的特征是限制了 HC 成分中的非甲烷类有机气体（NMOG）的法规值，而 NMOG 是可能诱发光化烟雾的主要原因。为了对 NMOG 进行分析，必须使用化学方法将它与其他成分分开。虽然各种 LEV 车型必须从 1994 年开始分阶段地导入，但是对于 1994 年开始的 TLEV、1996 年开始的 LEV、1998 年开始的 ULEV，如果不对每一种类型的汽车进行相当数量的实际应用，那么后面将要介绍的企业平均 NMOG 值是很难满足法规要求的。

（ii）企业平均 NMOG 法规　上述的各种类型的 LEV 导入比例虽然由各汽车公司自行决定，但是对于每一种类型，以在加州销售的各种 LEV 车型台数为加权系数计算出来的汽车生产公司全体的 NMOG 平均排放量，可以根据 ARB 规定的各年代车型标

汽车发动机环境对应技术

准值（表 2.2.5）适当下调。

（iii）零排放汽车（ZEV）的附加义务对于在加州年销量达到相当数目以上的汽车公司，从 1998 年车型开始，要求该公司销售 ZEV 车辆的数量不低于当年总销量的2%（表 2.2.6）。

表 2.2.4　加利福尼亚 LEV 认定排放物基准（5 万 mile 时的基准值）

（单位：g/mile）

LEV 类型	NMOG	CO	NO_x	HCHO（甲醛）
TLEV	0.125	3.4	0.4	0.015
	0.160	4.4	0.4	0.018
LEV	0.075	3.4	0.2	0.015
	0.100	4.4	0.4	0.018
ULEV	0.040	1.7	0.2	0.008
	0.050	2.2	0.4	0.009

注：1. 第一行的数据适用于乘用车及轻型货车 1，第二行的数据适用于轻型货车 2。

2. 10 万 mile 的基准由其他途径设定。

表 2.2.5　加利福尼亚 NMOG 企业平均法规值（以 5 万 mile 为基准值计算）

（单位：g/mile）

类型	年份									
	1994	1995	1996	1997	1998	1999	2000	2001	2002	2003
乘用车及轻型货车 1	0.250	0.231	0.225	0.202	0.157	0.113	0.073	0.070	0.068	0.062
轻型货车 2	0.320	0.295	0.287	0.260	0.205	0.150	0.099	0.098	0.095	0.093

表 2.2.6　加利福尼亚 ZEV 导入计划规定

类型	年份					
	1998	1999	2000	2001	2002	2003
乘用车及轻型货车 1	2%	2%	2%	5%	5%	10%

注：加利福尼亚的乘用车/轻型货车 1 车型年间的生产台数相当规模的制造商的义务。要求规模以下的制造商适用 2003 年以后的标准。

以电动汽车为代表的 ZEV 在社会上的接受程度，从电池技术到续航里程、汽车价格、充电标准的完善等问题，可以通过预演系统来调查清楚，ARB 与业界达成了统一意见，延期到 2003 年开始强制实行。

预演系统要求全体汽车行业导入 3750 台先进电动 ZEV 汽车。

（iv）促进引入代用燃料汽车　使用代用燃料的各种 LEV 汽车，与普通的汽油汽车相比，所排放出来的气体 NMOG 具有与大气反应生成臭氧的潜在能力低的特性。因此，在技术上被视为难以实现 LEV、ULEV 标准的普通汽油燃料汽车，使用代用燃料时，对所排放出来的 NMOG 分析值进行修正时，ARB 允许使用不到 1.0 系数（RAF）。

（v）其他法规　其他的汽车排放法规原则上都是以 EPA 法规为基准的，前面介绍的漏气量法规及 OBD 法规，加州是在联邦之前制定的，部分内容属于加州单独实行的。臭氧排放未达到大气标准的地区中，加州占据了全美中最深刻的三个（南沿岸、萨克拉门托、文图拉县）。因此，加州正在研究实行包含强化在用车排放检测的州环境政策。另外对于新车的排放削减范围，一致认为之前的 LEV 法规并不完善，预计将于 2000 年以后进一步强化排放法规限值。

c. 其他州的动向

未满足联邦空气标准的地区，其深刻程度低于中部各州的，包括纽约及马萨诸塞州在内的东北各州，以这 13 个州、地区为成员的臭氧迁移委员会 OTC，要求导入和加州销售的汽车相同的车型。各州导入满足加州的 LEV 法规的汽车作为 SIP（州实行计划）政策得到了 EPA 的认可。对于 LEV 法规中包含的 ZEV 在寒冷的东北地区的导入问题以及加州的改进燃料未导入 OTC 地区市场的问题，在汽车行业内出现了激烈的对立意见，根据汽车行业的自主对应对代用制度的研讨虽然取得了进展，但是依然处于混乱状态。另外在加州，随着 EPA 的美国联邦法规的全面实施，虽然要求导入得到 EPA 许可的汽车，和加拿大的温哥华的 OTC 相同，正在研究各州独立采用加州法规。

2.2.3 欧洲的法规动向

以统一货币、政治为目的，从 1993 年 10 月开始欧洲共同体 12 个国家形成了联盟（EU），1995 年 1 月又增加了瑞典、芬兰、奥地利 3 个国家。为了与此相对应，统一车辆认证制度（WVTA）要求对 1996 年 1 月 1 日以后欲取得许可的新型汽车（乘员 8 人以下的乘用车），凡是在 EU 范围内经过 WVTA 许可的车辆在其他国家内不再需要其他形式的认证。目前，欧洲的综合排放法规已经迎来了第二阶段，但是其排放法规值仍然是采用的 WVTA 的许可标准（表 2.2.7）。

表 2.2.7　欧洲第二阶段法规的规定值

（单位：g/km）

类型	CO	HC＋NO$_x$	PM
汽油车	2.2	0.5	—
柴油车（副室）	1.0	0.7	0.08
柴油车（直喷）①	1.0	0.9	0.10

① 直喷柴油车的法规值：1999 年 9 月 30 日为止的暂定值。

该排放法规被认为具有与 US94（1994 年车型用的美国联邦排放法规）相当的严格，作为该法规采用的是在欧洲市场上占据主导地位的柴油车排放物 HC 和 NO$_x$ 的合成

法规值，这是它的特征。而商用车的执行时期则被后推，预计将于第二阶段开始实施。另外在 EU 内部特别重视环境保护的瑞典、奥地利以及非欧盟的挪威、瑞士，目前仍然采用美国的法规（与 US83 相当），但是有最迟到 1996 年接受 EU 法规的倾向。目前，欧洲委员会在关注美国法规强化动向的同时，正在研讨第三阶段的排放法规。第三阶段的排放法规，以 2000 年前后开始实施为目标，正在研究包含以下内容在内的法规强化。

① 排放法规标准的强化。

② 设定低温时的 CO 法规值。

③ 漏气量测试法规的修订。

④ 新设 OBD 法规。

⑤ 排放测试工况的修订。

表 2.2.8 所列为排放法规强化的德国提案。

表 2.2.8　欧洲第三阶段法规的规定值德国方案

（单位：g/km）

类型	CO	HC＋NO$_x$	PM
汽油车	1.2	0.2	—
柴油车	0.5	0.5	0.04

上述内容被认为是相当于处于领先地位的美国法规强化对应技术。

另一方面，即使是对于汽车产业落后或者中等国家和地区，在经济的发展和自由化的进程中城市的环境问题也逐渐引起重视，汽车排放法规强化或者新法规的出台等都在酝酿之中。特别是亚洲地区经济发展较快的国家和地区在 1990 年前后开始引入美国、日本或者欧洲的现行法规。而目前的发展趋势进一步强化法规，以缩小与发达国家和地区之间的差异。另外，中国、印度等国也初步实施了如怠速排放废气浓度法规等，今后这些国家都将为了满足法规的要求在三元催化器的安装、对排放控制装置没有损害的无铅燃料的供给系统等方面不断地完善。日本

的汽车行业也会对这些国家使用的主要车型（未纳入法规范围的柴油货车、巴士以及两轮车）以及道路交通管理等方面提供必要的协助和建议。另外在 ASEAN 中的泰国，已经实施了燃料无铅化，对于 1995 年 3 月以后生产的新型汽车，以 ECE83 法规为基础开始包含排放法规在内的型号认证制度，并将于 1996 年中开始执行第二阶段法规。

根据地域、经济圈的特性，中南美诸国及澳大利亚均是以美国的 1983 年车型法规为基础，另外，东欧或者中东各国是参考过去的 ECE/EEC 的法规，来制定各自的法规的。

2.3 与燃油消耗有关的法规动向

2.3.1 日本的法规动向

日本于 1979 年制定了与能源消耗有关的标准。该标准是参考财经部制定的"能源使用合理化相关的法令"，设定的汽油机乘用车车重级别的汽车公司平均燃油消耗率目标基准值。该法律在 1985 年底之前要求各种车辆必有满足不同重量级别的标准值，国内的各家汽车公司，都在限期内达成了目标。关于最近的发展动向，日本财经部在《能源供给计划》中，指出了包含汽车在内的交通部门能源需求是比较突出的，因此交通运输部门在法规对应方面承受了较大的压力。再者，为了防止地球温暖化而削减 CO_2 的排放的诸多措施中，影响最大的当属汽车燃油消耗率的改善，通过与西方七国首脑会议等发达国家的合作，从政治角度对其表达了重大的关注。在这种背景下，1995 年 1 月以"关于汽油车的燃油消耗率，2000 年的目标值应该在 1990 年级别的基础上平均提高 8.5%"为主旨，财经部及交通部颁布了上述公告。另外，关于汽油货车，还于 1996 年 3 月以"2003 年车辆总重在 2.5t 以下的货车的燃油消耗率标准值，应该在 1993 年

级别的基础上各级别汽车分别提高 4.8% ~ 5.8%"为主旨，颁布了公告。

2.3.2 美国和欧洲的法规动向

美国的 EPA 虽然没有针对每种汽车燃油消耗率做特殊的规定，但是为了区别同一类型车辆之间的燃油消耗率的差别，每年以燃油消耗率指南的形式向消费者或者媒体公布。EPA 要求该燃油消耗率包含代表市区道路行驶工况的排气测试工况和代表高速公路行驶的高速工况两种形式，在汽车销售店以标签形式公示，作为消费者购买汽车时的参考信息。另外对于燃油消耗率恶劣的大型高级乘用车及大排量跑车，根据其燃油消耗率向汽车制造商征收燃油税（表 2.3.1）。另一方面，还有以汽车公司每种车型为单位与在美国销售的乘用车或者货车的平均燃油消耗率相对应的汽车制造商平均燃油消耗率法规（表 2.3.2）。由于这些法规是在美国道路交通安全局 NHTSA 的降成本法的基础上制定的，当低于 EPA 认可的单独车型燃油数据和生产实绩的加权平均燃油消耗率的标准值时，规定对该汽车制造商给予处罚。这个在第 2 次石油危机之际发挥了重要的效力，促进了美国乘用车小型化发展，美国议会的环境派议员过去曾多次提出的针对能源危机及地球温暖化的 CAFE 标准强化提案得到了促进。目前虽然该法规强化论对美国汽车行业的压力处于中断状态，在不久的将来，一定会被再次启动。1992 年，联邦议会制定了能源范围法案，以促进代用燃料汽车的引入为目的，面向 21 世纪确保汽油燃料车的消耗率。

在欧洲，与燃油消耗测试相关的法规以 80/1286/EEC 的修订版形式，于 1993 年 12 月颁布实施了 93/116/EEC 法规，作为 WV-TA 的许可条件，适用在 1996 年 1 月以后生产的新型汽车及 1997 年 1 月以后生产汽车上。燃油消耗率的值并没有具体规定，而是

将与燃油消耗率直接相关的 CO_2 认定参数值作为今后生产新车的目标值，对量产车的燃油消耗率误差幅度作为管理对象。另一方面，欧洲理事会从地球温暖化控制出发，以提高燃油消耗率为目标来降低 CO_2 的排放，指示 CO_2 排放法规专门工作委员会进行法规研讨。在委员会的提案当中，CO_2 排放以

160h/km 为标准，相对于该标准燃油消耗率的达标程度来决定汽车税的增减。再进一步，1995 年欧洲委员会提出了进入目录新车的平均燃油消耗率目标值，汽油车：5L/100km，柴油车：4.5L/100km。今后以该目标为基准，预计在各个国家开展相应的政策。

表 2.3.1　油耗大消费税 – 1991 年以后

燃油率/（mile/USgal）	消费税/美元	燃油率/（mile/USgal）	消费税/美元
～12.4 未满	7700	17.5 以上～18.0 未满	2600
12.5 以上～13.0 未满	6400	18.0～18.5	2600
13.0～13.5	6400	18.5～19.0	2100
13.5～14.0	5400	19.0～19.5	2100
14.0～14.5	5400	19.5～20.0	1700
14.5～15.0	4500	20.0～20.5	1700
15.0～15.5	4500	20.5～21.0	1300
15.5～16.0	3700	21.0～21.5	1300
16.0～16.5	3700	21.5～22.0	1000
16.5～17.0	3000	22.0～22.5	1000
17.0～17.5	3000	22.5 以上	

注：燃油率是城市和高速工况的综合值，消费税为 1 辆车的美元数。

表 2.3.2　CAFE（企业平均燃油率）基准值

年份	乘用车	货车		
		2WD 车	4WD 车	总计
1990	27.5	20.5	19.0	20.0
1991	27.5	20.7	19.1	20.2
1992	27.5	N. A	N. A	20.2
1993	27.5	N. A	N. A	20.4
1994	27.5	N. A	N. A	20.5
1995	27.5	N. A	N. A	20.6
1996	27.5	N. A	N. A	20.7
1997	27.5	N. A	N. A	20.7

注：燃油率单位：mile/USgal，N. A：无基准值。
　　CAFE 强化法案中的 20 世纪 90 年代各家汽车公司的 CAFE 值，是按照 1996 年车型提升 10%、2000 年车型提升 20% 的标准要求，但是最终并未成立。

日本及欧洲以外的国家，对节能对策及地球温度化控制对策的关注有了明显的提升，但是对汽车的燃油消耗率，包含处于研究阶段的具体法规还很少。

澳大利亚和加拿大均制定了 CAFE 类型的自主法规，每年都会出版与燃油消耗率相关的技术手册。韩国则要求在经营活动中使用目录及技术手册，或者新闻广告中公示燃油消耗率参数。

以上各个国家的燃油消耗率法规值或者行政指导与排放法规是不同的，燃油消耗率本身作为汽车销售许可的条件，当然还以征收罚金、调节汽车税、公布经济性优劣等形式对汽车制造商施加间接的压力，促使汽车制造商提高其产品的燃油消耗率。汽油以外的代用燃料汽车的研究也正在进行，当然发动机设计及发动机燃烧技术的改进，以及汽车车身改进等与燃油消耗率相关的技术也都在不断地进步。

另外，在 1994 年签订的气候变动条约（发达国家就 2000 年的温室效应气体排放总量回归到 1990 年的水平而达到的协议）的基础上，各个国家为了削减 CO_2 的排放量而制定的政策于今后仍将持续，也将在世界范围内引起关注。

2.4　与燃料相关的法规动向

2.4.1　日本的法规动向

日本最初对汽油中作为抗爆震剂使用的

金属铅加以法规限制可以追溯到 1970 年。当年出现了汽油中的铅中毒事件，财经部颁布了削减铅添加量的通告。按照该通告产业结构委员会颁布了汽车无铅化促进计划，在汽车行业内对于 1973 年以后生产的汽油车全部使用无铅汽油。在那之后，随着排放法规的强化，为了净化排放废气，催化装置的安装已经普及化，无铅汽油的使用是不可或缺的，到 1982 年为止已经不再销售有铅汽油。目前，日本国内销售的汽油除了无铅化以外，对硫、苯、橡胶等的保有量及浓度也都严格管理，与其他国家销售的汽油相比可以说是品质优良的。另一方面，虽然按照"特殊石油制品输入暂时管理法（特石法）"以及财经部的指示确保汽油品质达到了一定程度以上，但是于 1996 年 3 月特石法被禁止了。为了确保汽油的品质，对空气污染防止法及道路运输车辆保安基准进行修订，决定了与汽油性质相关的允许限度，并于 1996 年 4 月开始实施。

对于被认为具有致癌性的苯的含有量，现行法规虽然允许有 5% 的体积允许限制，1996 年 10 月中央环境委员会提出了到 1999 年年末降低到 1% 的目标。

2.4.2 美国和欧洲的法规动向

美国的所有地区内基本上实现了汽油无铅化。目前联邦、加州都根据汽油品质的改善分阶段地促进汽车排放废气的削减。在空气质量改善的过程中，如果把在用车也考虑在内，汽油品质改善的促进，当然相对于新车的法规强化更容易见到效果。EPA 为了削减产生臭氧的主要原因之一的 VOC，从 1989 年到 1992 年实施了夏季汽油 蒸气压 RVP 控制法规。再进一步在联邦政府的 1990 年清洁空气法案的修订中，对臭氧大气品质未达标地区，从 1995 年 1 月 1 日起

必须使用高品质汽油，按照这些要求，已经以 EPA 法规为基础上开始实行。另外，之前叙述的加州 LEV 法规以改善汽车排放为前提制定了相应的政策，通过对现行的在售汽油的构成成分进行大幅度的改善，决定于 1996 年普及高品质的汽油，并于 1996 年开始全面执行。

上述这些联邦及加州的改质后的汽油与普通的汽油相比，RVP 大幅下降，硫成分、芳香剂、烯烃、苯等的含量也得到了控制，含氢化合物 MTBE 作为添加剂使用是其显著的特征。另外还制定了柴油燃料中硫成分限制条例。

加拿大市场上的汽油，含有属于重金属的锰基辛烷添加剂 MMT，该物质有可能对催化装置及检测其劣化程度的 OBD 系统带来损害，因此排放法规的强化并没有得到推进。目前 MMT 禁用法案正在国会研讨，其结果受到了各方的关注。

在美国 MMT 于 1996 年取得了使用许可，但是对于它的影响目前仍然存在着很大的争议，在汽油市场上的使用范围并没有扩展。

即使是在欧洲各国，无铅化汽油虽然有很大的推广，但是由于石油产生的独特的精炼方法及管理办法，实际上的含有量及性质等都有着很大的差异。另外北欧地区受到关注的酸雨问题，推进了汽油、柴油的硫成分控制的研究，根据 EU 的统一，今后燃料的品质提升并不是单独一个国家的问题，期望能够在整个 EU 范围内全部考虑。

其他国家也同样，比如像巴西那样从国家政策方面来强制推进酒精燃料。今后催化装置必需的排气法规值幅度的强化，已经在实施或者正在研讨之中，而作为一种暂时的方案，必需引入和推广无铅化汽油的使用。

[马渊章好]

3 火花点火式发动机

3.1 导言

汽车用火花点火式发动机，主要是以汽油为燃料，另外还包括 LPG（液化石油气）及各种代用燃料（如天然气、甲烷、氧等）。该种类型的发动机具有良好的动力性能，因此被广泛应用在乘用车、商用车及小型货车上。但是在它优秀的动力性能的另一面，它所排放出来的氮氧化物（NOₓ）、一氧化碳（CO）、碳氢化合物（HC）等三种成分，却是大气污染的主要来源，目前受到了严格的法规限制。作为解决这些问题的对策，在维持火花点火式发动机本来的性能及热效率的同时，实现大幅度的排放净化，这需要极高的技术支撑。在开发这方面的技术时，必须了解燃料燃烧特性和排放废气的产生原理。因此本章将对这些相关的基础知识进行解释，接下来再对燃烧控制、发动机本体结构、后处理、燃料、动力传递等相关的技术进行具体的阐述。

[大圣泰弘]

3.2 燃烧特性与排放物的产生原理

3.2.1 燃烧特性与热效率

火花点火式发动机的燃烧，包括空气与燃料形成混合气、点火、火花产生和传播等一系列的过程，本节将对这些现象、燃烧特性及热效率的影响因素进行说明。

a. 预混合气的形成

火花点火式发动机的进气系统，能够将汽油、LPG 类具有挥发性的燃料及其他气体燃料与空气混合而形成混合气，将其导入发动机并加以压缩，然后通过火花进行点火。

为了使汽油这样的液体燃料形成可以燃烧的预混合气，需配有化油器或者燃料喷射装置（喷油器）。化油器虽然有各种各样的类型，但是从原理上来讲都是在进气管道内设置能够增加流速的文丘里管等装置，利用它所产生的负压来供给与空气流量成比例的燃料。

燃料喷射装置是根据电子控制原理决定燃料喷射时间和期间，用带有电磁螺线管阀门的喷油器将预先增压过的燃料喷射到进气管或者进气道中的方式。如 3.2.2 小节中所叙述的那样，作为排放废气的解决措施，要求空气和燃料的质量比（称为空燃比）有很高的精度和响应性能，因此通常都会使用特殊的燃料喷射装置。

在形成混合气时，希望燃料被完全汽化并与空气形成均匀的混合气。为了实现这样的目的，使用化油器或者喷油器将燃料在流动的空气中形成微粒，但是很难做到将所有的燃料完全气化。燃料中的一部分会保持液滴形状，或者黏附在进气系统的管壁及进气门上，以液流膜的形式进到气缸内，在进气、压缩行程中伴随着燃料蒸发与流动中的空气混合并进一步蒸发，在点火之前形成可燃混合气。

燃料形成混合气并燃烧过程中，根据燃料种类的不同，混合气中燃料所占的比例具有一定的范围要求，称为可燃范围，如表 3.2.1 中所显示的那样，燃料的浓度有上限、下限值。该表中所显示的范围是大气条件下的数值，在发动机内部被压缩的高温、高压混合气，任何一种燃料其可燃范围都会扩大。另外，表中的当量比是实际上燃烧时的空燃比与理论空燃比的比值。

表 3.2.1　各种预混合气的燃烧特性值（大气压力下）

燃料	可燃范围[1]				最大燃烧速度/(m/s)（当量比）		最低自燃温度/℃
	下限		上限				
	（体积百分数）	（当量比）	（体积百分数）	（当量比）			
一氧化碳（CO）	12.5	(0.34)	74.0	(6.80)	0.45	(1.70)	609
氢（H_2）	4.0	(0.10)	75.0	(7.17)	3.06	(1.70)	585
甲烷（CH_4）	5.0	(0.50)	15.0	(1.7)	0.39	(1.06)	537
乙炔（C_2H_2）	2.5	(0.31)	80.0	(47.4)	1.63	(1.33)	299
乙烷（C_2H_6）	3.0	(0.52)	12.4	(2.37)	0.46	(1.12)	515
丙烷（C_3H_8）	2.1	(0.51)	9.5	(2.51)	0.45	(1.14)	466
正丁烷（$n-C_4H_{10}$）	1.8	(0.57)	8.4	(2.85)	0.44	(0.12)	405
甲醇（CH_3OH）	6.7	(0.51)	36.0	(4.03)	0.55	(1.01)	465
汽油[2]	1.4	(0.8)	6.0	(3.5)	0.40	(1.07)	460

① 标准大气温度条件。

② 辛烷值为 100。

b. 火花点火和火焰的传播

（i）放电和火焰核的形成　均匀混合气被压缩以后，在火花塞的电极处产生的放电火花的作用下点火。火花放电是指具有 1～1.5mm 间隙的电极之间产生 10～20V 的电压，产生绝缘层破坏现象，对电极附近的混合气快速加热，提高其化学活性。此时提供点火用的电气能量约有数十毫焦。在这些能量的作用下，在数百微秒的时间内在电极位置形成 1～2mm 大小的火焰核。该火焰核最初是以层流火焰的形式存在的，以其为中心向周围的混合气扩展形成火焰传播。在这个过程中，放电所产生的热量中的一部分向电极传递而损失掉，因此必须对放电的形态和电极的形状进行适当的设计。

（ii）影响点火的因素　如上所述产生的火焰核，需要最低限度的点火能量，能量在最低限度以下时则出现失火（miss fire）现象。该最低限度能量受电极的形状、燃料的种类、当量比、压力、空气中所包含的不活性气体等因素的影响。如图 3.2.1 中所示的那样，点火能量在当量比稍大于 1 时最小。另外，温度上升时混合气的活性增加，

点火能量变小，而当压力上升时混合气的密度增加，绝缘抵抗力增大，因此具有需要更多放电能量的趋势。再者，混合气的流速增加后加大了对电极的冷却，以及不活性气体的浓度增加时反应性能降低，这时就需要更多的点火能量。

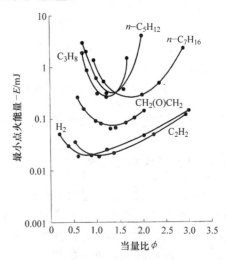

图 3.2.1　当量比、燃料种类和最小点火能量

c. 火焰传播与燃烧速度

（i）火焰传播原理　点火后形成的火焰核，向周围的未燃混合气传递热量和化学活

性种子，引起燃烧反应。根据上述燃烧原理，火焰发展后向气缸内传播，其速度称为火焰传播速度。发动机内部的燃烧，未燃混合气在燃料压力的作用下被压缩的同时移动，火焰传播速度与移动速度之间的差，即未燃混合气的相对速度称为燃烧速度。

火焰形成的温度一般超过2000℃，使气缸内的压力升高。在高温高压的作用下，未燃混合气被压缩，温度上升，燃烧速度进一步增大。另一方面，继续扩大中的火焰到达燃烧室的壁面后结束燃烧反应。因为燃烧而产生的单位时间的或者单位曲轴转角的热量或者燃料的燃烧量分别称为热效率（dQh/dt）、燃烧效率（或者质量燃料速度：dm_b/dt），一般如图3.2.2中所示的样子。使用以曲轴转角为函数测得的燃烧压力，应用热力学第一法则（能量守恒法则）可以计算气缸内的动态气体特性，并对燃烧状态加以判断。

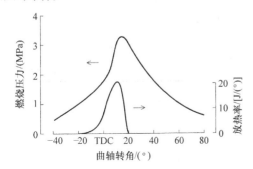

图3.2.2 火花点火发动机的燃烧压力和放热率

另外，如果知道了火焰产生之前的未燃混合气密度 ρ_u、火焰面积 A_f、燃烧速度 S_b、未燃混合气的低发热量 H_u，就可以分别用下式来表示。但是，此时的热发生效率是假设为完全燃烧的基础上成立的。与一个循环中的燃烧量 m_{b0} 对应的比 X_b 称为燃烧比例。

$$\frac{dm_b}{dt} = A_f \rho_u S_b \qquad (3.2.1)$$

$$\frac{dQ_h}{dt} = H_u \frac{dm_b}{dt} \qquad (3.2.2)$$

$$X_b(t) = \frac{m_b(t)}{m_{b0}} \qquad (3.2.3)$$

另外，对于燃烧速度及未燃混合气的密度在局部出现差异时，$\rho_u S_b$ 是在整体火焰范围内进行面积积分得到的全体燃料效率。为了提高与发动机输出功率及热效率相关的燃料效率，扩大火焰面积和提高燃烧速度是非常有效的。

另一方面，如果从分子的角度来观察燃烧过程，燃料和氧分子之间出现燃烧反应，而碳氢化合物的燃料，从一开始持续存在多个单元反应，产生包括活性种子的C、H、N、O在内数量极多的中间产物。目前，像甲烷这样的单纯的碳氢化合物的反应，尽管已经弄清楚了其原理，但是在实际使用过程中对于高级的碳氢化合物燃料，由于单元反应的种类及反应速度相关的数据还不充分。因此，当预测燃料反应速度时，作为概略地描述反应速度的方法，多是使用只包括燃料和氧的反应模型，其速度 R 由下式表达。

$$R = k[\text{Fuel}]^a[\text{O}_2]^b \qquad (3.2.4)$$

$$k = AT^n \exp\left(-\frac{E_a}{R_0 T}\right) \qquad (3.2.5)$$

式中，k 为综合反应速度；A 为常数；E_a 为活性化能量；a、b 按照反应次数以燃料的固有经验值给定；［ ］内为成分浓度；T 为混合气的绝对温度；R_0 为一般的气体常数。

（ⅱ）火焰的构成和涡流的影响　进入燃烧室的混合气伴随着涡流在流动。该涡流对于混合气的平均速度用速度变动强度 u'（称为涡流强度）或者相对涡流强度 $u'/U_m(t)$ 来评价，由下面的公式定义。

$$U_m(t) = \frac{1}{\tau}\int_{t-\frac{1}{2}\tau}^{t+\frac{1}{2}\tau} U(t)\,dt \qquad (3.2.6)$$

$$u' = \sqrt{\frac{1}{\tau}\int_{t-\frac{1}{2}\tau}^{t+\frac{1}{2}\tau}\{U(t) - U_m(t)\}^2\,dt} \qquad (3.2.7)$$

式中，$U(t)$ 为相对于时间 t 或者曲轴转角的瞬间流速；$U_m(t)$ 为平均流速；τ 为平均化时间。

另外，此时产生的大约 1mm 以下的微小比例（称为 Taylor 微小比例）涡流，具有促进混合气形成的效果。在对燃烧室内的流速进行测试时，可以使用热线流速计或者各种激光测试方法，根据多个循环测试数据的统计处理对涡流的各种特性值进行评价。另外，循环内的涡流和每个循环的速度变动具有不同的流动形态，用上述方法可以实现对二者的分离。

在涡流的作用下燃烧由层流向涡流过渡，具有燃烧速度飞速增加的效果。如图 3.2.3 中所示的那样，层流火焰的火焰面较为平坦，火焰带的厚度非常薄，在发动机内部的高温、高压环境中约为数十微米级别。燃烧速度受燃料的酸化反应支配，称为层流燃烧速度 S_L。相对于层流燃烧速度，伴随着混合气的流动产生涡流时，成为与 λ 有关的褶皱状火焰（wrinckled flame），其燃烧面积增加，结果得到了质量燃烧速度增加的效果。如果涡流继续增加，在火焰带内的热量和化学活性种子的输送被促进，使燃烧加快，再进一步，未燃混合气中较小涡流束呈现被卷入到燃烧气体内部的趋势，包含它在内的火焰带厚度增加，燃烧被更进一步地加

速。像这种伴随着涡流的燃烧速度称为涡流燃烧速度。虽然说涡流燃烧从微观上来讲燃料和氧的反应所产生的物质没有发生变化，而是由于物理上的原因而加快了燃烧速度。

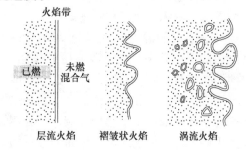

图 3.2.3　三种火焰对比

如表 3.2.1 中所显示的那样，大气环境中的层流燃烧速度，氧及乙炔是个例外，他们的燃烧速度都不超过数十厘米每秒，混合气在受到压缩而使温度及压力上升后燃烧速度增加。如图 3.2.4 所示，涡流的雷诺数 R_t 的增加产生的效果非常显著，涡流燃烧速度达到层流燃烧速度的数十倍。此处，$R_t = u'\lambda / v$，v 是动力黏度系数。随着发动机旋转速度的上升燃烧速度增加，得到了高速运转条件下的涡流效果。

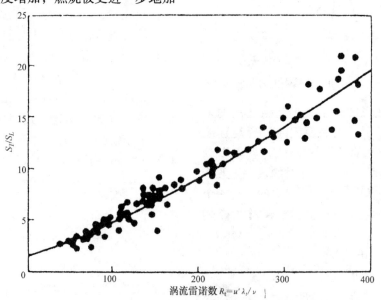

图 3.2.4　涡流雷诺数与燃烧速度的关系

d. 燃烧速度及热效率的影响因素

如果根据热力学循环过程理论来加以说明，火花点火式发动机的理想循环是在压缩上止点瞬间提供热量的等容循环，其理论热效率可以由下式表达。

$$\eta_{th} = 1 - \frac{1}{\varepsilon^{k-1}} \qquad (3.2.8)$$

式中，ε 为压缩比；k 为动态气体的比热。

等容循环是在压缩比一定的条件下具有最高热效率的内燃机循环。因此，对于具有有限速度的实际燃烧过程，为了更加接近理论热效率，在提高压缩比和比热的同时，增加燃烧速度或者使燃烧效率的重心位置尽可能地靠近上止点等都是有效的。对该过程具有重大影响的设计、运转因素有当量比（或者空燃比）、点火时期、涡流特性、惰性气体比例等。

（i）当量比　当当量比大于 1 时，即燃料过剩的条件下燃烧速度达到最大值。节气门全开输出最大功率，虽然有这种燃料过剩的设定方法，但是由于不完全燃烧等因素使热效率降低。这一点由后面的 3.2.2 小节中的图 3.2.7 来表示。另外，在节气门开度较小的怠速或者低负荷工况时，之前的循环中燃烧气体的残留比例变大，为了保证燃烧稳定必须提供多余的燃料。除此之外的部分负荷工况，是按照通常的理论空燃比运行的。

另一方面，如果空气相对于燃料处于过剩状态，那么燃料就会完全燃烧使热效率上升。其原因是燃烧气体的温度降低，导致动态气体的比热上升、燃烧室壁的温度差减小使热损失降低、空气流量增加使进气时节气门的压力下降，使泵气损失减小。燃烧速度自身变慢会使涡流增加，因此必须通过点火时期提前等手段来恢复或者补偿。

像上述这种空气过剩条件下的燃烧称为稀薄燃烧，实际中被应用于燃油消耗的改善，以及如同 3.2.2 小节中所叙述的用来削减废气的排放。但是在空气过剩量严重的条件下燃烧温度和燃烧速度下降，热效率反而会降低。另外燃烧反应的延迟或者燃烧变动变显著，有可能引起失火现象。像这样的燃烧限界称为稀薄燃烧界限。

（ii）点火时刻　点火时刻是决定燃烧开始时刻的重要因素。如图 3.2.2 中所示热发生效率的（中心）位置在上止点附近时能够得到最高的燃烧效率和输出转矩。实现上述目的的点火时刻称为最佳点火时刻（MBT：Minimum advance for Best Torque）。应在最佳点火时刻时点火，如果点火被提前过多将会使热效率下降，燃烧压力增加，出现敲缸现象，因此必须避免。

当混合气的供给量过少时，即发动机的负荷较低时，由于混合气的密度低，燃烧速度变慢。另外由于发动机的旋转速度上升而使燃烧显得较慢时，为了补偿这种延迟现象，需要分别对进气负压和发动机旋转速度进行检测，然后对点火时刻进行适当的调整。

（iii）涡流特性　在之前的 c.（ii）项中介绍过，混合气中的涡流具有促进燃烧的效果。实际中的发动机在高速运转时能够维持较高的功率输出，是气缸内混合气的流入速度的增加而使涡流增加，使燃烧加速的效果。另外，上述的稀薄燃烧以及后面将要介绍的废气再循环对惰性气体的增加，对燃烧速度的降低或者变动具有改善作用，是对涡流的有效利用。尽管如此，过度的流动会使火焰延长，在中途出现失火现象，反而导致冷却损失增加，因此必须适当设定流动的大小。

产生涡流的方法有很多种，如精心设计进气道的形状，当空气向气缸内流入之际，相对于气缸轴心线形成涡流。还可以在活塞和气缸顶面之间设计成纵涡，使进气道和气门系统的流路可变，根据行驶条件来控制空气流入速度等方法。根据这些方法产生的宏观流动到微观的细小比例涡流，使用激光等各种流速测试装置及流动观察手段得到了证明。另外，通过转矩变动对车辆的行驶性能施加影响的燃烧变动，在每个循环内的流动变动为主要原因，通过上述测试方法也对这一点给予了确认。

像这种以进气系统和燃烧室内的混合气为对象，利用计算机的三维数值流体计算方法来模拟燃烧过程的尝试正在盛行之中。采用燃烧模型的燃烧过程还在发动机性能及排放废气的预测上发挥了重要的作用，在这方面的研究也正在不断地增多。目前，根据上述测试方法对模型的验证正在推进当中，根据燃烧室内流动和涡流的发生进行定量测试，图3.2.5为其中的一个测试案例。尽管如此，关于燃烧过程中供给燃料的动作、混合气形成的影响因素以及涡流效果的模型化是非常困难的，目前的实际应用中还未能得到较好的精度。今后随着模型化的进展，像这样的计算方法不仅仅是对现象的说明，期待着在发动机的进气、燃烧系统的详细设计中也能发挥更大的作用。如果这些目标能够实现，目前仍然主要依靠试验评价的发动机开发和设计必定会取得更迅速、更合理的突破性进展。

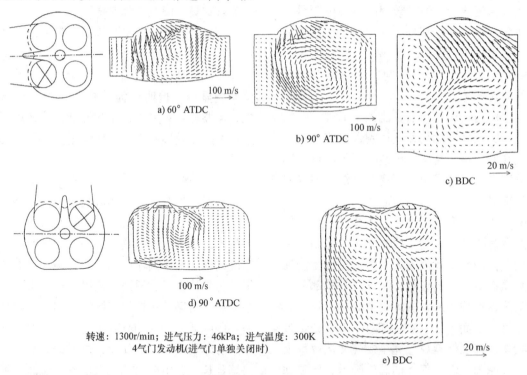

a) 60° ATDC

100 m/s

b) 90° ATDC

100 m/s

c) BDC

20 m/s

d) 90° ATDC

100 m/s

转速：1300r/min；进气压力：46kPa；进气温度：300K
4气门发动机（进气门单独关闭时）

e) BDC

20 m/s

图3.2.5　燃烧室内流动模拟结果案例

e. 异常燃烧

之前所叙述的过程是从火花点火开始基于火焰传播的预混合燃烧，如果出现非正常的火焰传播的异常燃烧则会导致发动机出现故障。因此，在发动机设计时，或者在设置适当的发动机运转条件时必须防止这种异常燃烧现象。

（i）爆燃　异常燃烧的典型代表为爆燃。爆燃是指存在于燃烧室远端的未燃混合气体在燃烧压力的作用下产生反应，在预混合火焰到达之前出现自身点火现象。出现这种现象时，燃烧室远端的气体急剧燃烧，产生不平衡压力，形成数千赫的强压力波，对发动机本体施加激励，产生类似敲击窗户的声音，称为爆燃噪声。一般来说，当发动机的冷却条件恶化或者大气温度较高、发动机高负荷运转但速度较低时容易发生。另外，如同表3.2.1中所显示的那样与燃料本身的性质也有很大的关系。不管是哪一种情况，敲缸是600~1000K的较低温度的碳氢燃料的化学反应现象，相关的反应原理极为复杂，目前仍然还存在诸多的不明点，关于其原理的解明及测试方法正在发展当中。

发生爆燃时燃烧压力的测试案例如图3.2.6所示。像这样的压力波会破坏燃烧室壁面的温度边界层，使之与高温燃烧气体直接接触，引起气缸壁面的温度上升，或者使燃烧室壁面的润滑油膜黏度降低并蒸发。结果导致活塞等运动零部件的烧损或者熔化。另外，像这样气缸壁面温度上升的情况反过来还会助长爆燃的程度。如果像3.2.1小节的d.项中所叙述的从理论循环的热效率公式来理解的话，为了提高火花点火式发动机的热效率和输出功率，虽然希望能保持较高的压缩比，但是实际上的发动机会出现爆燃现象，因此对压缩比是有一定范围限制的。例如，对于常用的发动机，为了防止敲缸的发生，将压缩比控制在8~10的范围内。

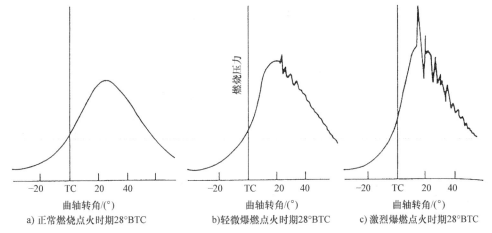

图 3.2.6　爆燃发生时的燃烧压力

(4000r/min，节气门全开，排量381cc单缸发动机)

（ii）爆燃的预防　为了预防爆燃，选用抗爆燃性指标即辛烷值较高的燃料证明是非常有效的，汽车燃料的规格是由辛烷值评价法来决定的。关于这方面的内容将在3.6节中详细说明。

另一方面，从燃料技术的角度来讲，促进火焰传播，在远端气体压缩点火的引导时间之前使火焰快速传播的同时，必须控制温度的上升。作为具体的解决对策，在适当设置压缩比的同时，使混合气产生涡流提高火焰速度也是常用的方法。在设计燃烧室时，火焰传播距离较短的一部分球状及单侧顶状的紧凑型燃烧室，希望尽可能将点火位置设置在燃烧室的中心。根据高输出功率需求，如果气缸直径加大火焰到达远端气体的时间变长，容易引起爆燃现象，一般不过度增加气缸直径，而是采用增加气缸数量的方法。另外，还要确保冷却系统均匀，以控制远端气体的温度上升。再者，由于压缩空气的温度上升而更容易出现爆燃，为了保证冷却效果经常组合使用温度自动调节装置。

推迟点火时期使燃烧压力下降，也是一种抑制爆燃的有效方法。因此，在发动机缸体适当的位置安装爆震传感器，在受到激励时能够检测到加速度，或者直接对气缸内的压力波进行测试，判断爆燃是否发生，通过推迟点火时期的方法来防止爆燃，这种方法正被大量地使用。但是，如果过度推迟了点火时期，会导致热效率降低。

（iii）前火　除了爆燃以外，由于火花塞、排气门、燃烧室内的堆积物（积炭）等高温部位作为点火源会引起表面点火（或者称为热面点火）。在正常的火花点火之前引起的点火现象称为前火（pre fire），在正常的火花点火之后点火现象称为后火（post fire）。这些都会导致急剧的压力上升，和爆燃相同会引起发动机的烧蚀或者熔化，因此必须采取措施对这些高温部位进行冷却，或者将其除去。另外，还必须利用火花塞适当的散热性能。在燃料中添加清洁剂以防止气缸内积炭的生成也是一种常用的方法。

f. 其他燃烧方式

关于理论空燃比的均匀混合气燃烧的传统方法，根据 3.2.1 小节 d.（i）项中所叙述的理由，在空气过剩条件下的燃料热效率是增加的。为了积极利用这样的效果，有了称之为稀薄燃烧的方式。为了实现稀薄燃烧，通常有以下几种方法。但是，为了在节气门全开的状态下得到尽可能高的功率输出，必须保证一定量的燃料供给，不得不在理论空燃比或者燃料过剩的条件下燃烧。

```
┌─均匀预混合气燃烧
│          ┌─分割式燃烧室
└─分层燃烧─┼─进气道喷射方式
           └─直接喷射方式
```

稀薄燃烧方式之中的均匀预混合气燃烧，虽然被限制在稀薄燃烧界限内，但是一旦接近这个界限，燃烧延迟变得更明显，反而使热效率变得恶化。另外，燃烧不稳定或者失火循环会频繁发生，导致转矩变动幅度过大，进而引起驾驶性能恶化。

另一方面，分层燃烧是在燃烧室内使燃料过剩的混合气在火花塞周围形成，确保点火和初始火焰的形成，并据此促使附近形成的燃烧缓慢的稀薄混合气快速燃烧。从整个燃烧过程来看，虽然设定了空气处于过剩状态的空燃比，与均匀混合气燃料相比，稀薄燃烧的界限被扩大了。

像这样实现分层燃烧的三个方法中，分割燃烧方式是在副燃烧室内使燃料过剩的混合气点火、燃烧，被激活的末燃混合气向主燃烧室内喷射，在那里促进稀薄混合气的燃烧。通过使用副燃料室的方法能够防止过浓混合气分散，由于部分燃料会进入到主、副燃烧室的联通孔而损失掉，增加副燃烧室的面积或者提高混合气的喷射速度，会使热损失增加。

进气道喷射方式是通过电子控制式燃料喷射装置，设置适当的喷射时间进行燃料喷射，在进气道内形成过浓混合气，控制向燃烧室内的流动以保证在点火时恰好能到达火花塞位置，最近类似的实际案例不断地增多。

直接喷射方式是在压缩冲程内向燃烧室内直接喷射燃料，形成燃料喷雾，在燃料过浓的区域点火并向稀薄区域内扩散，它的特征是同时包含了喷雾燃烧和扩散燃烧两种形式。由于它没有进气道供油的延迟、抗爆燃性高而使压缩比较大，其优点是可以进一步提高热效率。这种方式自身由于能够适用多种燃料，最近以削减废气排放和提高热效率为目的而提出的实用案例越来越多。为了实现上述的燃烧方式，必须进行燃料喷雾和混合气的形成、点火位置及点火后的火焰控制等优化设计，在改进喷射方式的同时，为了有效利用空气流动，进气系统和燃烧室形状的设计成为重要的课题。像这样的课题虽然非常多，但是火花点火燃烧作为最有效的低燃油消耗技术，一直是值得期待的燃烧方式。

3.2.2　排放废气的产生原理和解决对策

火花点火式发动机所排放出来的 NO_x、

CO、HC 三种成分，与 3.2.1 小节中叙述的燃料特性相关。如图 3.2.7 所示，除了与发动机性能相关以外，这三种成分还受空气过剩量（或者当量比）的强烈影响，而且每种成分的排放倾向都是不同的，因此解决对策是非常复杂的。本小节中将对这些成分的产生原理及控制基本方法加以解说。另外，作为消减排放的对策，适当控制与燃料相关的因素的燃料技术及排放废气的后处理净化装置将分别在 3.3 节和 3.5 节中叙述。

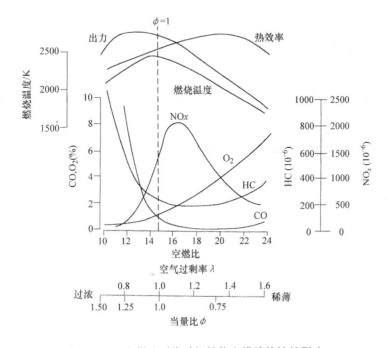

图 3.2.7　空燃比对发动机性能和排放特性的影响

a. NO_x 产生原理与对策

（i）产生原理　NO_x 是 NO、NO_2、N_2O 等氮氧化物的统称，在发动机这样的高温环境中所产生的物质大部分是 NO，NO_2 是在发动机内低温条件下由 NO 酸化而生成的微量产物。一般来说，燃烧时 NO 产生的原理分为 Prompt NO、Fuel NO、Thermal NO 三种。Prompt NO 反应是指由燃料过剩的火焰带内超过化学平衡浓度的 O 或者 OH 等活性物质引起的，与燃料的碳氢化合物有关，还夹杂着 HCN、CN 及 NH 等物质。Fuel NO 是指燃料中氧化物被分解时产生的中间物质（NH_2、NH、N、HCN、CN 等）引起的。Thermal NO 是指火焰通过后由于高温反应而产生的物质。

火花点火式发动机在压缩时，在高温、高压环境下进行燃烧，由于燃料气体温度超过 2000℃，在该过程中认为主要的产物是 Thermal NO。在反应过程中，从 O_2 中因高温而分解出来的 O 原子引起的被称为 zeldovich 原理的两组连锁反应方程式（3.2.10）、式（3.2.11），再加上基于 OH 的反应方程式（3.2.12）共三个主要方程式，称为扩展 zeldovich 原理。

$$O_2 \rightleftharpoons 2O \qquad (3.2.9)$$

$$O + N_2 \rightleftharpoons NO + N \qquad (3.2.10)$$

$$N + O_2 \rightleftharpoons NO + O \qquad (3.2.11)$$

$$OH + N \rightleftharpoons NO + H \qquad (3.2.12)$$

当然，与 C-H-N 系相关的 Prompt NO 或者 Fuel NO 的生成分解反应属于附带引起的结果，由于通常的燃料是高级碳水化合物，这些反应过程非常复杂，还存在很多的不明之处。NO 的反应计算可以近似地用式（3.2.10）～式（3.2.12）来充分地表达，而且应用范围非常广。在这些反应当中，①燃料气体温度高；②保持时间长；③存在剩余的 O_2，这三种主要的产生原因是可以被理解的。如图 3.2.7 所示，燃烧温度在燃料过剩的一侧最高，在空气过剩量 1.1～1.2 附近时排放的 NO_x 达到最高浓度，这是由于增加了 O_2 的影响。

火花点火式发动机在测试燃料压力的同时，还可以根据扩展 zeldovich 原理进行 NO 的反应计算，其结果如图 3.2.8 所示。从图中可以知道，早期燃的混合气体在之后达到最高压力之前被进一步压缩，温度升高，NO 的平均浓度也变高。因此增加产生速度使 NO 浓度达到接近于平衡浓度的高浓度，接下来膨胀时随着温度的下降分解速度减小，结果停止在高浓度状态。另一方面，后期燃烧的混合气由于到达温度低而使生成速度减慢，与最高浓度相比停止在非常低的浓度状态。像这种倾向式（3.2.3）中相对于燃烧比例用图表的形式进行了说明，其结果如图 3.2.9 所示。也就是说，更早燃烧时越接近火花塞位置则温度越高，在燃烧室内生成逐渐离去的温度速度变化，与此相对应出现稳定的 NO 量分布。该 NO_x 量用 X_b 进行积分则得到全体的 NO 量。对于这些现象，通过对燃烧室内 NO 浓度的分析结果就可以得到证实。排放气体中测试到比平衡浓度高很多的 NO，虽然是在高温下生成的 NO，但是在膨胀冲程中较低的温度下分解反应迟缓，产生过程停止后而排放出来的。如上所述，生成、排放出来的 NO 在大气中慢慢酸化（氧化），成为有害的 NO_2。

（ⅱ）NO_x 解决对策　如上所述，NO_x 产生的主要原因是燃烧气体保持在高温环境中和氧气过剩存在。避免这些现象是降低 NO_x 的有效措施。从这个角度出发，具体的

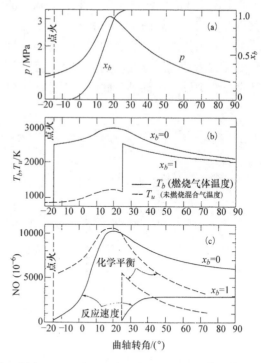

图 3.2.8　NO 生成、分解过程的反应计算

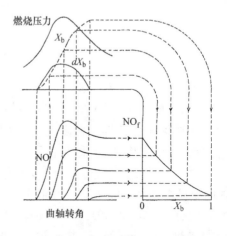

图 3.2.9　燃烧比例和 NO 冻结量

方法如下三个方面所述。

（1）推迟点火时期　推迟点火时期是最容易实现而且应用最为广泛的方法。由于燃烧开始时间推迟，燃烧压力、温度下降，能够抑制 NO_x 的产生。如图 3.2.10a 为降低效果实例，但是由于燃烧本身延迟，在导致热效率恶化的同时，还会使排气温度上升，

增加了排气系统的热负荷。另外，如果点火时期推迟过大，还会产生失火现象，因此点火时期推迟是有一定的界限的。为了解决点火时期推迟带来的燃烧恶化，可以加强混合气的涡流、适当设计燃烧室的开头、适当设置火花塞的位置，通过这些方法促进燃烧都是有效的。

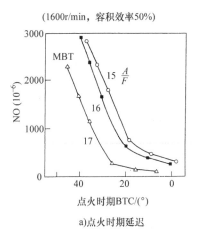

a)点火时期延迟

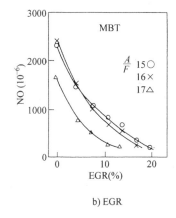

b) EGR

图 3.2.10　NO 削减措施的效果

（2）废气再循环（EGR）　EGR 是将失活性气体的一部分回流，与新鲜空气混合来增加混合气的热容量。根据这种方法能够使燃烧温度下降几百度，如图 3.2.10b 所示，作为一种大幅削减 NO_x 排放的方法在汽车用发动机上广泛应用。EGR 的功能是保持必要的功率输出，维持正常的混合气供给量，并向其中追加一部分排气使全体的体积流量增加。因此，当进气节气门全开时即在全负荷条件下，如果应用废气再循环技术，则会使新鲜进气量减少、输出功率降低，因此在这种条件下不能使用 EGR。

EGR 通过降低燃烧温度的方法来减少热损失的同时，还具有减小进气损失的效果，因此如果适当设置 EGR，使点火提前来补偿燃料的延迟，在 NO_x 减少的同时还能维持热效率不变甚至会有少许的改善。另一方面，如果使过量的排气再次进入循环，由于失活性气体的增加而导致燃烧变迟缓，使热效率恶化或者 HC 增多，有时甚至会引起失火现象。解决这种问题，可以采用强化燃烧室内的混合气紊流、设计多段火花塞、增加点火能量等方法。实际中考虑到对燃烧过程带来的负面影响，通常保持 10% ~ 20% 的排气重新进入到进气中，能够得到降低 50% ~70% 的 NO_x 效果。

（3）稀薄燃烧　如图 3.2.7 所示，由于在空气剩余量为 1.1 附近时 NO_x 的浓度达到最高，为了避免这种现象，与燃料过剩相比，空气过剩状态时的燃烧更能够提高热效率，还能保证 HC 和 CO 的低产生量。但是，空气过多会使燃烧温度降低，HC 或者 CO 的酸化反应延迟，从而导致排放浓度增加，如果空气再进一步增多还会引起失火现象。

从图 3.2.7 可以知道，稀薄燃烧的 NO_x 减低效果并不能达到同样增加动态气体的 EGR 方法那种程度。虽然有时会将两种方法综合使用，但是在理论空燃比条件下 EGR 的效果并不好。另外，为了得到节气门全开时的高功率输出，必须增加燃料的供给量以保证维持理论空燃比或者以下，对于这样的条件还需要采取其他的措施来降低 NO_x 的排放。

另外，为了实现稀薄燃烧，在 3.2.1 小节的 f 项中介绍过颇具效果的分层燃烧技术，此时的混合气是呈现从过浓到稀薄的分布状态。因此，在 NO 产生较多的稀薄区域，且在过浓燃烧以后与周围的空气混合而稀薄化，将与 NO 产生较多的区域共存。其结果是随着相同空气剩余量的均匀混合气燃烧，存在 NO 产生量更多的可能性，需要综合应用混合气的形成、EGR，以及包括后处理的控制技术。

b. HC 和 CO 的产生原理与对策

HC 的产生原理包括以下几个方面。

① 燃料的不完全燃烧。

② 淬熄层和润滑油膜。

③ 体积淬熄（Bulk Quench）。

④ 燃料的蒸发不良。

⑤ 漏气。

从图 3.2.7 可以得知，HC 和 CO 是在燃料过剩条件下燃烧时的不完全燃烧所产生的，另一方面，即使在氧气充分的条件下也会有某种程度的 HC 及 CO 产生的倾向。如图 3.2.11 所示，排放出来的 HC 在燃烧室壁面的温度边界层内的底层所包含的混合气，是由于温度低而无法充分氧化形成的。另外，活塞的顶端与气缸壁之间的间隙或者气缸垫位置的间隙存在，也会使混合气无法酸化。在这样的区域内称为淬熄层，以缸壁面 0.2mm 以下，间隙为 0.2～1mm 附近为淬熄距离。再者，淬熄层燃料的一部分在压缩冲程中被气缸壁面上厚度为几～几十微米的润滑油膜吸收，在膨胀冲程中释放出来。因此，为减少 HC，根据与高温燃烧气体的适当混合，能够促进酸化进程，这些方面在设计时需要加以注意。

另一方面，即使是在稀薄条件下，由于高温时的热分解反应也会产生 CO，膨胀冲程中温度较低时被降温后排出。另外，上面介绍的 HC 低温时酸化反应也会发生。

如图 3.2.7 所示，如果燃料再进一步稀化，HC 浓度的增加是因为温度较低时酸化反应迟缓，或者出现失火循环，因此 HC 部分酸化引起 CO 也同时增加。另外，由于 EGR 的使用而使失活性气体的比例有所增

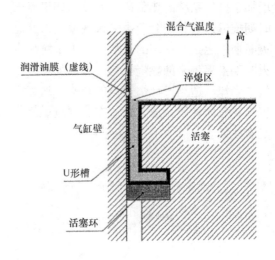

图 3.2.11　HC 产生区域

加时，也会出现同样的趋势。在这个基础上，在膨胀冲程中燃烧气体全体的温度下降而产生的体积淬熄效果，会妨碍 HC 的酸化反应。因此，稀薄燃烧是解决由上述原因产生 HC 的有效措施。所产生的 HC 如果温度足够高，那么在膨胀冲程或者排气冲程中会有某种程度上的酸化反应，出现减少的趋势，在这些冲程中保持温度是与酸化密切相关的重要因素。

使用汽油燃料的发动机中，由于低温起动或者燃料黏附在进气管道的壁面上，燃料未能充分蒸发，没有参与燃烧就排出去了。作为解决这些问题的措施，电动加热器或者借用发动机冷却液来给进气系统加热，促进燃料的微粒化和混合，都是常用的有效方法。

另外，泄漏气体中虽然包含由于活塞与气缸之间的间隙泄漏出来的未燃混合气，但是由于这部分气体无法排到外部空间去，使用漏气还原装置可以强迫其返回到进气系统中。

c. 排放废气的后期处理

如果仅使用上述的燃烧技术来降低废气的排放，可能导致燃料延迟、燃料变动、热效率恶化甚至失火。因此，为了减轻这些负

面影响，通常都会综合应用各种催化剂装置的后处理技术。如能够同时净化 NO_x、HC、CO 三种排放物的三元催化催化剂、能够处理 HC 和 CO 的酸化催化剂、使氧气过剩的排放物中的 NO_x 还原催化剂等，关于这些催化剂的原理和具体案例将在 3.5 节中详细介绍。

[大圣泰弘]

参 考 文 献

[1] 斎藤、大聖ほか：熱機関演習，実教出版，p.16（1985）

[2] J. F. Griffiths, et al. : Flame and Combustion, 3rd ed., London, Blakie A & P, p.230 (1995)

[3] レーザ計測ハンドブック編集委員会編：レーザ計測ハンドブック，丸善（1993）

[4] G. E. Andrews, et al. : Combustion and Flame, 24-3, p.285(1975)

[5] Proceedings of the 3rd International Symposium on Diagnostics and Modeling of Combustion in Internal Combustion Engines, 日本機械学会（1994）

[6] Engine and Multidimensional Engine Modeling, SP-1101, SAE Paper（1995）

[7] B. Khalighi, et al. : Computation and Measurement of Flow and Combustion in a Four-Valve Engine with Intake Variation, SAE Paper 950287 (1995)

[8] A. Douaud, et al. : DIGIP-An On-Line Acquisition and Processing System for Instantaneous Engine Data-Application, SAE Paper 770217 (1977)

[9] Y. Iwamoto, K. Noma, O. Nakayama, T. Yamauchi and H. Ando : Development of Gasoline Direct Injection Engine, SAE Paper 970541(1997)

[10] 広安、大聖ほか：内燃機関の燃焼モデリング，日本機械学会第572回講習会教材，pp.59-68(1983)

[11] K. Komiyama, et al. : Predicting No_x Emissions and Effects of Exhaust Gas Recirculation in Spark-Ignition Engines, SAE Paper 730475 (1973)

[12] Y. Sakai, et al. : The Effect of Combustion Chamber Shape on Nitrogen Oxides, SAE Paper 730154(1971)

3.3 燃烧过程改善

在实行排放法规的初期，尝试了通过改善燃料过程来降低发动机排放的方法，在确定了各种发动机排放要因的同时，特别是在确定了三元催化系统之后，主要是以后处理技术为主体进行系统开发。

燃油消耗也同样，三元催化系统能够保持空燃比为理论空燃比，通过改善燃烧过程来取得大幅的减排效果，但是限定于怠速等低转速工况下。

最近的低排放要求在催化剂不起作用的暖机过程中也要保证排放的控制，此时对改善燃烧过程的需求非常高。再者，大幅的燃油消耗改善需求，也要求在三元催化剂不起作用的稀薄空燃比领域内保证良好的燃烧。因此，将对与燃烧改善密切相关的发动机各部分的设计技术进行系统性汇总和介绍。

3.3.1 进气系统

进气系统的职责是吸入新鲜空气，并使之产生紊流以促进燃烧、改善燃料与空气的混合。

众所周知混合气的紊流具有促进燃烧过程的效果，紊流燃烧速度与分层燃烧速度的比值，与紊流雷诺数成比例的增大。普通的发动机空气从进气门高速地进入，在进气冲程中产生紊流，在压缩冲程中稍稍减弱，由于活塞的运动作用下紊流又加强，进而缩短燃烧周期。

a. 气缸内气流的生成方法和效果

为了在进气冲程流动的气流中产生燃烧期间需要的紊流，必须在气缸内形成主要的气流，这个主流是由水平涡流（swirl）和纵向涡流（tumble）两部分构成的倾斜涡流。这些气流在气缸内流动的轨迹如图3.3.1 所示。进气门出口流速分布如果是 TYPE III 那样有切线成分流动就会变成涡流（swirl），如果像 TYPE IV 那样在气缸中心侧的速度成分大则变成纵向涡流（tumble），如果像 TYPE V 那样两种成分都含有则变成倾斜涡流（swirl）。

产生涡流的代表性进气道如螺旋形进气道。图 3.3.2 所示的是以削减 NO_x 和燃油消

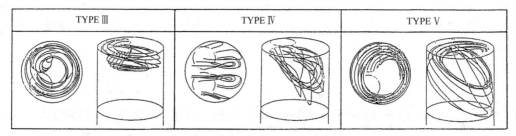

进气门出口速度比率

进气门来的粒子轨迹(ATDC153°～360°)

图 3.3.1　进气门出口流速分布和气缸内流动轨迹（三维数值流体计算）

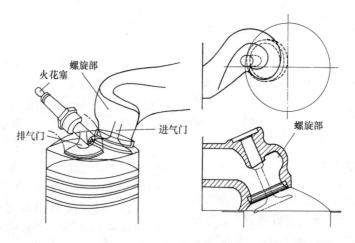

图 3.3.2　螺旋进气道的形状（单进气门球形燃烧室）

耗为目的高 EGR 时为了改善燃烧所采用的案例。另外在促进燃烧方面，在未燃混合气自发点火之前的预反应时间内，火焰传播时间缩短，因此爆燃问题得以改善，能够降低辛烷值的要求（图 3.3.3）。因此，通过高压缩比化实现了燃油消耗的改善。

$$涡流比 = \frac{(叶轮旋转速度)}{(发动机旋转速度)}$$

在压缩上止点附近对涡流的评价不是很容易，可以将气缸盖安装在涡流发生器上，

通过下流处于负压状态的稳定流动来测试叶轮的旋转速度。此时的空气流量是在节气门全开状态下被吸入的，测得发动机旋转速

度，就可以按照下面的公式来计算涡流比，并将其作为涡流大小的特性指标。

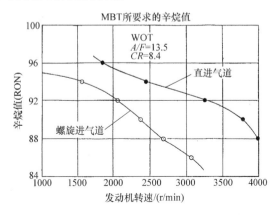

图 3.3.3　螺旋进气道所要求的辛烷值降低后的效果

b. 高效进气涡流的生成方法

如图 3.3.4 所示，有助于改善燃烧的涡流比一般要求为 1.5～2.5。涡流进气道需满足的重要条件：①流量降低少；②压缩冲程中的衰减小；③形状敏感度（制造时的形状误差引起的涡流比变化）小。

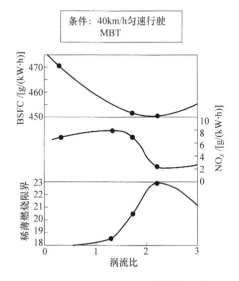

图 3.3.4　涡流比和稀薄燃烧限界

进气门出口切线方向速度成分较多的螺旋形气道，进气门的位置对涡流比的影响较小，另外在压缩冲程中衰减也小。

另一方面，将进气道偏离气缸中心的偏

流成分得到强化的偏心式进气道类型，进气门位置的影响较大，在压缩冲程中的衰减也变大，这一点需要加以关注。

为了在进气道内使流动偏心以防止流量减小，采用了图 3.3.26 所示的方案 2——SCV（Swril Control Valve）。在必须促进燃烧的低、中负荷范围，关闭 SCV 使涡流生成，在容易出现进气阻抗的高转速高负荷范围时打开 SCV，确保连续进气道内的流量。

为了有效地形成涡流，在与气缸轴心线平行的涡流成分中追加纵向成分，使之形成倾斜状态的涡流。在移动进气门外周的有罩阀门壁的位置、调整两种成分的比率实验中，在压缩上止点附近的涡流中两种涡流成分比的最大比率，如图 3.3.5 所示，涡流倾角约为 40°。这里所说的涡流倾角是指用涡流计测试到的角运动量的水平成分和垂直成分合成的角度来定义的。另外，两种成分的合成对于减少涡流循环之间的变动也是有效的。

c. 滚流气道

4 气门屋顶式燃烧室容易形成滚流。在燃烧室内设置壁面使滚流形成的应用案例中，多数是仅对进气道做轻微的改进。如图

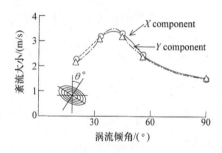

图 3.3.5　涡流倾角和压缩上止点附近的紊流大小

3.3.6 中所示的是 Volvo 的某个实际案例，它是将进气道的形状由点画线变更为实线，如图 3.3.7 中所示的那样在压缩冲程上止点附近强化了涡流。Ford 的作法则是使进气道向水平方向倾斜，来增加进气门的气缸中心一侧出来的流速。

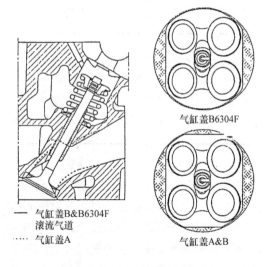

— 气缸盖B&B6304F
滚流气道
…… 气缸盖A

图 3.3.6　气道与滚流的产生

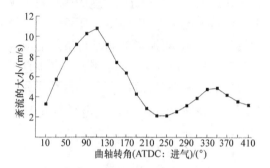

图 3.3.7　滚流气道内紊流的大小

为了在进气中形成更加强化的涡流效果而开发的各种稀薄燃料发动机，将在 3.3.6 小节中介绍。

3.3.2　燃油供给系统

燃油供给系统整体技术将在 3.7 节中详细叙述，本节仅对与燃烧改善直接相关的电子燃油喷射阀加以阐述。作为电子燃油喷射阀的必要条件，其基本特性如下：

① 相对于喷射脉冲的喷射量为线性。

② 能够保证线性特性的（最大/最小）流量比较大。

为了进一步改善燃烧过程、降低排放，通常可以采取以下三个方面的措施。

① 喷雾微粒化。

② 喷射方向控制（使燃料不黏附在进气道上）。

③ 确保密封性。

a. 喷油器构造

电子喷油器的时代是从图 3.3.8 所示的单进气门的针式类型开始的，而双进气门的逐渐成为主流形式的是孔式类型。针式类型是在针管内形成燃料薄膜而更容易微粒化（图 3.3.9）。但是，对于双进气门发动机从位于进气道中心位置的喷油器喷射出来的喷雾，黏附在气道内部的壁面而使进入到气缸内的燃料量减少，图 3.3.10 所示节气门开度变化时空燃比的变动也较大。

因此，面向两个进气道中心的包含多个孔（2~4 个）的孔式喷油阀被开发出来并开始使用。图 3.3.11 所示的球形阀门，当其中的一个孔完成测试以后，用两个孔指定方向。板式喷油器是用多个同时来进行测量和指定方向。孔式喷油器是依靠螺线管的电磁力提供动力，因此针头部分可以做得很轻，适合于 4 气门高性能化所需求的流量比扩大化。

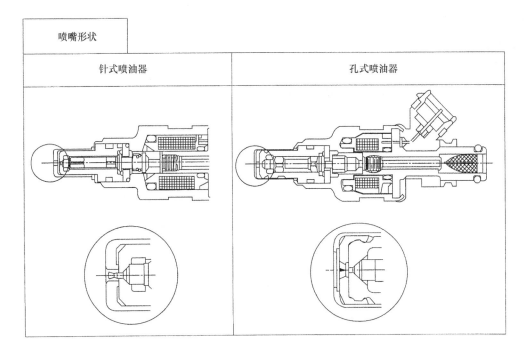

图 3.3.8 喷油器的构造

SMD200μm

SMD320μm

针式喷油器

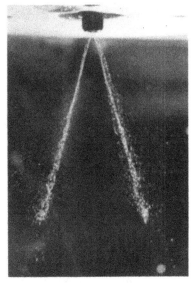

孔式喷油器

图 3.3.9 喷雾照片

b. 喷雾颗粒直径

喷雾颗粒的直径直接影响 HC 排放量。初始的球形阀门喷油器,平均测得直径(sauter diameter)与针式喷油器的 200μm 相比要大很多,因此如图 3.3.10 所示在冷态稳定运转时 HC 排放浓度变高。在那之后,出现了促进碰撞颗粒微小化的带两个孔的分好歧管型以及带 4 个孔的板式喷嘴的改良型。

为了进一步促进微粒化,出现了使空气

流碰撞混合的空气辅助喷油器。图 3.3.12 中显示的是喷油器内空气通路的出入口之间的压差和微粒直径之间的关系。压差大时空气流量增加，所产生的颗粒直径约为 40μm。

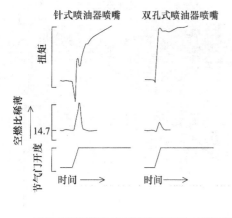

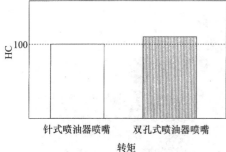

图 3.3.10 节气门急开时的空燃比状态（上图），正常时 HC（下图）（针式喷油器和孔式喷油器的比较）

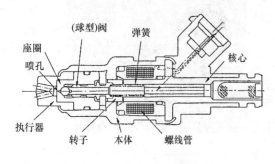

图 3.3.11 球形阀喷油器

在进气行程同期进行的燃油喷射，为了减小过渡阶段的空燃比变化，可以减少燃油的喷射量（图 3.3.13），但是由于与吸入空气的混合时间变短，会导致稳定运转时 HC 排放量增加。而燃料的微粒化却对此影响很小。

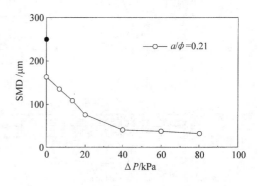

图 3.3.12 空气辅助流量（压差）和燃料颗粒直径

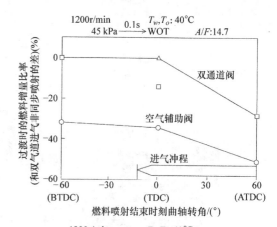

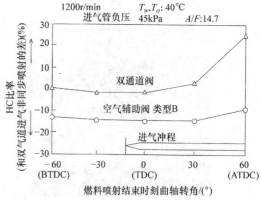

图 3.3.13 喷油时刻和过渡时的燃料增量比率（上图），正常时 HC（下图）（相对于双进气门非同步喷射的比率）

c. 起动、暖机时的 HC 控制

为了进一步削减 HC 的排放量，必须考虑在发动机起动却未发生燃烧时少量的 HC 排放。处于暖机状态的发动机再次起动时，喷油器内残留的燃料在高温的作用下汽化，因此使喷射量降低。为了寻找这些问题的解决措施，将燃料供给口横向设置，减小喷油器内部燃料通过面积的侧面进油型喷油器被开发出来。

另外，当车辆长时间放置后，喷油器的燃料泄漏也会成为问题，因此喷油器体的密封性能也必须保证。

d. 燃油响应延迟的预防

如图 3.3.14 所示，进气道壁面上黏附的燃油量是很多的。前面介绍的过渡时刻燃烧响应延迟是其主要原因。由于将喷油器设置在进气门附近可以减小燃油的黏附，今后喷油器的小型化或者直接将燃料喷射到气缸内的直喷技术必将受到更多的关注。

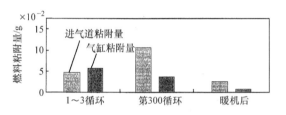

图 3.3.14 进气道壁上燃料黏附量

3.3.3 燃烧室

从根本上来说理想的燃烧室形状是火焰传播距离短、比表面积（燃烧室表面积/燃烧室容积）小的紧凑型。从降低冷却损失、提高高压缩比化的燃油消耗率、削减淬熄 HC 的排放净化等观点来讲都是值得期待的。

a. 比表面积和冷却损失

在压缩、膨胀行程中，从未燃、已燃气经过燃烧室壁向冷却水、大气传递的冷却损失，是热效率大幅下降的主要原因。如图 3.3.15 所示，在通过改变行程容积的循环模拟所做的比表面积对指示功率的影响的调查案例中，由于没有冷却损失与行程容积无关，热效率是由图中的双线代表的隔热等容

燃烧循环决定的，如果考虑到冷却损失则行程容积较大时热效率更高。这是因为行程容积越大，则比表面积就越小，所以冷却损失也变小。即使是排气量相同也有同样的性质。高冈等人将各种发动机的燃油消耗率相对于行程/缸径比绘制成图表，发现虽然行程/缸径比与燃油消耗率无关，但是重回归分析结果显示对于排气量相同、上止点时的比表面积变小的长冲程的燃油消耗率更高。由于冷却损失的贡献量在温度、压力高的上止点处更大，因此在上止点时的比

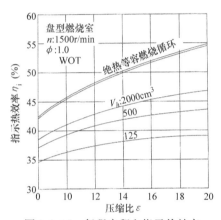

图 3.3.15 行程容积和指示热效率

表面积显得非常重要。对于相同的行程/缸径比，越是紧凑型燃烧室则其比表面积越小，因此屋顶型或者球型燃烧室更有优势。

在燃烧室表面的火焰淬熄会生成浓度较高的 HC，因此如图 3.3.16 所示长行程发动机能够更好地控制 HC 的形成。

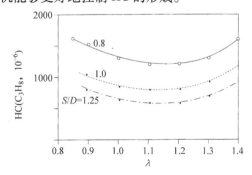

图 3.3.16 各空气过剩率（λ）的行程/缸径比（S/D）和稳定 HC

但是，发动机的缸径对发动机尺寸或者功率输出性能也有着很大的影响，因此必须对其加以关注。

b. 挤气

为了积极利用活塞运动时产生的涡流，如图 3.3.17 所示设计了挤气面积。紧凑型的屋顶式燃烧室中，挤气效果较小，它对燃烧过程的促进效果如图 3.3.18 所示。

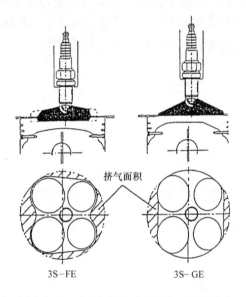

图 3.3.17　4 气门燃烧室的挤气面积形状

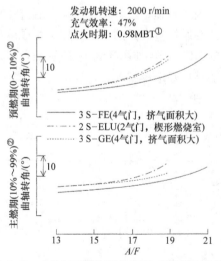

图 3.3.18　大挤气面积的紧凑型 4 气门燃烧室的效果
①获得 98% MBT 转矩的点火时期；②质量燃烧比例。

c. 活塞间隙和 HC

产生 HC 的另外一个重要原因是活塞或者气缸垫部位的间隙，如图 3.3.19 所示，如果活塞间隙的容积几乎为零，则 HC 的削减量能达到数十%的程度。因此，在设计上要尽可能地加大活塞环的尺寸以减小间隙。

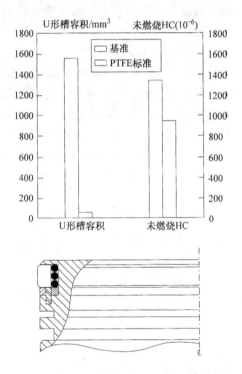

图 3.3.19　活塞 U 形槽容积与正常 HC

d. 燃烧室温度与爆燃

使火焰传播发生在爆燃的预反应之前能够有效预防爆燃。前面介绍过燃烧室的紧凑化或者采用挤气方式来促进燃烧的同时，降低混合气温度以延迟预反应的进行是非常重要的。从冷却损失的观点来讲，虽然燃烧室壁面温度越高越好，但实际上燃烧气体是在几十到两千多摄氏度的壁温之间传递，壁面温度几乎是没有影响的。

另一方面，混合气在进气、压缩行程中的受热，由于二者都是在数百度的温度下进行的，壁面温度较低时则影响较大。当壁面温度较低时，虽然改变冷却液的设计温度是有效的，但是对油温的影响更大。油温降低后其黏度上升、摩擦变大。因此，应该把对摩擦影响较小的缸盖内冷却液温度调低，将缸盖和缸体的冷却水路分开，采取向缸盖优先供水的方式。

即使是相同的冷却液温度，为了保证较低的壁面温度而采用冷却液与缸壁之间热传递效率较高的流动方式也是可行的。保证冷却液的通道不超过必要值，提高流速以使冷却液流毫无阻滞地向一个方向流动。另外，柱塞迂回式的冷却管路很容易变得更狭窄，不使用铸造的方法来制造柱塞，在内部设置通管以确保冷却管路的畅通，通过这些方式也可以改善爆燃现象。

3.3.4 点火系统

a. 燃烧不良和传播不良

为了保证未燃烧燃料不被排放出去，要求准确的点火性能。由于无法燃烧，或者即使点火成功但是在中途产生传播不良等燃烧不良现象，可以通过调整点火时期来进行调整。如图 3.3.20 所示，偏离 MBT 的点火延迟角而引起的燃烧不良，由于属于火焰传播不良而与点火方式无关。如果点火角提前，会使点火时的混合气温度降低，出现点火不良的界限。

b. 燃烧不良的改善

为了扩大这个界限，确保引起化学反应时的火焰核能量不会向电极方向散逸，可以增加电极间隙，或者减小电极的直径。电极间隙扩大的效果在 1.5mm 时达到饱和，如果继续增加间隙则所需要的电压也会增大，因此通常将该间隙设定为 0.8 ~ 1.1mm。

在电极顶端装有白金芯头的火花塞，即使长期使用电极的磨损也很小，因此不会有额外增加电压的要求，初期就可以将间隙设的比较大。另外，为了减小火焰核与电极接触的面积，有很多种火花塞在电极上设置了沟槽。

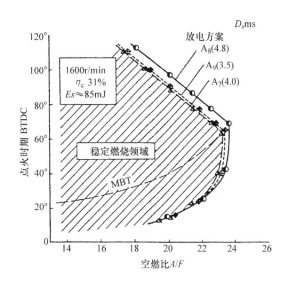

图 3.3.20 放电时间改变时提前与延迟的燃烧极限

比较理想的火花塞能够长时间提供点火能量。如图 3.3.21 所示，电弧电流约为 80 ~ 420mA，对稀薄空燃比范围几乎没有影响，因此延长点火能量持续时间的方式目前正广泛使用中。

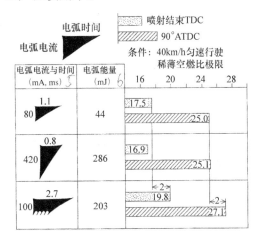

图 3.3.21 电弧图案对稀薄燃料极限的影响

c. 不完全燃烧和预燃

化油器式发动机火花塞的不完全燃烧和预燃具有相互矛盾的热值，选择的余地很少，但是在电子控制燃油喷射方式中，火花塞的不完全燃烧引起的失火现象非常少。但是，还是要正确选择喷射方向以确保燃料不会被直接喷射到点火火花塞上。

d. 点火方式和回路

根据不同发动机的工作条件来选择最佳点火时刻的要求越来越严格。冷机时，提高排气温度以促进催化剂的升温，对点火延迟角有一定的要求，EGR 时能够向 MBT 靠近。为了实现这些目的，正在逐渐转变为管理系统对点火系统进行电子控制、具有多个线圈进行配电的无盘式（hardless）点火方式。如图 3.3.22 所示。

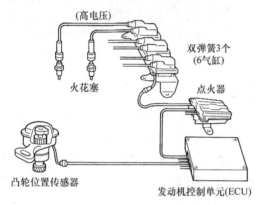

图 3.3.22　无盘式点火方式

3.3.5　EGR

使用 EGR 的目标是削减 NO_x 排放和降低燃油消耗率，一般以降低 NO_x 排放为主。根据 EGR 的使用，空气流量测试的精度恶化后空燃比的调整或者 MBT 发生变化使最佳点火时刻的调整变得更加困难。因此，在对标试验中得到的燃油消耗结果在实车的行驶工况中都会变小。

a. EGR 阀的构造和控制性

如图 3.3.23 所示，EGR 一般是利用发动机的负压工作的，对阀门挺柱的控制是通过负压调整阀来改变 EGR 阀隔膜室的压力来完成的。

为了积极利用 EGR 的降低燃油消耗率效果，如前所述作为燃烧改善措施（特别是对于进气系统）主要是防止燃烧恶化，将 EGR 的质量比例由 10% 增加到 20% 以

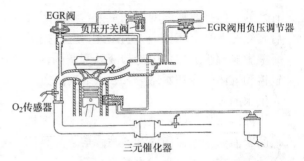

图 3.3.23　利用发动机负压进行 EGR 阀的控制案例

上。此时，在正常行驶条件下能够降低 5% 左右的燃油消耗率。

增加 EGR 量需要更加精密的控制。其中的一种方法是使用带挺柱传感器的 EGR 阀。使挺柱传感器的输出信号转变为带有处理器的挺柱运行轨迹（liftmap），被任务（duty）驱动的 VSV（vacuum switch valve）进行反馈控制。再者，以提高挺柱控制的精度为目的，如图 3.3.24 中所显示的那样，采用将驱动源转换为负压的步进电机来直接驱动 EGR 阀。

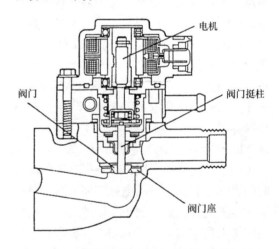

图 3.3.24　利用步进电机进行 EGR 阀的控制案例

b. EGR 的供给口位置和响应性能

将 EGR 的供给口位置设置在进气门附近，排气温度高能够使响应性能提升，因此从燃油消耗率的角度来说是有利的，但是它同时会导致与空气的混合恶化，各气缸之间的 EGR 量的差也容易变大，会导致燃油消

耗率恶化。从后者的角度来讲，将 EGR 供给口位置设置在进气涡流较大的节气门附近的排气门处更为有利，但是考虑到前者的效果，有很多实际案例是设置在进气歧管的中间位置。

3.3.6 稀薄燃烧

a. 空燃比界限和燃油消耗率优化效果

在排放物中含有大量氧气的以稀薄空燃比运行的工况中，由于无法根据三元催化器来净化 NO_x 的排放，能够使用的空燃比非常的稀薄。因此，有效地利用前面所叙述的改善燃烧措施，必须在车辆驾驶性能允许的空燃比范围内扩大燃烧变动到最大。如图 3.3.25 所示，通常的稀薄燃烧空燃比极限为 18～25，而稀薄燃烧发动机可以将其扩大到最大 25 左右，燃油消耗率得到了 10%～12%

的优化。

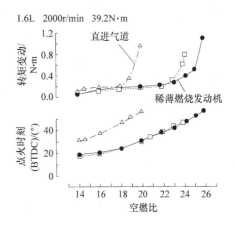

图 3.3.25　稀薄燃烧发动机的转矩变动

b. 稀薄燃烧的历史和对比

在严格的排放法规的要求下，稀薄燃烧技术从 1984 年开始引入市场，如图 3.3.26

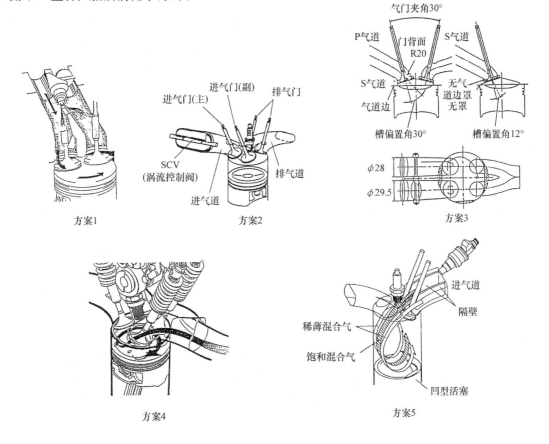

图 3.3.26　各公司稀薄燃烧发动机的结构

所示，1994年多家汽车公司开发出了很多种稀薄燃烧技术。前四个方案都是利用倾斜的涡流效果，方案1中的涡流形成是依靠控制阀门和有小突起的凸柱形状，方案2和方案3是在控制阀门上设置隔断，方案4采用的是单侧阀门的小挺柱和燃烧室壁的引导。在高功率输出的要求下打开控制阀门，或者使单侧进气门的升程与其他气门升程相同，形成涡流和防止进气道流阻增加这两方面性能是相互矛盾的。

方案1中在喷油器的喷孔前端设置了连通两条进气道的通路，从不带控制阀（SCV）的进气道出来的气流来促进燃料的雾化。

方案5根据对带隔断的进气道和活塞表面形状的变更来利用能够控制的紊流。由于速度过快的混合气流会将火花塞形成的火焰核吹飞，在活塞上的突起能够有效控制火花塞附近的气流速度。

c. 涡流和混合气的形成

稀薄燃烧过程中在促进燃料雾化的同时混合气的分布也是非常重要的。当形成涡流时，特别是当容易形成分层化的燃料喷射结束时期处于进气行程90°附近时，火花塞附近的混合气的空燃比变浓，结果导致转矩降低、NO_x浓度变大（图3.3.27）。这是由于图3.3.28所示的20%的初始燃烧区域的空燃比有变化时，所排放出来的NO_x浓度的模拟分析值呈现相同的倾向。在火花塞附近的

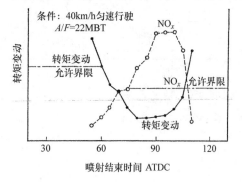

图3.3.27　喷射时期对转矩变动、NO_x排放的影响

初始燃烧部分受到之后的火焰传播的压缩而温度升高，这一部分的空燃比接近理论空燃比时，由于温度升得更高而更容易生成NO_x。

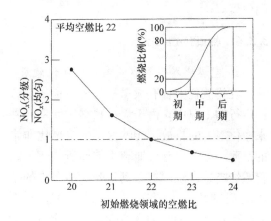

图3.3.28　空燃比分级化对NO_x排放的影响（模拟）

进气行程之前的燃料喷射，反而使火花塞附近的空燃比变薄，使转矩变动增大。因此，在各气缸的进气冲程前半程内进行同时的独立喷射控制，以确保NO_x排放和转矩变动在允许的范围内。在催化剂无法完成NO_x净化的条件下，由于NO_x允许范围界限值低，必须在转矩变动界限对应的狭小范围内进行燃料喷射。因此，如同3.7节中所叙述的那样，将三元催化剂的O_2传感器更换为空燃比传感器，或者在燃烧室内安装缸压传感器，在转矩变动界限附近对空燃比进行反馈控制。

d. 直接喷射方式

最近开始产品化的即使在氧气过剩条件下也能够净化NO_x的催化剂，如果再进一步开发提高净化率，将扩大发动机排放的NO_x允许界限，能够积极利用分层化技术，空燃比稀薄界限扩大、燃油消耗率的进一步优化都将值得期待。

带有涡流的混合气，虽然通过进气道喷射方式实现了分层燃烧，但是，为了实现和柴油机一样即使没有节流（throttle-less）也可以工作的稀薄燃烧，从很早以前就开始

研究向气缸内直接喷射燃料的方式。与柴油机不同，通过火焰传播实现燃烧的汽油发动机从浓混合气向稀薄混合气传播过程中火焰逐渐熄灭，没有燃烧的 HC 大多被排出去了。因此，为了形成燃料与空气的混合气部分和只包含空气的部分，对包括活塞顶部在内的燃烧室形状进行了大量的研究。

最近，根据空燃比的分层技术实现超稀薄燃料时，为了解决这个基本的问题，和柴油机一样尝试了压缩点火方式。即使是汽油燃料，在稀薄空燃比条件下也不会出现产生爆燃问题的急速燃烧，缓慢的热产生率燃料形式受到了关注。小幅度提高压缩比，通过燃料喷射时期来进行自行点火时期控制。在较宽的空燃比范围内由于这种方式的燃烧难以实现，适应于不同的目的而开发点火系统成为重要的课题。

在功率空燃比附近，即使是汽油机，如果采取分层燃烧技术会产生炭烟。因此，如图 3.3.29 所示，为了确保混合气的均匀化，在进气行程中进行燃油喷射。近年来由于电子技术的飞速发展，精密的喷射时刻控制和进气流形成方法得以实现，混合气的形成能够达到最佳状态，以前存在的一些问题也逐渐地一一解决。

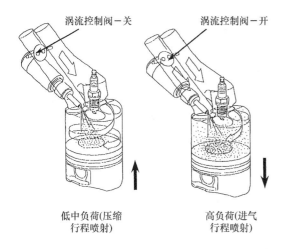

图 3.3.29 直喷分级发动机的喷射时刻控制案例

由于直喷发动机的燃料黏附在进气道上而不会引起响应延迟，因此研究的重点是降低排放。在发动机暖机过程中，为了防止燃料喷射过度延迟而引起的空燃比稀薄化及燃烧恶化，一般都会将空燃比设定得稍高于理论空燃比。最近非常低的废气排放量就是因为暖机时的排放废气比率很高。因此，采用没有响应延迟的直喷化就能够实现在理论空燃比附近的燃烧，确保了废气排放的削减。

〔山田敏生〕

参 考 文 献

[1] R. I. Tabacynski : Turbulence and Turbulent Combustion in Spark-ignition Engine, Prog Energy Combust. Sci., 2, pp.143-165 (1976)

[2] A. D. Gosman, et al. : Flow in a Model Engine with Shrouded Valve-A Combined Experimental and Computational Study, SAE paper 850498 (1985)

[3] T. Inoue, et al. : In Cylinder Gas Motion, Mixture Formation and Combustion of 4 Valve Lean Burn Engine, Vienna Motor Sympo., 9th (1988.5)

[4] 山田ほか：4弁リーンバーンエンジンにおけるガス流動と燃焼，自動車技術会学術講演会前刷集 882, pp.367-370 (1998.10)

[5] 奥村ほか：ガソリン機関における燃焼室形状の研究（第2報），トヨタ技術，Vol.30, No.2 (1980)

[6] 加藤ほか：リーンバーンシステムにおける混合気形成と燃焼，第5回内燃機関合同シンポジウム講演論文集，pp.103-108 (1985.6)

[7] 奥村ほか：ガソリン機関における燃焼室形状の研究（第3報），トヨタ技術，Vol.33, No.2, pp.46-52 (1983)

[8] 古野ほか：4バルブリーンバーンにおける高効率吸気系の開発，自動車技術会論文集，Vol.24, No.3, pp.10-15 (1993.7)

[9] 漆原ほか：スワール・タンブルによる乱流生成と燃焼特性，第11回内燃機関合同シンポジウム，pp.573-578 (1993.7)

[10] J.C. Kent, et al. : Observations on the Effects of Intake-Generated swirl and Tumble on Combustion Duration, SAE Paper 892096 (1989)

[11] T. Larsson, et al. : The Volvo 3-Liter 6-Cylinder Engine with 4-Valve Technology, SAE Paper 901715 (1990)

[12] V. W. Brandstetter, et al. : Entwicklung, Abstimmung und Motormanagement, MTZ, Vol.53, No.3 (1992.3)

[13] 武田ほか：4弁エンジンにおける燃料の微粒化とエンジン特性，第9回内燃機関合同シンポジウム講演論文集，pp.343-348 (1991.7)

[14] 林ほか：愛三工業における各種エンジン部品の研究開発—燃料噴射弁—，内燃機関，Vol.28, No.352 (1989.2)

[15] K. Takeda, et al. : Mixture Preparation and HC Emissions of a 4-Valve Engine with Port Fuel Injection During Cold Starting and Warm-up, SAE Paper 950074 (1995.2)

[16] 藤枝ほか：ガソリンエンジン用二流体間欠動作噴射弁の開発，第8回内燃機関合同シンポジウム講演論文集，pp.263-267 (1990.1)

[17] 田沼ほか：電子燃料噴射システム，自動車部品・装置と試験機器 '93/'94, pp.140-147

[18] K. Takeda : Mixture Preparation and HC Emissions of a 4-Valve Engine with Port Fuel Injection During Cold Starting and Warm-up, SAE Paper 950074 (1995)

[19] 村中ほか：火花点火機関の熱効率に及ぼす冷却損失の影響—エンジンサイズによる高圧縮比化の影響の違い—，第 4 回内燃機関合同シンポジウム講演論文集，pp.241-246(1984)

[20] 高岡ほか：燃費改善要因の解析，品質，Vol.21, No.1, pp.64-69(1991.1)

[21] P. Kreuter, et al. : Influence of Stroke-to-Bore Ratio on the Combustion Process of SI-Engines, International Conference on New Developments in Power Train and Chassies Engineering, pp.45-72 (1986.12)

[22] 水野ほか：トヨタ3S-FE 型エンジンの開発，トヨタ技術，Vol.36, No.2, pp.57-66(1986.12)

[23] D. J. Boam : The sources of unburnt hydrocarbon emissions from spark ignition engines during cold starts and warm-up, I Mech E C448/064, pp.57-72 (1992)

[24] 浜井ほか：火花放電時間と燃焼の安定性，自動車技術，Vol.39, No.4(1985)

[25] 小西ほか：希薄燃焼における失火メカニズムの解析とそれにおよぼす点火電源の影響，トヨタ技術，Vol.27, No.2 (1977.9)

[26] T. Tanuma, et al. : Ignition, Combustion, and Exhaust Emissions of Lean Mixture in Automotive Spark Ignition Engines, SAE Paper 710159(1971)

[27] 小林ほか：白金プラグの開発，自動車技術会学術講演会前刷集 822，pp.273-276(1982)

[28] 杉浦ほか：点火装置の基礎と実際，鉄道の日本社，pp.248-252 (1987)

[29] '95 TERCEL Repair Manual(1994)

[30] '91 Legend Coupe Service Manual, pp.11-127(1990)

[31] トヨタカリーナ新型車解説書，pp.2-54(1992.8)

[32] K. Katoh : Toyota Lean Burn Engine—Recent Development, 13th Int. Vienna Motor Sympo., pp.249-256 (1992.5)

[33] 斉藤ほか：新型 1.5L エンジンにおける燃費向上技術の開発，自動車技術会学術講演会前刷集 943，pp.5-8(1994.5)

[34] 長尾ほか：新型 1.5L DOHC Z-LEAN エンジンの開発，自動車技術会新開発エンジンシンポジウム，pp.1-7(1995.3)

[35] 西澤ほか：ホンダ V T E C-E リーンバーンエンジン，自動車技術会リーンバーンガソリンエンジンシンポジウム(1992.2)

[36] 桑原ほか：燃焼室形状によるタンブル生成崩壊過程の制御，機械学会第71期全国大会，pp.222-224(1993.10)

[37] 加藤ほか：NO_x 吸蔵還元型三元触媒システムの開発(1)，自動車技術会学術講演会前刷集 946，pp.41-44(1994.10)

[38] 青山ほか：ガソリン予混合圧縮点火エンジンの研究，自動車技術会学術講演会前刷集 951，pp.309-312(1995)

[39] 古谷ほか：超希薄予混合圧縮着火機関試案，第12回内燃機関シンポジウム講演論文集，pp.259-264(1995)

[40] 岩本ほか：筒内ガソリンエンジンのための燃焼制御，第73期機械学会全国大会論文，Vol.3, pp.286-288(1995)

[41] 下谷，洞田：ガソリン筒内直接噴射エンジンの特性，第12回内燃機関シンポジウム講演論文集，pp.289-294(1995)

3.4 本体改善

在上一节介绍了通过积极的发动机燃烧过程控制来实现燃油消耗和排放的改善，本节中将介绍对发动机各部位的尺寸、材料、表面加工等进行优化以达到性能改善（特别是燃油消耗率）的目的。

具体来讲，如图 3.4.1 中所示的那样从影响发动机的热效率的因素当中，详细介绍以减少机械损失和泵气损失（可变气门正时）两方面的有效组合为目的而采用的可变气缸数及小排量发动机。

对于零部件的轻量化，将在关系密切的机械损失项中介绍。

3.4.1 机械损失控制和轻量化

a. 机械损失的原因及对热效率的影响

发动机机械损失的详细内容如图 3.4.2 所示，包括发动机内部运动部件之间相互运动而引起的摩擦功率损失和辅助机构（机油泵、水泵等）的驱动功率损失。

图 3.4.2 的例子中为空转实验测试结果，其中包含了下面将要介绍的泵气损失。

曲轴、活塞的机械损失（摩擦平均有效压力 p_f）在旋转速度上升的同时接触面的相对运动速度增大。气门系统的润滑状态在速度越低时则越差，如果旋转速度上升则润滑油被卷入的速度也上升，润滑条件得以改善，因此机械损失减少。

从指示压力图中求得的实际运转时（点火运转＝点火）的全机械损失例子如图 3.4.3 所示。发动机旋转速度为 1500r/min 时改变负荷（平均有效净压力：p_e），然后测试机械损失（p_f）和泵损失（$pi_{(-)}$）。

从以上结果中可以得知，当旋转速度一定时机械损失与负荷无关，几乎保持不变，机械损失的大小约占全负荷功率的 10%。

基于以上结论，在负荷降低的同时相对于指示功率（$\smile p_i$）、净功率（$\smile p_e$）的机械损失比例增加，与乘用车在市区道路行驶工况相当的负荷（$\smile p_e$：200～300kPa）下，机械损失约占驱动汽车所需要的能量的 40%～70%。

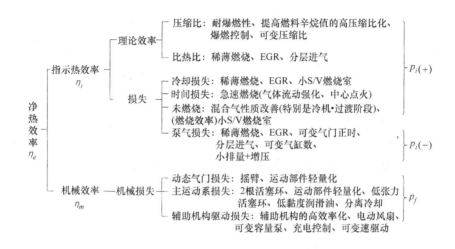

图 3.4.1　影响净热效率的因素和具体改进方法

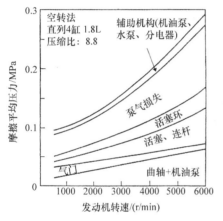

图 3.4.2　空转实验时的机械损失

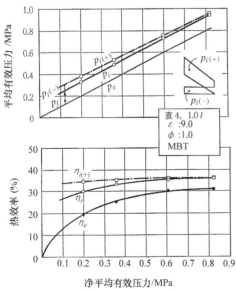

图 3.4.3　负荷和热效率的关系

从上述机械损失的特性可以预测，当机械损失在某种程度上减少后的热效率改善效果（＝燃油消耗率效果），因发动机的负荷不同而有着很大的差异。

图 3.4.4 所示是以 2L 发动机为基础当机械损失减少 20% ~ 40% 时，燃油消耗上升率因负荷而引起的变化幅度的计算结果。从中可以得知，对应于图 3.4.3 中的净热效率（η_e）特性，在高负荷时提升率较小，低负荷时急剧增加。

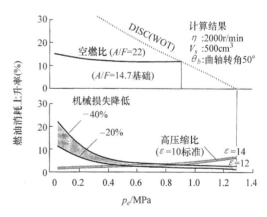

图 3.4.4　负荷引起的燃油消耗率变化

在上述的 p_e 为 200 ~ 300kPa 时的负荷下，由于机械损失大约降低了 10%，因此燃油消耗率大约提升了 2% ~ 3%。

作为参考，将发动机的燃油消耗上升的

代表性方法如3.3节中叙述的高压缩比化、稀薄燃烧、分层供气（DISC）的效果随负荷的变化情况也在图中一并列出。

b. 活塞、活塞环

如图3.4.2所示，即使是在空转实验中活塞系统（活塞＋活塞环）的机械损失也占整体机械损失的40%左右，实际工作过程中在滑动速度较低的上止点附近，由于数兆帕级别的燃烧压力作用在活塞上，活塞的机械损失会进一步增加，测试结果显示能够达到50%～60%的程度。

首先来看一下活塞系统机械损失的产生原理。图3.4.5所示是模拟每个行程中的活塞、活塞环部位的摩擦力状态而测试得到的结果。

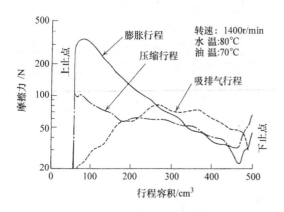

图 3.4.5　活塞各冲程的机械损失

在进气、排气行程中活塞上承受的压力呈现比较低的正弦波特性，也是影响活塞滑动速度的主要原因。在压缩、膨胀行程的上止点附近，气体压力变高，使摩擦力急剧增大（图中的纵轴对数表示）。这是由于在滑动速度为0的上止点位置，高压气体从背面推动，活塞和气缸壁之间的润滑处于临界状态，或者由于活塞对气缸壁的敲击以及在侧向气压的作用下出现部分润滑临界状态。

基于以上的活塞系统机械损失的产生原理分析，其降低方法及实用案例包括如下几个方面。

（i）活塞环　活塞环的滑动引起的机械损失，几乎与活塞环的张力（活塞向气缸壁的推力）的合力成比例存在。

为了降低综合张力，可以一个一个地降低每根活塞环张力，或者直接减少活塞环的数量。但是活塞环的功能是气体密封和在活塞与气缸之间形成适当的润滑油膜，因此更改活塞环的前提条件是保证密封或者机油消耗不能恶化。

因此，在实用中有的采取减薄活塞环的厚度（减小1.0～1.2mm）或者只使用包含2个活塞环（无第二个活塞环）的活塞。

减薄活塞环厚度时为了防止弹性回弹，可以采取多项措施，如提高活塞环沟槽加工精度、提高沟槽部分的硬度、在气缸壁一侧采取措施以降低活塞环的径向变形等。

图3.4.6所示的是只包含两个环的活塞的摩擦力降低效果。只依靠消除第二活塞环的张力就能够将活塞系统的摩擦力降低20%左右。

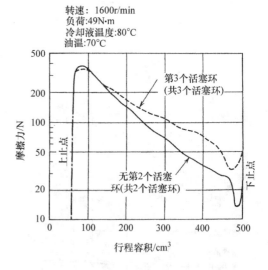

图 3.4.6　双活塞环的摩擦力降低效果

采用两个活塞环时的润滑油消耗和漏气量增大的解决措施，如顶环的闭合形状、第二个环的参数、机油环垫片的形状优化等，在不增加活塞环张力的前提下，实现了只采用两根环的活塞。

为了提高活塞环的耐磨性能及减小润滑临界条件下的摩擦系数，开发出了气体氮化及离子电镀法等多种表面处理技术。

（ii）活塞　在进气行程、排气行程中燃烧压力较低时，可以将活塞裙部与气缸壁之间的润滑状态视为流体润滑，其摩擦力与接触面积、滑动速度的积成正比。即在维持流体润滑状态的同时，如果能够减小接触面积则摩擦力也会按比例降低。

但是，减小活塞裙部的接触面积，如果保证不了最合适的接触，在高转速、高负荷运转时有可能引起摩擦消耗、磨损。作为解决这些问题的对策，在 FEM 模拟分析的基础上优化活塞刚度和活塞裙部型面，以及进行表面处理等。

通过轻量化措施以降低惯性力的方法可以有效降低活塞敲缸或者侧压力引起的临界状态下摩擦力。

活塞的轻量化与连杆、曲轴的轻量化紧密相关，发动机整体的轻量化也是可以实现的。在发动机轻量化的同时，由于往复惯性力减小，因此与整车轻量化、燃油消耗率降低都紧密相关。像这样的关联效果非常大，活塞的轻量化从很早以前就成为发动机设计上的重要课题。

活塞除了要受到往复惯性力以外，还在燃烧过程中承受非常大的热、机械负荷。因此不仅仅是机械应力，图 3.4.7 所示的通过热负荷分析对各部分的尺寸进行优化，在设计界限条件内实行轻量化。

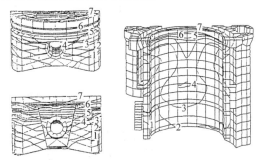

图 3.4.7　活塞、气缸壁温度分布分析案例

以上介绍的包括减小活塞裙部面积和轻量化在内的活塞设计案例如图 3.4.8a 所示。活塞的轻量化指标值 K（质量/直径^3）为 0.58，作为量产汽车用发动机已经达到了极值。

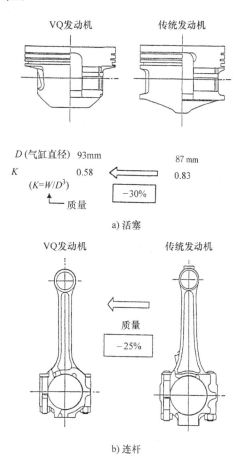

图 3.4.8　发动机运动部件的轻量化案例

c.　曲轴、连杆

曲轴系统的摩擦力 F 基本上与主轴颈的润滑油膜的剪切力有关，因此是与主轴颈截面积和旋转速度的乘积成正比，设轴径为 D、轴瓦宽度为 L、旋转速度为 n，则摩擦力可以表示为 $F \backsim D^2 L n$。

为了降低曲轴系统的机械损失，虽然缩小轴径是最为有效的方法，但是和活塞相同，如果不采取减振措施，则由于刚度降低会引起振动噪声恶化，以及引起磨耗进一步

41

加大、耐热性能恶化等问题。

采用直径较小的曲轴时，对活塞、连杆实行轻量化以确保惯性力的降低，解决刚度降低引起的曲轴扭转振动问题而采用的双质量飞轮（扭振减振器）等方法被广泛使用。

图3.4.8b所示是连杆的轻量化案例。根据FEM方法在结构分析的基础上进行形状优化，同时采用高屈服强度材料，在工字形截面处细长化，为了维持疲劳强度性能而采取的喷丸硬化处理，通过以上各种措施的综合应用实现了25%幅度的轻量化目标。

根据细轴化及减小宽度等措施，能够实现最小的油膜厚度，作为解决容易发生磨耗及烧蚀的另一种措施，是采用降低轴表面的粗糙度和提高轴瓦表面的耐烧蚀性能。

根据被称为超级加工或者精密加工的工艺方法，即使在润滑油膜厚度很小的情况下也不会出现临界润滑状态，能够保证摩擦力的减小和可靠性的提升。

再者在高转速、高负荷条件下轴和轴颈之间的油膜压力非常高，轴颈位置的弹性变形及循环油黏度变化等问题是不能忽视的。

综合考虑以上的这些特性，根据弹性流体润滑（Elasto – Hydrodynamic Lubrication，EHL）分析对主轴颈部的形状进行优化设计。

如果EHL分析能够保证精度，那么主轴颈周围及活塞的小型化、轻量化等就可以实现，发动机性能能够得到进一步的提升。

d. 气门系统

如图3.4.2所示，在低转速范围内，整体机械损失的15%左右是气门系统产生的，降低这一部分机械损失对于使用频率最高的低转速范围内的燃油消耗率的降低贡献是最大的。

气门系统的机械损失大部分是由于凸轮与凸轮轴之间的滑动摩擦产生的。凸轮与凸轮轴之间的润滑状态为线接触条件，凸轮的转速为发动机转速的一半，因此滑动速度较

低。为了实现高转速时的稳定气门运动，气门弹簧的负荷很高，难以形成充分的润滑油膜，接近于临界润滑状态。

如果提高旋转速度，就会有更多的润滑油被卷入到运动副当中，润滑状态被改善，机械损失也会降低。

从以上的机械损失发生原理来看，最有效的方法是降低接触面的摩擦系数和减小接触载荷。

前者的接触状态是由滑动转变为滚动的随动滚轮化，保持滑动接触的低表面粗糙度，因此可以降低摩擦系数。

图3.4.9所示是在发动机1次旋转过程中随动滚轮方式和滑动方式之间的气门驱动转矩的对比。采取滚轮化后接触状态由滑动转变为滚动，由于摩擦系数可以大幅降低，气门打开时凸轮对气门的压力小，关闭气门时受到压缩的气门弹簧中所积蓄的能量的回收效率高。

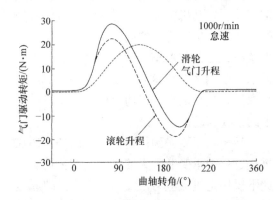

图3.4.9 行程中的气门驱动转矩比较（滚轮 vs 滑轮）

这样，在1个行程中的驱动转矩滚轮方式比滑动轮方式要低70% ~ 80%，而且除了在极低转速范围以外，对转速的影响非常小。

通过以上方法发动机的燃油消耗率（BSFC）的改善效果和低负荷时一样的大，在市区道路工况中能够降低2% ~ 3%。

不使用滚动摇臂或者摆臂，直接由凸轮轴驱动气门的直驱型气门系统，一般能够实

现气缸盖的小型、轻型结构，气门系统的成本也较低，但是滚轮的采用是非常困难的。这种直驱型气门系统的机械损失控制，如图3.4.10所示，可以对凸轮和挺柱的表面实行超精加工，使其接近于镜面，因此摩擦系数大幅降低。

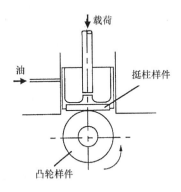

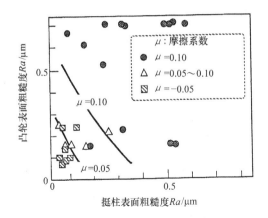

图3.4.10　凸轮和挺柱表面粗糙度和摩擦系数的关系

降低气门系统的等价惯性质量，在相同旋转速度极限的条件下可以减小气门弹簧的载荷，使接触载荷降低，这样对降低机械损失是有效的。

为了达到上述目的，因此采用气门轴的细轴化、中空化、轻合金化的气门保持架等。如图3.4.11所示的是用一体式挺柱代替传统的气门垫片一实用案例。

另外，降低发动机的最高旋转速度，以减小气门弹簧的载荷也是可行的方案。

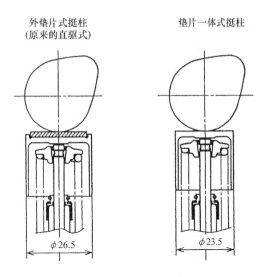

图3.4.11　垫片一体式挺柱

e. 辅助机构

目前汽油发动机上的辅助机构是发动机正常工作所必需的，如水泵、机油泵、燃油泵、起动机等，还有保证车辆性能的如转向助力泵、空调压缩机等。

为了减少这些辅助机构的驱动损失，必须提高每一部分的工作效率，如空调压缩机的可变容积技术、转向助力泵的电动化等。

f. 轻量化

发动机轻量化方案中最有效果的是机体的铝合金化。不管是哪种级别排量，采用这种方案的例子有很多。

除此以外，还有通过更换材料的轻量化，如利用镁铝合金的优秀铸造性能，采用薄壁筋的铝制品、具有相同效果但重量减半的气门室罩的铝镁合金化、进气系统及罩壳类零部件的树脂化等。

从设计技术角度来讲，去除气缸之间的铸造水套、缩短气缸体的长度、重新进行尺寸规划、在气缸之间通过机械加工孔或者缝隙来使冷却水通过的直列型发动机也有很多实用案例。

图3.4.12所示案例是气缸体的铝合金化及运动部件轻量化后重量分别降低20%、50%的紧凑型V6型3.0L发动机。

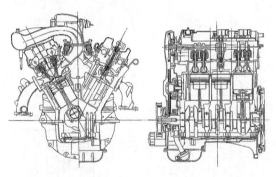

图 3.4.12　轻量化、紧凑型 V6 3L 发动机

3.4.2　泵气损失控制

预混合（燃油气道喷射）汽油发动机的进气量负荷控制，即根据节气门的开度进行控制，使节气门下游的气压变低，在进气冲程过程中会发生真空作用而产生的损失，即泵气损失。

如图 3.4.3 所示，在负荷降低的同时泵气损失直线增大，越是在低负荷范围热效率就越低。

之前改善燃烧的稀薄燃烧、EGR、分层燃烧（DISC）等内容中已经包含了泵气损失。本项中以供给空燃比为一定值（如理论空燃比），介绍以降低泵气损失为目标采用可变机构的技术。

这项技术包括可变冲程机构、可变气门机构等，首先介绍可变气门机构。

a. 可变气门机构的分类

图 3.4.13 所示是包含实用化案例、正在研究中的案例的分类情况。

从输出功率、燃油消耗率、排放物（HC、NO_x）的要求来看，每一项的最佳点火时刻都随着发动机转速、负荷而变化。

现阶段正在使用的固定气门正时，一般是由低速转矩、最大输出功率、怠速性能的平衡决定的，对于单独的某一项并不是最佳的状态，因此从很早以前就对可变气门机构进行了研究开发，以转矩曲线的宽范围化为目标，达到实用化的有相位变化型和低速－高速凸轮切换型，以提升燃油消耗率为目标

的有稀薄燃烧用气门停止机构，以及下面将要介绍的可变气缸数机构等。

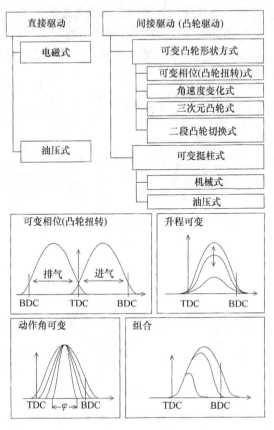

图 3.4.13　可变气门机构

这里所提及的以无节气门化为目的的进气门关闭时刻（IVC）控制机构现阶段（1996 年）还没有达到实用化水平。

b. 进气门关闭时刻控制

改变进气门的关闭时刻是否可以减小泵气损失？

节气门全开时的容积效率受到 IVC 的强烈影响，在各个转速下都能取得容积效率最大的 IVC 值，比该值早或者晚都会使容积效率下降。

即，如果早于最佳 IVC 关闭进气门，则进气在结束之前停止，如果晚于最佳 IVC 关闭进气门，则在一个循环中吸入的混合气又被从进气侧推出去，结果造成比最佳 IVC 的进气量少，使输出的功率下降。

以上所述是针对全负荷工况，对于部分

负荷工况，IVC 值远离上述的最佳 IVC 的同时，为了获得相同的输出功率，要使节气门的开度更大，结果进气管内的压力与大气压力接近，泵气损失得以减小。

总之根据 IVC 控制，当发动机的输出功率变低时，通过操纵加速踏板进入部分负荷工况来使泵气损失减小。

如图 3.4.14 中所示的是早关和晚关时，4 气缸发动机的指示器线图和泵气损失。

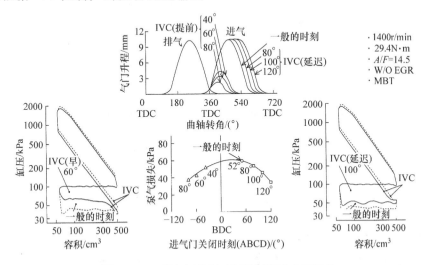

图 3.4.14 进气门关闭时刻控制以减少泵损失

IVC 控制对燃油消耗率的改善效果从气门升程特性中就可以了解到，早关时由于气门驱动功率小，晚关时减小泵气损失的代价即使相等，其燃油消耗率改善效果也较大。

图 3.4.15 所示是与油压并用的可变气门机构案例，通过电磁阀门来控制凸轮和气门之间的油压室的漏油量，从全升程到零升程之间的任意升程和 IVC 都是可以控制的。

图 3.4.16 所示是发动机的性能。在低负荷范围内不仅获得了 10% 左右的燃油消耗率改善效果，同时还减少了 NO_x 的排放量。

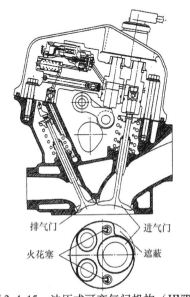

图 3.4.15 油压式可变气门机构（HVT）的气缸盖、燃烧室

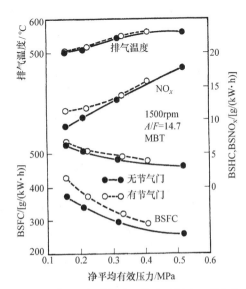

图 3.4.16 带 HVT 的发动机燃油消耗率、排气性能

如同图 3.4.14 中所示的那样，进气门提前关闭、延迟关闭都会使压缩时的压力、温度下降，结果燃烧温度下降引起了上述的改善效果。

如图 3.4.17 所示，IVC 以外的气门正时还会对排放物带来影响。

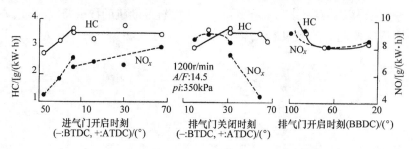

图 3.4.17　气门正时对 HC、NO_x 排放特性的影响

气门开度的大小决定了残留气体的多少，进而影响燃烧温度和 NO_x 排放量的变化。

气门重叠量及重叠时期，使排气冲程末期的 HC 浓度较高的排气返回到进气系统中，在下一个循环中再次吸入、燃烧使 HC 排放得以降低。

也就是说，根据气门正时的可变化调节，除了输出功率、燃油消耗率提升以外，排放性能的改善也可以实现。

以上所叙述的泵气损失，还有以降低排放为目的的可变气门机构，无论是作为发动机系统机构（硬件）还是控制系统（软件），都要比现在的气门系统更复杂，可靠性的保证及成本的降低都是在实用化进程中的难题。

3.4.3　泵气损失和机械损失的综合

对于在部分负荷范围内燃油消耗率较大的发动机，可变气缸发动机和小排量过给发动机具有泵气损失和机械损失综合改善效果。

不管是哪一种发动机都已经实现了部分实用化，接下来对其效果和遗留的问题加以阐述。

a. 可变气缸数发动机

图 3.4.18 中是最近的实用化 4 气缸发动机，工作气缸数 4⇔2 可变气门机械。在凸轮驱动的摇臂和驱动气门的 T 形杆之间设置 ON – OFF 机构，在高负荷时以 4 气缸工作，达到某个条件的低负荷时切换为 2 气缸工作。

由于两个气缸工作时的气缸能够输出和 4 气缸工作时相同的功率，每个气缸的进气量增加，因此泵气损失降低。

停止气缸工作是依靠气门关闭实现的，

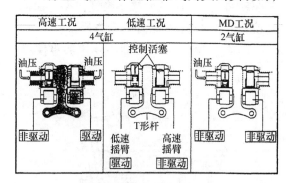

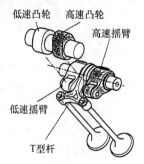

图 3.4.18　可变排量机构

使得漏气量和冷却损失变小，因此泵气损失降低，从发动机整体来讲泵气损失大幅降低，处于停止状态的气门系统的机械损失也得以降低，当车辆以 40km/h 的速度行驶时，大约能降低 17% 的燃油消耗率。

但是，如图 3.4.19 所示的那样，气缸休缸工况范围比平坦路面上行驶时的负荷稍高一些，实用中 2⇔4 气缸的切换频率非常高，每次切换都会使发动机传递到车身的激励方式和幅度产生变化。

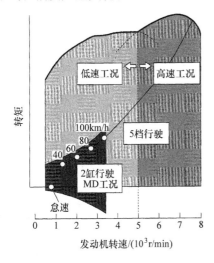

图 3.4.19 休缸工况的运行领域

因此而引起的振动、噪声变化幅度，包括车身侧的解决措施，不管怎么说都可以得到控制，但是需要与系统成本等方面的综合考虑，来决定是否能够普及。

b. 小排量发动机

当发动机的旋转速度一定时，负荷越大则指示热效率越高，主要是由泵气损失的降低和机械效率的提升决定的（参考图3.4.3）

因此，在某个一定的输出功率条件下，尽可能减小排量，在常用转速范围内向高负荷移动，以降低燃油消耗率。

图 3.4.20 所示是使用甲醇燃料、排量为 1L~2L 的五种发动机，在怠速工况和部分负荷工况一定条件下的燃油消耗量比较结果，从图中可以知道在排量变小的同时燃油消耗量也随之减少。

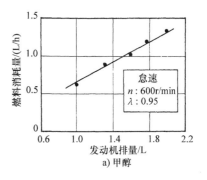

a) 甲醇

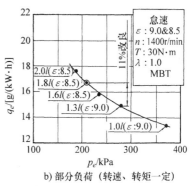

b) 部分负荷（转速、转矩一定）

图 3.4.20 小排量化的燃油消耗率改善效果

减小发动机排量而降低的全负荷转矩，通过输出功率的过给来补偿，这就是小排量过给发动机的概念原理。

前面介绍的 1.3L 甲醇发动机具有 1.0L 汽油发动机的燃油消耗率和 2.0L 汽油发动机的输出功率。

小排量过给发动机在低负荷时燃油消耗率虽然得到了大幅的改善，但是一般来说在高负荷时为了控制敲缸而采取的低压缩比及过给机构的驱动损失，与全负荷转矩特性相同的无过给发动机相比燃油消耗率恶化了。图 3.4.21 就是其中的一个案例。这个案例中，在大约 1/2 负荷的低负荷范围时燃油消耗率得以改善，而在 1/2 负荷以下领域反而恶化了。

图 3.4.22 所示是组合使用螺旋式机械过给机和进气门的稍迟关闭的米勒循环发动机的商品化状态，与同等性能的无过给发动

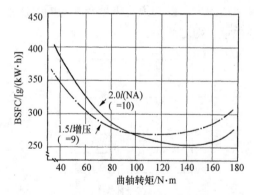

图 3.4.21　小排量增压发动机的燃油消耗率特性

机相比，燃油消耗率降低了 10% ~ 15%。米勒循环发动机输出功率、燃油消耗率改善大部分是因为使用高效机械式过给机的小排量过给发动机的效果。

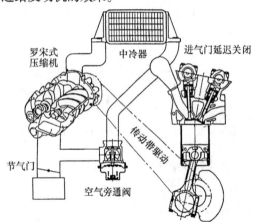

图 3.4.22　米勒循环发动机的构成

另外，采用延迟关闭后，在中、低速范围内具有实质性的低压缩比化，因此可以实现高过给。

如图 3.4.23 所示的是与全负荷转矩特性接近、无过给的发动机的转矩、燃油消耗率的对比结果。2.3 升机械过给发动机与 3.0 升无过给发动机相比，中速转矩提高了约 10%，全负荷燃油消耗率降低了 10% ~ 20%，与图 3.4.21 中的案例基本上是一致的。

小排量过给发动机的普及应用，需要解决过给系统的尺寸、成本，以及高负荷时的燃油消耗率和过给机构噪声等问题。

[村中重夫]

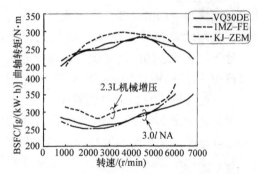

图 3.4.23　机械增压发动机全负荷 BSFC 和转矩

参 考 文 献

[1] 中島，村中：新・自動車用ガソリンエンジン，山海堂，p.33 (1994)

[2] 自動車技術会編：自動車技術ハンドブック基礎・理論編，p.12 (1990)

[3] 村中，北田：ガソリンエンジンの熱効率向上の可能性，自動車技術，Vol.45，No.8 (1991)

[4] 村中，亀ヶ谷：ガソリンエンジン技術の現状と展望，自動車技術，Vol.47，No.1 (1993)

[5] T. Goto, et al. : Measurement of Piston and Piston Ring Assembly Friction Force, SAE Paper 851671 (1985)

[6] 藤田ほか：新型 V6 ツインカム VQ 型エンジンの燃費向上技術，自動車技術会講演会前刷集，9433687 (1994)

[7] 村田ほか：新型 V6 ツインカム VQ 型エンジンの軽量・コンパクト設計，自動車技術会講演会前刷集，9433678 (1994)

[8] I. Doi, et al. : Development of a New-Generation Light weight 3-Liter V6 Nissan Engine, SAE Paper 940991 (1994)

[9] 小笹ほか：コンロッド大端部軸受の弾性流体潤滑解析，機構論，No.930-63，p.25 (1993)

[10] 亀ヶ谷ほか：外側エンドピボット式 Y 字ロッカアーム動弁機構の開発，自動車技術会講演会前刷集，901024 (1990)

[11] 加藤，保田：直動型動弁系フリクション低減技術の解析，自動車技術会講演会前刷集，924072 (1992)

[12] 藤田，松本：ダイハツ新型ミラ用4気筒 JB 型エンジン，自動車技術会新開発エンジンシンポジウム (1995)

[13] W. Demmelbauer-Ebner, et al. : Variable Valve Actuation Systems for the Optimization of Engine Torque, SAE Paper 910447 (1991)

[14] S. Hara, et al. : Effect of Intake-Valve Closing Timing on S. I. Engine Combustion, SAE Paper 850074 (1985)

[15] 村中：低燃費ガソリンエンジンの展望，自動車技術会リーンバーンエンジンシンポジウム (1992)

[16] 藤吉ほか：吸気弁早閉じ機構を用いたノンスロットリングエンジンの研究，自動車技術会講演会前刷集，924006 (1992)

[17] R. M. Siewert. : How Individual Valve Timing Events Affect Exhaust Emissions, SAE Paper 710609 (1971)

[18] 波多野ほか：休筒機構可変バルブタイミングの開発，自動車技術会講演会前刷集，924167 (1992)

[19] Y. Takagi, et al. : Characteristics of Fuel Economy and Output in Methanol Fueled Turbocharged S. I. Engine, SAE Paper 830123 (1983)

[20] 畑村ほか：ミラーサイクルエンジンの開発，自動車技術会講演会前刷集，9302088 (1993)

[21] マツダ㈱：ユーノス 800 新型車の紹介 (1993)

[22] 志村ほか：新型 V6 ツインカム VQ 型エンジンの開発，自動車技術会新開発エンジンシンポジウム (1995)

[23] 河北ほか：トヨタ V6MZ 型エンジンの開発，自動車技術会新開発エンジンシンポジウム (1995)

3.5 后处理

火花点火式发动机向大气中排放出来的污染物，大致可以分为燃料燃烧产生的排放废气和从燃油箱及化油器等处向大气蒸发的燃油蒸气两种。

以燃烧产物的净化为目的的后处理技术的研究开发是从1960年真正开始的，到了1970年，促进碳氢化合物（HC）和一氧化碳（CO）酸化的排气反应方式和酸化催化剂方式取得了实用性进展。在那之后，又改良成为能够同时控制氮氧化合物（NO_x）的三元催化催化剂方式，并沿用到今天。

关于最近的研究动向，从有效利用重金属的观点出发，金属钯系的三元催化催化剂的研究以及为了应对将来更加严厉的排放法规而采取的低温HC控制技术，正在飞速进展当中。

另外，以燃油消耗率改善（控制二氧化碳的排放）为目的的稀薄燃烧发动机用的稀薄NO_x物催化剂的研究也正在全力进行当中，期待着有利于环境保护的排放物后处理技术能逐渐发挥其应有的作用。

3.5.1 后处理技术的变迁

后处理技术发展的轨迹是从排气反应到催化剂方式，以及催化剂方式或者酸化催化剂方式向三元催化剂发展。

现阶段，电子燃油控制装置和三元催化剂被组合在一起，以系统集成方式在广泛应用。

a. 排气反应方式

在排气系统中的热反应使HC、CO发生酸化的排气反应方式，包括扩大排气歧管容积、加长排气的滞留时间以促进酸化的扩大型排气歧管、增加隔热材料以提高保温性能的闭耦合型热反应器、追加点火功能的补燃器等多种。不管是哪一种类型都因为必须确保反应所需要的温度，所以都会伴随着采

用过浓空燃比或者推迟点火角等燃油消耗率方面的牺牲，目前，几乎停止使用了。

b. 催化剂方式

目前，最常见的后处理方式为催化剂方式，是由催化剂净化装置及其辅助系统构成的。它是将排放废气通过排气系统中设置的催化剂，使HC、CO、NO_x在催化剂作用下发生反应来净化的。

（i）催化剂反应　催化剂是指反应系统中存在的自身不发生变化、能够促进物质的热力学反应的物质的总称。由于催化剂能够降低活性化能量，与排气反应器相比在低温时也能发生反应。

催化剂会因温度、气体构成成分的变化而发生复杂的化学反应，可以大致分为酸化反应、还原反应、水性气体反应、水蒸气改质反应等基本类型。其举例见表3.5.1。

表 3.5.1　三元催化剂的气体反应

1. $CO + 1/2O_2$	$\rightarrow CO_2$
2. $C_mH_n + (m+n/4)O_2$	$\rightarrow mCO_2 + n/2H_2O$
3. $H_2 + 1/2O_2$	$\rightarrow H_2O$
4. $CO + NO$	$\rightarrow 1/2N_2 + CO_2$
5. $C_mH_n + 2(m+n/4)N_2 + n/2H_2O + mCO$	
6. $H_2 + NO$	$\rightarrow 1/2N_2 + H_2O$
7. $5/2H_2 + NO$	$\rightarrow NH_3 + H_2OI$
8. $CO + H_2O$	$\rightarrow CO_2 + H_2$
9. $C_mH_n + 2mH_2O$	$\rightarrow mCO_2 + (2m + n/2)H_2$

注：1~3—酸化反应　4~7—还原反应　8—水性气体反应　9—水蒸气重整反应

（ii）催化剂的构成　催化剂是由活性成分及保持活性成分的载体构成。

（1）活性成分：由活性金属、支承材料以及辅助催化剂构成。

（a）活性金属　由贵金属铂金（Pt）、钯（Pd）、铑（Rh）以及卑金属（Ni、Cu、V、Cr）等构成。

卑金属元素是作为提升贵金属性能的催化剂而与其他金属同时使用的，一般来说，净化性能及耐久性能好的贵金属是被当作活

性金属使用的。

作为酸化催化剂，多使用 Pt 和 Pd。作为三元催化催化剂，多使用 Pt 和 Rh。

（b）支承材料　为了保证活性金属稳定，扩大与废气的接触面积以提高净化性能，一般将活性氧化铝当作活性金属的支承材料。

氧化铝会因温度变化而产生表面转移，当温度升高时比表面积减小。比表面积减小是使净化性能下降的主要原因，保持氧化铝的热稳定性是技术研究的重点。

（c）辅助催化剂　辅助催化剂是以活性、可选择性以及耐久性提升为目的而使用的。代表性的辅助催化剂如三元催化剂中添加的储氧物质（Oxygen Storage Component，OSC）二氧化铈。具有通过氧化吸收氧，通过还原反应将氧释放出来的特性。扩大了能同时高效净化 HC、CO、NO_x 三种成分的空燃比（A/F）范围。

经过高温以后比表面积减少，因此吸储氧的能力降低，有大量的控制恶化技术正在开发之中。

（2）载体：根据形状，载体可以分为球型（颗粒状）和整体型（蜂窝式）两种类型。

（a）球型转化器　活性氧化铝是由直径 2~3mm 的颗粒组成的，当初这种球型载体是主流（图 3.5.1）。

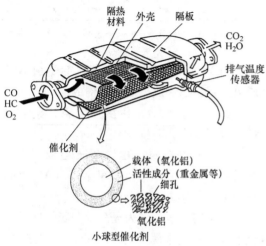

图 3.5.1　球型转化器

目前，在压力损失和搭载性方面均有优势的整体式转化器得到了广泛的推广使用，球型载体仅用于一部分车辆上。

（b）整体式载体　随着基材的制造技术及罐体封装（canning）技术的进步，整体式载体（图 3.5.2）的应用急速增加。表 3.5.2 中显示的是球形及整体式转化器的性能及一般特征对比。综合来讲优秀的整体式转化器在短时间内占据了主要的应用范围。

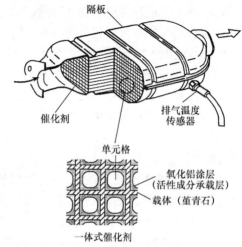

图 3.5.2　整体式转化器

表 3.5.2　整体式载体和球形转化器的比较

比较项目	整体式转化器催化剂	球形转化器催化剂
升温性	◎	△热容量较大
抗毒性	○入口处集中中毒	△整体中毒
活性的耐热性	○	○
耐磨耗性	◎	△
载体耐热性	○发动机失火时熔化	○发生收缩
背压	◎	△
搭载性	◎	△必须水平搭载
轻量化	◎	△容器重量大
制造成本	△催化剂成本高	△容器成本高
催化剂更换成本	△必须每个容器更换	○可以只更换催化剂

这种整体式转化器，根据材质类型可以分为陶瓷和金属两种。每种材质均有其独有

的特征，应该根据目的来选择使用哪一种。

（i）陶瓷载体：汽车上使用的催化剂载体，由于使用环境恶劣，因此要求具有非常好的耐热性、耐热冲击性以及足够的机械强度。作为满足这些条件的材料，开发出了堇青石挤压成型的陶瓷载体，目前正在广泛使用中。表3.5.3中显示的是堇青石载体的材料特征。

目前，已经能够制造壁厚和单元密度在一定程度变化的载体。图3.5.3所示是单元构造和几何学表面积、开口率之间的关系。根据这种单元构造压力损失也会产生变化，在决定载体的形状时，需要进行多方面的考虑。

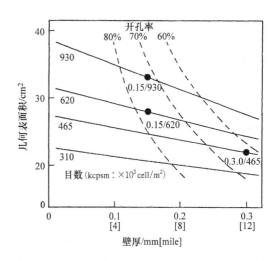

图 3.5.3　单元格构造和几何表面积、开孔率的关系

最近，为了提高保温性能和几何表面积，正在开发一种壁厚较薄的载体。使用壁厚薄、单元密度大的载体时，即使活性成分相同，排放物也在一定程度上得到了削减，如图3.5.4中所示。

另外，有报告指出，当单元密度相同时，因壁厚的不同使背压下降约10%，保温性能提升了约20%。

这种薄壁式载体，为了提高其强度而采用了高密度的堇青石，但同时有可能会产生催化剂成分保持困难及剥离强度降低的问题。为了解决薄壁载体的这些问题，必须与催化剂制造商合作。

（ii）金属载体：与陶瓷（堇青石）载体具有不同特征的金属载体也已经实现了实

表 3.5.3　汽车排放气体用堇青石蜂窝载体的材料特性

项目	特性
结晶构成	主结晶 堇青石
热特性	
热膨胀系数(40~800℃)/(×10⁻⁶/℃)	1.0
比热　　　(25℃)/[J/(kg·℃)]	840
热传导率　(25℃)/[W/(m·℃)]	1.05
软化温度　　　/℃	1400
物理特性	
吸水率	15
全细孔容积	0.0002
气孔率	35
压缩破坏强度/MPa	
A 轴	>8.3
B 轴	>1.1
C 轴	>0.1

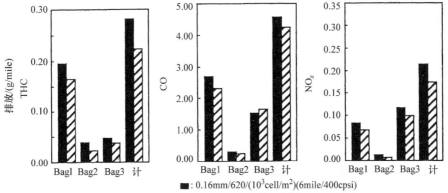

■：0.16mm/620/(10³cell/m²)(6mile/400cpsi)

▨：0.11mm/930/(10³cell/m²)(4mile/600cpsi)

图 3.5.4　薄壁高密度单元格载体对排放的影响（1998 年代车 2.0L 4 气缸发动机 FTP 工况排放）

用化。表 3.5.4 所示是金属载体和陶瓷载体的特征对比。

表 3.5.4　金属载体和陶瓷载体的特性比较

载体	金属	陶瓷
单元形状	0.05mm / 1.28mm	0.17mm / 1.27mm
材质	铁基不锈钢	堇青石
比热	0.5kJ/(kg·℃)	1.0kJ/(kg·℃)
热传导率	14W/(m·℃)	1W/(m·℃)
开孔率	90%	75%
几何表面积	32cm²/cm³	27cm²/cm³

每种载体都各有其优缺点，对于使用者来说金属载体最大的优点是通气抵抗性低，以及包括外壳在内可以实现小型化设计。

通气抵抗性低特征正适合于高功率输出发动机的要求，由于背压低，能够提高最大输出功率。

另外，金属载体直接与外壳连接，因此不再需要额外的保持材料，可以实现小型化。这样有利于使用难以保证充足催化剂接触空间的紧耦合催化剂。

紧耦合催化剂与地板下面的催化剂相比，由于是在更高的温度而且温度差也很大的环境中使用，要求更高的耐酸化性和耐热冲击性。为了应对这些要求，需要从材料以及结构形状等方面开展充分的技术研究。

（iii）催化剂的种类　汽车用催化剂根据功能进行分类，大致可以分为净化 HC、CO 的酸化催化剂和同时净化 HC、CO、NO$_x$ 的三元催化剂。

（1）酸化催化剂：汽车上最初使用的净化排放废气的实用性催化剂是酸化催化剂。它是为了使排放废气中的 HC、CO 发生酸化反应，以 Pt、Pd 或者他们的组合为主体的重金属活性成分催化剂。

在开发的当初，作为活性成分的卑金属

系也曾经被尝试过，但由于其反应起始温度高而使最高净化率低、和载体成分的活性氧化铝发生反应形成铝酸盐而失去活性、存在二次公害的可能等理由，没有被推广使用。

作为酸化催化剂的 Pt、Pd 的混合比例和耐久性的关系如图 3.5.5 所示。Pd、特别是铅（Pb）容易发生中毒，Pt 受热时容易失效。

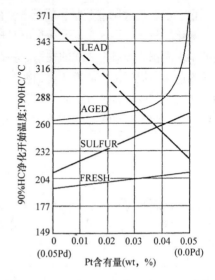

图 3.5.5　Pb、S 及老化温度对 HC 净化活性的影响［wt（Pt + Pd）= 0.05% 一定］

（2）三元催化剂：以上述的排气反应方式及酸化催化剂方式为代表，开发了各种各样的后处理装置并取得了实用化进展，最后保留下来的最为合理的系统是能够同进净化 HC、CO、NO$_x$ 的三元催化剂方式。

这种系统之所以能够占据主流位置，当然离不开催化剂技术的进步，保证三元催化剂发挥最大作用的当属氧传感器及电子控制燃油供给技术的开发。

（a）Pt/Rh 系催化剂　催化剂中的活性金属是 Pt、Pd、Rh 等重金属，催化剂通过 Pt/Rh、Pd/Rh、Pt/Pd/Rh 等各种重金属的组合应用，得到能同时净化 HC、CO、NO$_x$ 的三元催化剂。

图 3.5.6 所示是 Pt、Pd、Rh 单独使用

时的性能比较。少量的 Rh 即可表现出净化 HC、CO、NO$_x$ 的高活性，特别是对于 NO$_x$

的净化非常显著，是不可缺少的元素。

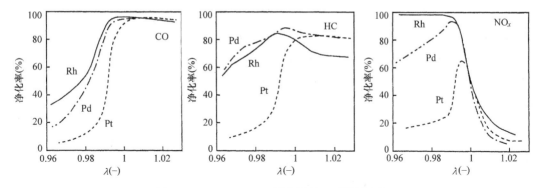

图 3.5.6　Pt、Pd、Rh 催化剂的三元特性比较

相对于 Pt、Pd 的净化性能更高，由于铅中毒可能性低，在还原环境中容易烧结等原因，Pd 的使用率更高。

Pt/Rh 被当作三元催化剂的活性金属是因为 Pt 与 Pd 相比具有前面介绍的更优秀，另外仅仅依靠 Rh 还无法充分应对 HC 的活性。最近，随着燃料无铅化、低硫化进展，更加完善了 Pd 的应用环境，因此以 Pd 为主要成分的三元催化剂开展了大量的研究开发，并实现了部分的实用化。

（b）Pd 系催化剂　使用以 Pd 为主要活性金属的三元催化剂的目的，是通过取代 Pt 以有效利用重金属资源和提高低温 HC 净化性能。作为提高低温 HC 净化性能的催化剂，将在 3.5.2 小节中的低温 HC 削减技术中介绍，此处对取代 Pt 的 Pd 系催化剂进行详细叙述。

1995 年 1 月，1g Pt 开大约价值 1300 日元，而 Pd 则价值约 500 日元，1993 年的供给量，Pt 和 Pd 大致相等，约为 130t/年。

Pd 虽然比 Pt 便宜，但是在高温环境中使用时失效程度大，有 NO$_x$ 净化窗口狭窄的问题。为了达到实用化，已经开展了大量的研究。

为了弥补 Pd 的这个缺点，使用微量 Rh 的 Pd/Rh 催化剂首先取得了实用化进展，

目前，具有与 Pt/Rh 相同性能的单独 Pd 三元催化剂也已经开发出来，并已经应用在一部分车辆上。

图 3.5.7 所示为了弥补 Pd 催化剂的上述缺点，改良活性氧化铝及二氧化铈，以及添加 Ba、La 的催化剂对耐久实验后的 NO$_x$ 净化性能。当温度达到 800℃ 以上时，虽然其耐热性能略低于 Pt/Rh 催化剂，但是与改良之前的单独 Pd 催化剂相比，性能有了大幅的改善。

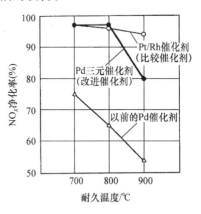

图 3.5.7　Pt 单独催化剂的耐久试验后化学计量比（stoichiometric ratio）净化率

但是，稀薄燃烧时的 NO$_x$ 窗口与 Pt/Rh 催化剂相比要略小一些，残留着 Pd 这样的固有的特性。因此，空燃比控制而使净化特性出现差异，与 Pd 的特性保持一致的控制

53

方法，特别是选择控制常数显得非常重要。

为了有效利用重金属资源，必须在大范围车型上开展 Pd 催化剂的应用。因此，进一步提高耐热性、扩大 NO$_x$ 窗口，以及提高对硫成分较多的燃料的耐久性等方面的技术开发是十分关键的。

3.5.2 低温 HC 削减技术

以美国加州的 LEV（Low Emission Vehicle）系统为代表，各个国家的排放法规今后必将不断强化。火花塞点火发动机的 HC 排放削减技术难度在，不仅仅是后处理，从包括燃烧控制在内的角度来讲，为了进一步降低 HC 排放，还需要开发更新的技术。

目前搭载三元催化剂的汽车排放出来的 HC，绝大多数是在达到催化剂发生反应所需要的温度之前的低温时排放出来的。因此，车辆开始行驶后的冷机状态下所排放出来的 HC 控制技术是十分关键的。

后处理技术，如紧耦合催化剂系统、在更低温度下就可以开始反应的低温活性催化剂、在外部电力的作用下进行急速加热的电气加热催化剂、通过控制器使催化剂在早期温度上升的管理系统、在催化剂发生反应之前对排放出来的 HC 具有吸附作用的 HC 捕捉系统等的研究正在进展之中。

a. 紧耦合催化剂系统

它是冷机时将排放出来的 HC 净化方法，将催化剂安装在接近排气歧管附近，能够使催化剂的温度快速升高。

（i）紧耦合催化剂的效果和课题 催化剂与地板下面的催化剂相比温度上升快，由于在早期即可对 HC 净化，对削减冷机时的 HC 非常有效，如图 3.5.8 所示。

这种系统残留的问题是排气歧管与催化剂过近，承受高温的频率高，加速了催化剂材料的热失效。因此，以提高催化剂的耐热性为目的，开展了大量的研究。

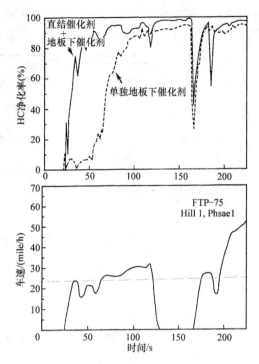

图 3.5.8　冷起动时直结催化剂与单独地板下催化剂的 HC 着火特性

（ii）紧耦合催化剂的耐热性提升技术

紧耦合催化剂的性能一般来说因使用温度越高则失效越快，失效的原因包括重金属的失效、铝材的失效、辅助催化剂二氧化铈的失效等三方面。

（1）重金属的失效控制技术：三元催化剂中使用的重金属，一般来说在 500℃ 以上的温度时会出现烧结。如图 3.5.9 所示，由于耐久温度的上升，Pt 的颗粒直径，特别是在 800℃ 以上的温度时显著增加。添加碱土金属对抑制重金属的烧结是有效的。但是，重金属的失效和铝材及二氧化铈的失效有着很大的关系，应该采取综合性的应对措施。

（2）氧化铝母材的失效控制技术：图 3.5.10 所示是根据老化温度，Pt/Rh/CeO$_2$/Al$_2$O$_3$ 催化剂的表面积变化情况。微孔及间隙孔容积显著减小是铝材失效的主要原因。孔隙的消失使活性点被埋没及重金属的烧结

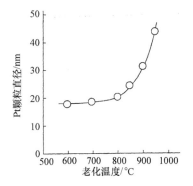

图 3.5.9 Pt 颗粒直径和老化温度的关系
（催化剂：Pt/Rh = 5:1，1.4g/L）

加速，最终使催化剂的活性降低。

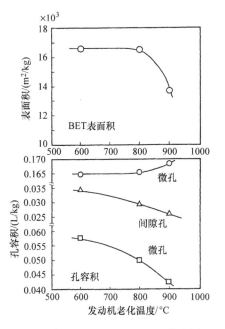

图 3.5.10 老化温度引起的 Pt/Rh/Ce 催化剂的 BET
表面积和孔容积变化（催化剂：Pt/Rh = 5:1，1.5g/L）

为了抑制氧化铝的热失效，添加碱土金属以及稀土元素非常有效。图 3.5.11 所示是添加了 Ce、La 以及其他稀土类元素后，氧化铝在经过 1200℃、5h 的加热后的比表面积。与没有添加时的 $12m^2/g$ 相比，添加了 Ce、La 以后比表面积提高了 3 倍以上。

（3）二氧化铈的失效控制技术：能够促进理论空燃比附近的酸化还原反应的吸储氧

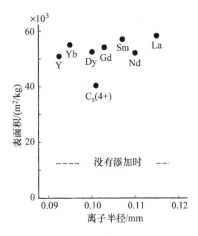

图 3.5.11 添加稀土元素的氧化铝经 1200℃、
5 小时大气热处理后的表面积

气的物质，即目前正在使用的三元催化剂，必须添加二氧化铈。二氧化铈的结晶颗粒直径随着老化温度上升而增大，会使氧气的吸附能力下降（如图 3.5.12 所示）。

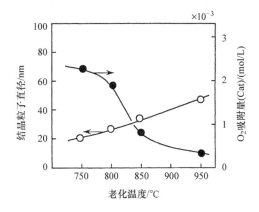

图 3.5.12 Pt/Rh/Ce 催化剂的 CeO_2
结晶粒子直径和 O_2 吸附

为了抑制二氧化铈的失效，添加 Ba、Zr 被证明是有效果的。由于 Ba、Zr 的添加，重金属、氧化铝及二氧化铈的失效得到综合控制，即使是在 950℃ 的温度下还能够得到净化特性的改良。如图 3.5.13 所示。

为了适应将来更加严厉的法规，可以预想紧耦合催化剂的使用会不断地增加，提高

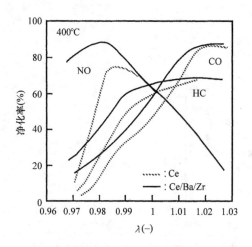

图 3.5.13　Pt/Rh/Ce 催化剂和改
进催化剂的三元特性比较

催化剂耐热性能，必将成为比以前更加重要
的关键环节。

　　b. 低温活性催化剂

　　目前，与常用的三元催化剂相比，正在
研究能够在更低温度时开始反应的点火
（light – off）特性更加优秀的催化剂。

　　催化剂中使用的重金属，多是 Pt、Pd、
Rh 以及他们相互之间的组合，Pd 与其他几
种重金属相比，具有 HC 净化能力高的
特征。

　　如图 3.5.14 所示的是 Pt/Rh 催化剂和
Pd 催化剂的点火特性比较案例。Pd 催化剂
在 50% HC 的净化开始温度与 Pt/Rh 催化剂
相比，大约低 50℃。

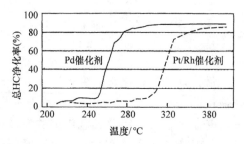

图 3.5.14　Pd 催化剂和 Pt/Rh 催化剂
老化后的着火特性

　　这种点火特性的改善效果，增加了单位
催化剂体积 Pd 的活性，还有进一步提升的

可能。但是，重金属增加以后，由于关系到
紧耦合催化剂成本，如图 3.5.15 所示，研
究紧耦合催化剂与地板下催化剂的最佳混合
比例，为重金属资源的有效利用打下基础。

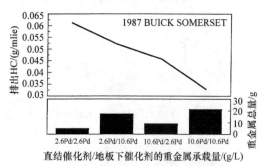

图 3.5.15　直结催化剂/地板下催化剂的重金属
承载量分配和净化性能的关系
（催化剂容量：直结 = 0.5L，地板下 = 0.5L）

　　另外，Pd 催化剂容易发生硫中毒等
问题，燃料中的硫含有量对 Pd 催化剂的
净化性能的影响程度调查结果如图
3.5.16 所示。如果燃料中的硫含有量低，
尾管排放会大幅下降。为了满足将来更加
强化的法规，单单依靠催化剂技术的提升
是不够的，努力提高燃料的品质也是重要
的环节。

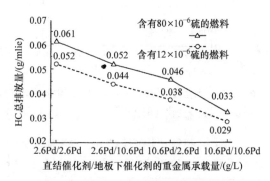

图 3.5.16　燃料中硫的含量对 Pd 催化剂
系统的尾管排放的影响（Pd 催化剂：老化品）

　　c. 电加热催化剂

　　在外部电力的作用下提高催化剂的温度
以实现早期化、在冷机状态时减少 HC 排量
的系统即为电加热催化剂（Electrically

Heated Catalyst，EHC）。

（i）EHC 构成 目前，根据金属粉末的挤压成型制成的金属箔在一些报告中有所提及。不管是哪一种类型，多数是较少的点火催化剂与主催化剂组合在一起的衬垫式结构。

外部电力的供给方式包括电池供电和起动机供电两种。起动机供电方式能够提供额外的电压，具有电流小的优点，它是最近的主要研究对象。

（ii）EHC 性能 EHC 的技术难题是耗电量大，以及耐久可靠性问题。以低耗电实现高 HC 净化率目前正在紧张的研究当中，最近有报告指出，如图 3.5.17 所示，与三元催化剂系统相比，1kW 的电力消耗能够削减 70% 的 HC 排放。关于耐久可靠性问题，通过材质及结构的优化而得到了改善，虽然还有其他待解决的问题，

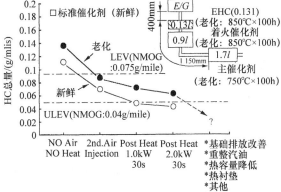

图 3.5.17 FTP 工况中 EHC 性能

冷机状态下的 HC 排放确实得到了有效的控制。

d. 燃烧器系统

燃烧器系统是指将燃料的一部分或者过浓混合气燃烧气体置于催化剂之前，通过科学的管理系统使之燃烧，使催化剂急速加热的系统。

（i）燃烧器系统的构成 将燃料和空气供给设置在催化剂上游的燃烧器系统方面的研究报告有很多。这种系统的构造虽然很复杂，但是与过浓混合气燃料与空气的混合式点火方式相比，没有对燃烧（动力性能）的负面影响，具有充分点火的长处。

（ii）燃烧器系统的性能 使用这种燃烧器系统，催化剂入口处的温度能够在发动机起动 6s 内升高到 300℃，如图 3.5.18 所示，有报告指出能够将 HC 排放控制到原来的 10% 左右。

但是当发生点火失误时，有可能产生比现系统更多的 HC 排放物，因此保证燃烧器系统的可靠性是重要的课题。

e. HC 捕捉系统

该系统不需要额外的外部能量，是能够暂时吸附低温时排放出来的 HC 系统，使用沸石或者活性炭作为吸附剂。

（i）HC 捕捉系统的构成 低温时被吸附的 HC，随着吸附剂温度的上升又被释放出来，为了净化这些被释放出来的 HC 已经

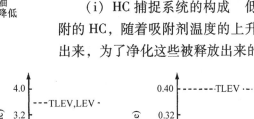
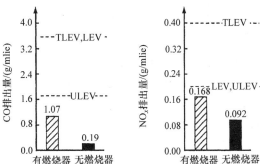

图 3.5.18 燃烧器对排放的改善效果

研制了各种各样的系统。在这些系统中，有的提案建议使用旁通管，而有的提案建议不使用。旁通管系统存在搭载困难及替换阀的可靠性等问题，因此不使用旁通管的系统是目前研究的主流。

也有人提出图 3.5.19 所示的独立系统。它是将配置在吸附剂上下游的催化剂做成一体化，在催化剂交换器上增加了热交换器的功能。

位于吸附剂上游的催化剂到达活性温度之前所释放出来的 HC 被吸附剂捕捉，随着吸附剂温度的上升又被释放出来，通过热交换使下游的吸附剂升温，以提高其 HC 净化能力。

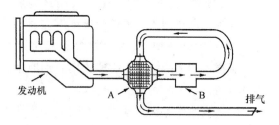

图 3.5.19　Engelhard 公司热交换三元催化器 HC
捕集系统构成
A—错流热交换三元催化器　B—沸石 HC 捕集

（ⅱ）HC 捕捉系统的性能　有报告指出，上述系统车辆的性能，HC 具有显著的改善效果，如图 3.5.20 所示。热交换催化剂虽然还存在背压上升及可靠性的问题，但是作为不需要外部能力的系统，今后将是技术发展的重点。

上面介绍了冷机状态时以降低 HC 排放为目的的后处理技术的研究案例。它并不仅仅是对原来的三元催化剂性能的改善，还力求增加新的功能，排放废气的净化技术未来必将迈出崭新的一步。

如上所述，各种技术都或多或少地残留着一些急待解决的问题，为了满足将来越来越严格的低排放需求，应该灵活运用最新的分析技术及模拟技术进行材料开发，最大限

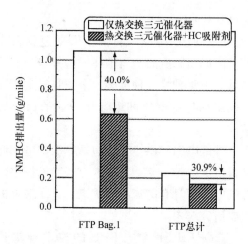

图 3.5.20　Engelhard 公司热交换三元催化器 HC
捕集系统性能（车辆：1985 年产 Volvo740GLE，
2.3L，4 缸，催化剂：900℃×100h 老化品）

度地发挥催化剂的功能以及燃料净化，开展多方面的技术合作。

3.5.3　稀燃 NO_x 催化剂

为了降低火花塞点火发动机稀薄燃烧下的燃油消耗率，已经有多种有效的方法经过长年的研究开发出来，其中的一部分已经实现了实用化。但是，原来的三元催化剂仍然存在氧气过剩条件时无法充分净化 NO_x 的问题，希望能均衡燃油消耗率和低 NO_x 排放两方面性能的稀燃 NO_x 催化剂早日达到实用化。

到目前为止，虽然有很多关于催化剂材料的研究报告，但是从方式上来看，大致可以分为通过稀燃将 HC 作为还原剂来净化 NO_x 的直接分解方式和在稀燃中吸收 NO_x，饱和后将吸收的 NO_x 再次释放出来的吸收还原方式两种。

a. 直接分解型催化剂

研究最多的是能够在氧气过剩条件下将 HC 作为还原剂来净化、分解 NO_x 的直接分解型催化剂。

（ⅰ）Cu/沸石催化剂　岩本等人的报告中指出，即使是在氧气过剩的条件下，Cu

离子交换/ZSM – 5 沸石具有将 NO 直接分解成 N_2 和 O_2 的催化作用。

图 3.5.21 所示是 Cu 离子交换/ZSM – 5 沸石将 NO 直接分解的特性。催化剂为新产品，在空间速度较小的条件下，证明了 Cu 离子交换/ZSM – 5 沸石具有将 NO 直接分解的优良特性。

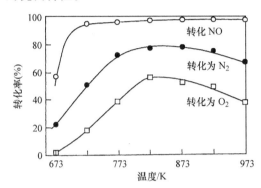

图 3.5.21 Cu/ZSM – 5 的 NO 分解活性的温度依赖性（接触条件：$4.0g \cdot s/cm^3$）

另外，Cu 离子交换/ZSM – 5 沸石在氧气过剩条件下与 HC 共存时，NO 的分解净化效率得到了飞跃式的提升。

基于这些信息的了解，关于稀燃 NOx 催化剂的研究急剧增加。但是，有报告指出，Cu 离子交换/ZSM – 5 沸石在受热的情况下 NO 净化性能下降，由于必须应用在温度超过 800℃的汽车排气系统中，必须明确劣化原理及对催化剂材料进行改良。

（ii）金属杂原子分子筛催化剂

另一方面，并不仅仅是离子交换，在沸石单元格内混有 Fe、Ga、Co 等金属原子的金属杂原子分子筛具有稀燃时分解净化 NO 的能力，如图 3.5.22 所示。

这种金属杂原子分子筛催化剂与活性金属沸石与离子结合在一起的离子交换催化剂相比，具有热稳定性高的特征。在相反的一面，由于作为气体反应平台的催化剂表面的活性金属密度低，为了在汽车那种高 SV（Space Velocity）条件下使用，必须使用能

够解决上述问题的突破性新技术。

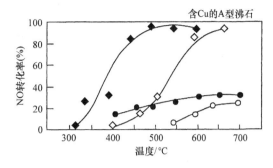

图 3.5.22 碳氢化合物对 O_2 共存化 NO 分解的影响
○ $4.8\% C_4H_4 - 3.1\% O_2 - 2.0\% NO/He$
◇ $2.4\% C_2H_6 - 2.8\% O_2 - 2.3\% NO/He$
● $1.8\% C_3H_8 - 2.9\% O_2 - 2.1\% NO/He$
◆ $0.85\% C_7H_{16} - 3.0\% O_2 - 1.6\% NO/He$

（iii）重金属系催化剂为了确保耐热性，进行了承载熔点高的重金属沸石及氧化铝的稀燃 NO_x 催化剂的研究开发。

Pt/沸石系催化剂，虽然是主要的研究对象，但是最近有报告指出，根据重金属的 Pt、Ir、Rh 的复合化，与单独 Pt 相比稀燃 NO_x 净化性能和耐热性能均得到了提高（图 3.5.23）。这种重金属复合化的效果，使受热时对重金属烧结的抑制能力及催化剂表面的 NO_x 吸附能力均有提升。

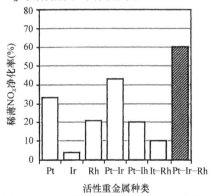

图 3.5.23 活性重金属和稀薄 NO_x 净化率
（催化剂老化条件：$800℃ \times 6h$ in Air）

另外，与其他的催化剂相同，已经证实 HC 浓度越高则 NO_x 的净化率越高。从这些结果中可以知道，由于 NO_x 分解而生成、

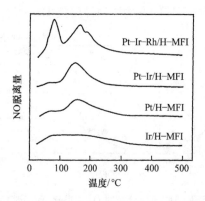

图 3.5.24　基于活性重金属的 TPD NO 脱离
过程（催化剂老化条件：800℃ ×6h in Air）

吸附在重金属表面的氧，通过 HC 还原去除
又回到 NO_x 分解循环中，有报告提出了这
样的反应模型，如图 3.5.24 所示。

　排放废气中含有的水蒸气及二氧化硫
（SO_2）不会产生影响，没有必要采取控制。

　另外，引起地球温暖化的一氧化二氮
（N_2O）也不会产生，在排放气体中包含的
对人体有伤害可能的微量未列入法规的成分
的净化率高，这一点也得到了确认。

　以 Pt 系重金属承担活性金属载体的催
化剂并不是只具有稀燃 NO_x 净化特性，还
包含一般的三元催化剂的特性（图
3.5.25），1994 年开始导入市场，搭载在稀
薄燃烧汽车上。

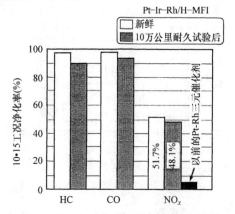

图 3.5.25　Pt－Ir－Rh/H－MFI 催化剂三元特性
（评价车辆：1994 年产 Familiar，1.5L，
Z5－DEL 型，1250kg，催化剂：1.7L 地板下）

　有报告指出，根据这种类型催化剂的采
用，在满足了国内严格的排放法规的同时，
还能在 10、15 工况的怠速行驶和除去起步
初期以外的所有工况中实现稀薄行驶，与传
统的发动机（$\lambda = 1$）相比燃油消耗率约降
低 16%、与稳定稀薄行驶相比约降低 8%
（图 3.5.26）。

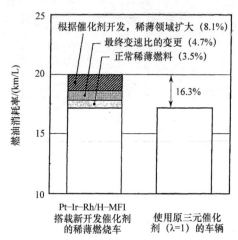

Test Mode:Japanese10 15Mode
Test Vehicle:1994Famolia Z-LEAN(1250kg)

图 3.5.26　新型 Familiar·稀薄燃烧车
的燃油消耗率改善效果

b. NO_x 吸储还原型催化剂
　它是吸收稀薄时排放出来的 NO_x，达到
饱和或者理论空燃比后，再将吸收的 NO_x
进行还原净化的系统。

　所使用的催化剂主要是氧化铝，并含有
Pt 系重金属、Ba、La 等碱、碱土类及稀土
类盐的高分散物质。

　NO_x 的吸收成分具有适度的盐基性，对
NO_x、HC 都表现出较高的净化率，有报告
中指出 Ba 元素具有更加优秀的特性（图
3.5.27）。

　图 3.5.28 所示是 NO_x 吸储还原原理。
稀薄时排放出来的 NO 在 Pt 表面上酸化，
变成 NO_2，以硝酸盐（NO_3）的形式被吸
收。其次，控制理论空燃比向饱和状态转
换，利用 HC、CO、H_2 等气体对吸收的 NO_x

产生还原净化反应。

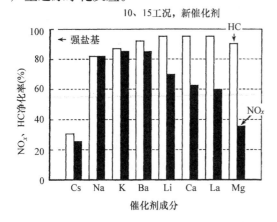

图 3.5.27 NO$_x$ 吸储材料和 NO$_x$、HC 净化性能的关系

吸收的 NO$_x$ 还原时，必须在短时间内进行饱和空燃比控制，切换时会产生转矩段差，通过对空燃比及点火时期等的精心控制，已经解决了这个问题。

图 3.5.29 所示是根据实验法（10、15 工况）行驶时的空燃比控制和 NO$_x$ 净化情况。为了 NO$_x$ 还原，将空燃比达到饱和的时刻设定在怠速。其理由是在怠速附近空间速度较小，能够得到很高的 NO$_x$ 还原率，另外，由于达到了饱和状态，只需要很少的燃料，因此燃油损失很低。

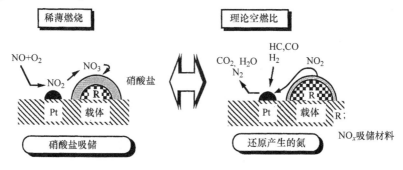

图 3.5.28 NO$_x$ 吸储还原原理

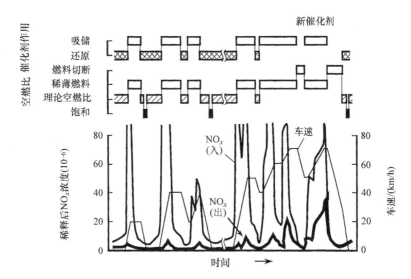

图 3.5.29 搭载 NO$_x$ 吸储还原型催化器车辆的工况行驶时空燃比控制和 NO$_x$ 净化率

空燃比的饱和化及点火时期推迟伴随着燃油消耗率的恶化，由于这些动作是在瞬间完成的，有报告指出能够将燃油消耗率损失控制在 1% 以内。

NO$_x$ 吸附还原型三元催化剂的 10、15 工况总计 NO$_x$ 净化率，新品催化剂时可达到 90%，完成耐久实验以后达到 60%。耐久实验后的劣化原因是硫中毒，当使用该种催化剂时，最好将燃料中的硫浓度控制在很低的范围内。

NO$_x$ 吸附还原型三元催化剂于 1994 年开始搭载在稀薄燃烧车上，并导入了国内市场。

一部分催化剂虽然达到了实用水平，但是由于稀薄燃烧的适用范围扩大，不管是哪一种催化剂的稀薄燃烧 NO$_x$ 净化率都存在着耐热性及防止中毒等课题。

3.5.4 蒸发污染控制技术

从汽车中蒸发出来的污染物主要是燃料系统中的燃料，以及从车身的涂层上蒸发出来的微量易挥发物质。

为了防止燃料蒸气向大气中释放，多采用活性炭吸收的方法。一般活性炭的构成方式如下所示。

燃料箱属于密闭型结构，为了防止倾斜或者高温时由于膨胀而引起的燃料泄漏，一般采用活性炭来吸收停止状态时蒸发出来的燃料。当发动机处于运转状态时，被活性炭吸附住的燃料被进气系统吸入（清洗），从而防止向大气中扩散。

为了提高燃油蒸气吸附能力，增加活性炭容量是最普通的方法，容器不断地大型化，活性炭的改良也在不断地进展当中。

如图 3.5.30 所示，具体清洗的方法是当发动机运转过程中节气门达到一定开度以上时，清洗控制阀门的隔板打开，活性炭吸附的蒸发气体从进气道导入到燃烧室内并使之燃烧。另外，图 3.5.31 所示是一种在清洗通道内设置电磁阀，根据计算机进行控制，清洗范围或者清洗流量可变的方法。

最近，防止汽油供油过程中的蒸发扩散的研究也正在进行当中。

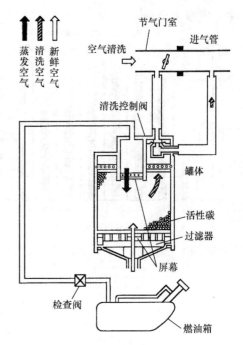

图 3.5.30　清洗控制阀功能

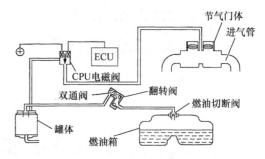

图 3.5.31　防止燃油蒸发的装置

[小松一也]

参 考 文 献

[1] 小澤正邦ほか：高耐熱性三元触媒，豊田中央研究所 R&D レビュー，Vol. 27，No.3，pp.43-53(1992)

[2] 二浦義則ほか：自動車用触媒の現状と将来，自動車技術，Vol. 35，No.3，pp.241-246(1981)

[3] 樋口　昇ほか：ハニカムセラミックス，工業材料，31巻，12号，pp.107-112(1983)

[4] M. Machida, et al.：Study of Ceramic Catalyst Optimization for Emission Purification Efficiency, SAE Paper 940784(1994)

[5] H. Yamamoto, et al.：Reduction of Wall Thickness of Ceramic Substrates for Automotive Catalysts, SAE Paper 900614(1990)

[6] T. Takada, et al.：Development of a Highly Heat-Resistant Metal Supported Catalyst, SAE Paper 910615(1991)

[7] 増田剛司ほか：メタルハニカム触媒の開発，日産技報，24号，pp.62-69（1988）

[8] S. Pelters, et al.：The Development and Application of a Metal Supported Catalyst for Porsche's 911 Carrera 4，SAE Paper 890488(1989)

[9] 川崎龍夫ほか：触媒担体用耐酸化性ステンレス鋼箔の開発，自動車技術，Vol.45，No.6，pp.92-97(1991)

[10] J. F. Roth, et al.：Control of Automotive Emission Particulate Catalysts，SAE Paper 730277(1973)

[11] L. C. Doelp, et al.：Advances in Chemistry Series-114，Am. Chem. Soc.(1975)

[12] 船曳正起ほか：自動車排ガス触媒，触媒，Vol.31，No.8，pp.566-571(1989)

[13] H. Muraki：Performance of Palladium Automotive Catalysts, SAE Paper 910842(1991)

[14] T. Yamada, et al.：The Effectiveness of Pb for Converting Hydrocarbons in TWC Catalysts, SAE Paper 930253(1993)

[15] S. Hepburn, et al.：Development of Pd-only Three Way Catalyst Technology, SAE Paper 941058(1994)

[16] 平田敏之ほか：パラジウムのみを利用した三元触媒の開発，TOYOTA Technical Review, Vol.44，No.2，pp.36-41(1994)

[17] J. C. Summers, et al.：Use of Light-Off Catalysts to Meet the California LEV/ULEV Standards, SAE Paper 930386(1993)

[18] 山田貞二ほか：自動車用三元系触媒における劣化機構とその対策，実用触媒の学理的基礎研究会第9回セミナー要旨集，pp.28-32（1993）

[19] M. Härkönen, et al.：Performance and Durability of Palladium Only Metallic Three-Way Catalyst, SAE Paper 940935(1994)

[20] H. Mizuno, et al.：A Structurally Durable EHC for the Exhaust Manifold, SAE Paper 940466(1994)

[21] F. W. Kaiser, et al.：Optimization of an Electrically-Heated Catalytic Converter System Calculations and Application, SAE Paper 930384(1993)

[22] P. M. Laing：Development of an Alternator-Powered Electrically-Heated Catalyst System, SAE Paper 941042(1994)

[23] T. Yaegashi, et al.：New technology for Reducing the Power Consumption of Electrically Heated Catalysts, SAE Paper 940464(1994)

[24] K. P. Reddy, et al.：High Temperature Durability of Electrically Heated Extruded Metal Support, SAE Paper 940782(1994)

[25] P. Langen, et al.：Heated Catalytic Converter Competing Technologies to Meet LEV Emission Standards, SAE Paper 940470(1994)

[26] J. K. Hochmuth, et al.：Hydrocarbon Traps for Controlling Cold Start Emissions, SAE Paper 930739(1993)

[27] M. Iwamoto, et al.：Copper（II）Ion-exchanged ZSM-5 Zeolites as Highly Active Catalysts for Direct and Continuous Decomposition of Nitrogen Monoxide, Chem. Commun, pp.1272-1273(1986)

[28] 金野　満ほか：銅イオン交換ゼオライト触媒によるディーゼル排気中のNOx低減に関する研究，第9回内燃機関合同シンポジューム講演論文集，pp.147-152(1991)

[29] 岩本伸司ほか：メタロシリケート触媒による酸素過剰・炭化水素共存下でのNOの除去，触媒，Vol.36，No.2，pp.96-99(1994)

[30] 古城真一ほか：金属含有ゼオライトを用いたNO接触分解における共存炭化水素の影響，第66回触媒討論会講演予稿集，pp.138-139(1990)

[31] 高見明秀ほか：リーンバーンエンジン用新三元触媒，自動車技術論文集，Vol.26，No.1，pp.11-16(1995)

[32] A. Takami, et al.：Development of Lean Burn Catalyst, SAE Paper 950746(1995)

[33] 小松一也：リーンバーンエンジン用触媒，自動車技術No. 9506シンポジューム講演会論文集，pp.14-19(1995)

[34] 加藤健治ほか：NOx吸蔵還元型三元触媒システムの開発(1)，自動車技術学術講演会前刷集，9437368，pp.41-44(1994)

[35] 三好直人ほか：希薄燃焼エンジン用NOx吸蔵還元型三元触媒の開発，TOYOTA Technical Review, Vol.44, No.2, pp.24-29(1994)

[36] 加藤健治ほか：NOx吸蔵還元型三元触媒付リーンバーンシステム，自動車技術No.9506シンポジューム講演論文集，pp.20-26(1995)

[37] H. R. Johnson, et al.：Performance of Activated Carbon in Evaporative Loss Control Systems, SAE Paper 902119 (1990)

[38] 日産自動車サービス技術部：ニッサンサニー整備要領書(1987)

[39] 富士重工業㈱国内サービス部：スバルアルシオーネSVX新型車解説書(1991)

[40] 土屋博志ほか：給油中ガソリン蒸発量について，自動車技術，Vol.45，No.10(1991)

3.6　燃料

3.6.1　辛烷值

　　环境保护措施中的 CO_2 削减对策，与节约能源关系最为密切的是汽油燃料，其性质通常用辛烷值评价。高压缩比化是提高汽油发动机燃油消耗率的一种方法，这就要求汽油具有很高的辛烷值，因此汽油的辛烷值变得越来越高。

　　图3.6.1所示是石油学会每年实施的日本生产汽车辛烷值要求值分布调查结果案例。安装爆燃控制装置的汽车正在逐年增多，辛烷值或者辛烷要求值的意义也发生了变化。如图3.6.2所示，对于安装爆燃控制装置的汽车，根据所用汽油的辛烷值对点火时期及增压过大进行控制，以确保爆燃现象不会发生。

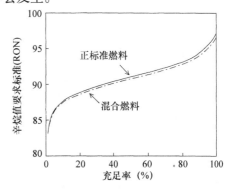

图3.6.1　日本生产汽车辛烷值要求标准
（低速法，1993年产车）

63

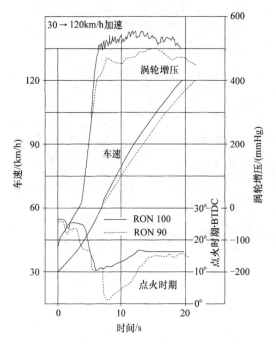

图 3.6.2　辛烷值对车辆加速时的性能影响

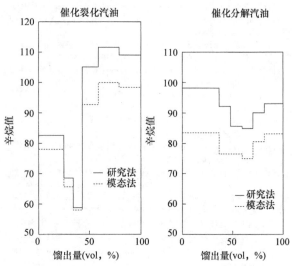

图 3.6.3　催化裂化汽油及催化分解汽油的馏分辛烷值

从图中可以了解到，当使用辛烷值为90#（RON）的汽油时，与辛烷值为100#的汽油相比，加速时的点火时期的推进和涡轮过增压的上升较小，其结果是加速性能，以及加速时的燃油消耗率恶化。

日本国内生产汽油时的基材主要是接触改质汽油、接触分解汽油和直溜汽油三种。通过这三种汽油的不同配合比例来生产不同辛烷值型号的汽油，如图3.6.3所示，虽然说接触改质汽油、接触分解汽油属于同一类型，但是由于他们的馏分范围（沸点范围）不同而使辛烷值有很大的区别。因此，当调整辛烷值时，还要增加后面将要介绍的挥发性（蒸馏特性等）来设计汽油的特性。另外，随着发动机的高压缩比化燃油消耗率虽然得到了改善，但是从另外一个角度来讲需要生产辛烷值更高的汽油，这样就要消耗更多的能源，出现负面影响。也就是说，提高发动机的压缩比能节省能源，提高汽油的辛烷值会造成能源的浪费，这两个方面必须综合考虑。

3.6.2　挥发性

汽油的挥发性是与辛烷值同等重要的性质，通常用蒸汽压或者50%的馏出温度、90%的馏出温度来表达。

汽油的挥发性影响发动机冷机起动时或者加减速时的空燃比控制。使用挥发性高的汽油时，吸附于进气管或者进气门上的汽油较少，能够提高发动机冷机起动时或者加减速时的空燃比控制特性。作为排放废气处理措施，国内的车辆上都安装了三元催化器。为了降低排放废气量，确保三元催化器高净化率是非常重要的，保证空燃比控制特性提升也是有效的方法之一。

图3.6.4以及表3.6.1中显示的是50%的馏出温度、90%的馏出温度对排放废气的影响。在这个实验中，50%的馏出温度为87℃、95.5℃、110℃，90%的馏出温度为147.5℃、162℃，分别使用不同的燃料。实验共用了4辆车辆。实验结果显示以90%的馏出温度为一定值，当50%的馏出温度升高时，以及以50%的馏出温度为一定值，当90%的馏出温度升高时，HC的排量都增加了。也就是说，50%的馏出温度、90%的

馏出温度都对排放废气有影响。

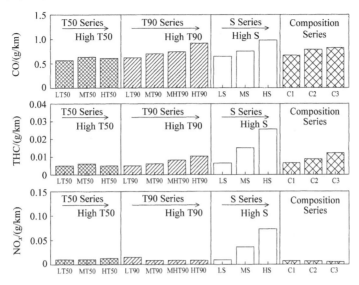

图 3.6.4 汽油性质对排放的影响

表 3.6.1 供试燃料的性质

		T50 Series			T90 Series				S Series			Composition Series		
		LT50	MT50	HT50	LT90	MT90	MHT90	HT90	LS(MT50)	MS	HS	C1(MT50)	C2	C3
dist														
T50	/℃	87.0	97.5	104.0	97.5	104.5	106.0	106.5	97.7	←	←	97.5	96.5	86.0
T90	/℃	142.0	142.0	142.0	130.0	141.0	154.0	163.0	142.0	←	←	142.0	146.5	146.5
FLA														
paraffin	(vol,%)	54.3	54.7	53.5	48.9	49.4	50.7	49.8	54.7	←	←	54.7	46.2	64.0
olefin	(vol,%)	7.1	7.6	7.8	7.5	7.5	8.4	8.0	7.6	←	←	7.6	15.9	12.2
aromatic	(vol,%)	38.6	37.7	38.7	43.5	43.1	40.9	42.2	37.7	←	←	37.7	37.9	23.8
sulfur	(10^{-6})	8	8	8	8	8	6	8	8	73	140	8	9	11
RON		92.5	94.9	96.8	95.8	95.0	95.9	95.9	94.9	←	←	94.9	98.7	96.6
MON		83.6	85.6	86.6	85.6	85.1	85.8	85.6	85.4	←	←	85.4	86.3	84.0

一般来说辛烷值及密度对燃油消耗率的影响最大。例如当使用密度较高的汽油时燃油消耗率上升了。但是汽油的密度和挥发性是直接相关的,一般来说密度高的汽油其挥发性大。当使用挥发性大的汽油时,空燃比控制恶化,使加速时的行驶性能降低。这同时也会使燃油消耗率下降。

生产汽油时,还要综合考虑汽油的挥发性及辛烷值以外的性质,它们都对行驶性能、排放废气、燃油消耗率有着重要的影响。

3.6.3 构成

汽油的构成当然受原油支配,但是也和产品的多项重要性质有关,有很多的可变方案。图 3.6.5 所示是作为汽油基材的接触改质汽油和接触分解汽油的馏分范围和构成之间的关系。例如,接触改质汽油当中的重质部分、接触分解汽油当中的轻质部分，如图3.6.3中所示，辛烷值都很高。因此，作为高辛烷值基材，前者使用较多的如芳香族成分，后者使用较多的如烯烃。

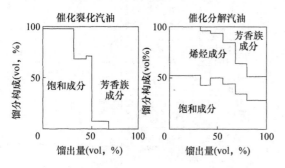

图 3.6.5　催化裂化及催化分解汽油的馏分构成

目前美国的空气污染预防对策，逐渐导入了对构成成分也有规定的新配方汽油。新配方汽油导入之际，为了明确汽油性质和构成对排放废气的影响，共 3 家汽车公司和 14 家石油公司根据 Auto/Oil 空气清洁程序开展了实验研究。实验中选定了 10 辆 1989 年产车型和 7 辆 1983～1985 年产车型，通过不同的组合共计使用了 16 种实验燃料。

图 3.6.6 中所示是 1989 年产车型的实验结果。芳香族减少、MTBE 添加、90% 馏出温度下降与 HC 减少相关，当减少烯烃时，HC 反而会增加。而对于非甲烷类 HC 则与 HC 呈现相同的倾向，芳香族的减少对非甲烷类 HC 的减少有着更大的影响。对于 CO，芳香族的减少和 MTBE 的增加使 CO 减少。烯烃的减少和 90% 馏出温度下降与 CO 排量的减少没有明显的关系。减少烯烃使 NOx 减少，90% 馏出温度下降使 NOx 增加。添加 MTBE 后对 NOx 几乎没有影响。

图 3.6.7 所示是 1983～1985 年产车型（行驶里程至少为 40000mile）的实验结果。MTBE 增加和 90% 馏出温度下降使 HC 排量减少，而芳香族和烯烃的减少反而使 HC 增加。90% 馏出温度下降时 CO 增加，芳香族和烯烃则没有大的影响。芳香族和烯烃减少

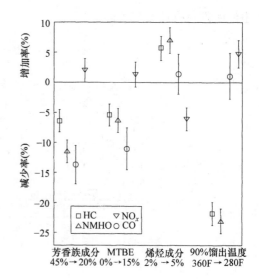

图 3.6.6　汽油构成对排放的影响

使 NOx 排量降低，MTBE 增加和 90% 馏出温度下降没有影响。综合以上实验结果来看，汽油的构成成分对新车和里程车排放废气的影响并不相同，另外变化的汽油性质相互之间的影响也呈现出复杂的状况，必须再进一步开展实验研究。

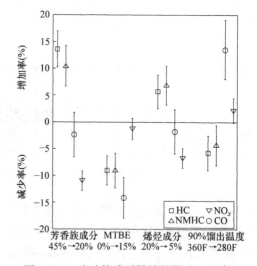

图 3.6.7　汽油构成对排放的影响（旧车）

日本没有开展上述的实验，改变汽油的构成成分需要巨大的成本，因此在确认排放废气的改善效果的基础上采取应对措施是非常重要的。

3.6.4 硫成分

图 3.6.4 所示是使用不同硫含量汽油的安装了三元催化器的汽车在 10、15 工况中排放废气的评价结果。从图中可以看到，在暖机状态条件下，硫成分对 CO、HC、NO_x 的影响都非常大。这种情况认为是由于硫成分使三元催化剂产生了中毒现象造成的。图 3.6.8 所示是硫成分对不同行驶里程催化剂的影响。对于新催化剂和行驶 50000mile 以后的旧催化剂，随着硫成分的增加，CO、HC、NO_x 排量均有所增加。因此可以了解到即使是行驶 50000mile 以后的旧催化剂，也和新催化剂一样，都受到硫成分的影响。

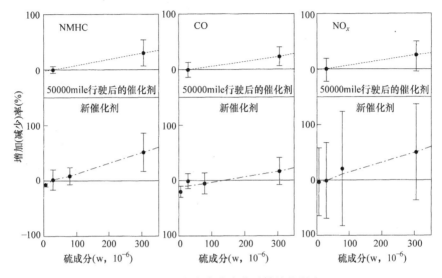

图 3.6.8　汽油中硫成分对排放的影响

图 3.6.9 所示是在 FTP 工况下硫成分对排放废气中的碳氢类物质的影响的研究结果。与催化剂没有得到充分的升温 Bag1 相比，在充分加热后的 Bag2、Bag3 中硫成分对催化剂的影响较大。对 Bag2、Bag3 中的碳氢化合物类型进行调查，在增加的成分中，硫引起的部分与烯烃、芳香族成分相比，更多的是石蜡。根据这个结论可以知道，汽油中的硫成分会对三元催化剂的净化率产生影响，从影响程度上来看，与芳香族及烯烃相比，石蜡成分更大。

如上所述，保证汽油中的硫成分低含量能够维持三元催化器高净化率，通过改良燃料来保护大气环境的有效方法之一。

3.6.5 铅

含铅汽油中所包含的烷基铅是以无机铅化合物的形式出现在排放气体中的，会对人体及排放物净化催化剂产生影响。在对人体所产生的影响中，虽然汽油中的铅对人体铅浓度的增加没有确凿的证据，但是大量的研究结果表明它是有一定关系的。另一方面，铅对于排放物净化催化剂的影响，铅中毒会引起催化剂寿命显著下降，从这个角度来讲实行汽油无铅化具有非常大的意义。

图 3.6.10 所示是在改变异辛烷中加铅量的模拟实验，汽油中的铅浓度对催化剂所产生影响的研究结果案例。在欧洲，进行了包含高速公路上的行驶工况，催化剂的最高温度达 1000℃，加铅量也较高的模拟实验。使用含铅量较高的燃料时，三元催化剂的活性呈现出了急剧下降的趋势。

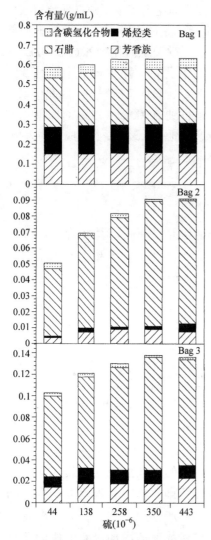

图 3.6.9　汽油中硫成分对排放气
体中的碳氢类物质的影响

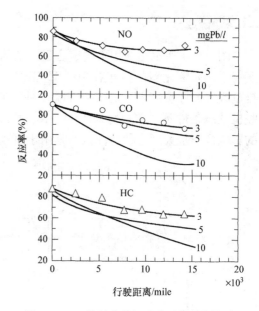

图 3.6.10　燃料中的铅成分对排放的影响

美国从 1974 年开始发表了排放净化催化剂安装车辆上普及无铅汽油的公告，并于 1979 年实现了约 40% 的无铅化普及范围。在我国，汽油无铅化是从防止排放气体净化催化剂活性降低的角度出发加以研究的。因此，1970 年在东京达成了汽油低铅化的一致意见，1975 年在普通汽油上实行无铅化措施。1983 年开始销售无铅优质汽油，实现了世界上最早的汽油完全无铅化。虽然日本已经不存在铅对环境的破坏问题，但是从整个世界上来看，还有很多地区仍然在使用含铅汽油，对于这些国家和地区来讲，执行汽油无铅化政策对改善环境是非常有效的。

3.6.6　添加剂（清洁剂）

汽油添加剂的作用主要是为了防止发动机进气系统的污染。图 3.6.11 所示是我国市场上进气门污染的实际调查结果。图中的纵轴是根据 CRC 方法的堆积物评分，10 分表示完全没有堆积物，数字越小则表示污染程度越大。进气门的污染受汽车种类、行驶条件、汽油的性质等因素的影响，结果有很大的差别，大致的趋势是行驶距离越长则污染程度越大。

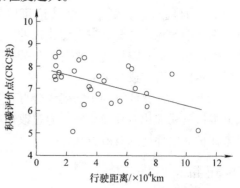

图 3.6.11　市场在售车进气门污染调查结果

如图 3.6.12 中所示的是进气门上有堆积物（CRC 得分 7~8 分）和没有堆积物、按照 10、15 工况法进行行驶实验时 CO、HC、NO$_x$ 的排放量比较。实验时虽然因车辆不同而有着一定的差别，但是添加清洁剂对进气门进行清洁后，CO、HC、NO$_x$ 的排放量降低了。

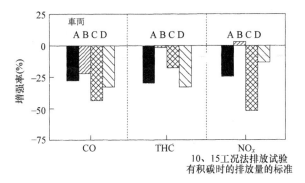

图 3.6.12　除去积碳后排放变化

如上所述，添加清洁剂后对进气门上的堆积物具有清除作用，使得 CO、HC、NO$_x$ 的排放量降低。图 3.6.13 所示是工况试验过程中空燃比和排放废气的状态。当进气门上产生堆积物时，加速结束后空燃比在燃料饱和状态时会产生差异，与此相对应 CO 的排量增多。加速开始后，相反空燃比在燃料稀薄状态时会产生差异，与此相对应 CO 的排量增多。

汽油车通常是使用三元催化剂同时对排放物中的 CO、HC、NO$_x$ 进行净化，三元催化剂针对每一种成分都存在一个高净化率的理论空燃比附近的狭窄窗口。空燃比处于该窗口的稀薄一侧时则 NO$_x$ 的净化率降低，处于饱和一侧时则 CO 及 HC 的净化率降低。因此，为了得到适当的空燃比，实际的车辆上都安装了调整燃料喷射量的反馈控制系统。进气门上如果有堆积物而使排气恶化，这些堆积物对汽油有吸附或者脱离等的影响，使实际上向燃烧室内提供的混合气的空燃比控制产生延迟，这是造成催化剂净化率下降的主要原因。

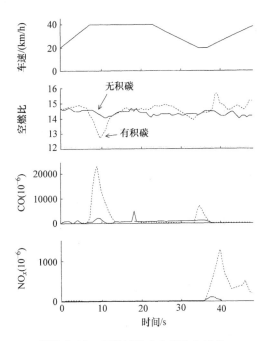

图 3.6.13　工况试验中空燃比和排放

如上所述，通过在汽油中添加清洁剂，能够保持发动机的进气系统清洁，因此可以防止排放物的恶化。特别是在我国，大部分汽油车都安装了三元催化器和空燃比控制系统，实行排放废气的净化，使用清洁剂以防止进气系统污染对保护环境有着非常大的效果。

[野村宏次]

3.7　发动机・驱动系统控制

发动机和变速器与动力性能、燃油消耗率、舒适性、排放废气污染等密切相关，需要实行相互之间协调性控制。本节将介绍汽油发动机排放废气净化和低燃油消耗率相关的发动机控制及变速器控制。

3.7.1　发动机控制历史

当前的发动机控制系统，针对排放法规对象的碳氢（HC）、一氧化碳（CO）、氮氧化合物（NO$_x$），可以说已经将净化能力发挥到了极限。

排放法规实施之初，根据饱和空燃比设定和点火时期延迟抑制 NO_x 的同时，提高排气温度，研制开发了不使用催化剂的前提下对 HC、CO 加以净化的动作执行器等系统。在这些系统中还组合应用了空气泵或者吸气阀门，将不足的氧气供给排气道。相对于这种不使用催化剂的系统，从 1970 年后期到 1980 年前期在排放污染法规的制约下，曾经盛行了对点火时期、空燃比、EGR（排放废气再循环）率设定等的设计研究，以取得最佳的燃油消耗率。另外，还开展了降低排放废气中有害成分的燃烧过程研究。但是，不使用催化剂的系统无法避免动力性能下降和燃油消耗率恶化问题，因此研究方向转到了不大幅改变点火延迟角的酸化催化剂上，以实现对 HC、CO 的净化。

酸化催化剂系统中，为了降低 NO_x 排放而使用了大量的 EGR 及点火时期延迟，在维持驾驶性能的同时削减 NO_x 存在一定的界限，因此能够同时净化 HC、CO、NO_x 的三元催化器系统成了主流。

三元催化器系统如图 3.7.1 所示，为了获得高的 HC、CO、NO_x 净化率，必须将包含催化剂的混合气空燃比（将催化剂入口处的排放气体中 C、H 和 O 的质量比换算为燃料与空气的质量比）按照理论空燃比进行高精度控制。为了实现这个目的，利用排放气体中的氧传感器对理论空燃比进行检测

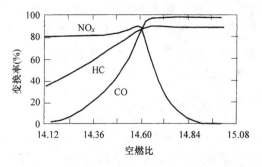

图 3.7.1　三元催化器的 HC、CO、NO_x 净化率特性

并反馈给系统。初期的三元催化器系统是针对化油器系统而开发的，随着高精度空燃比控制的要求，以及电子燃油喷射控制的成本降低，三元催化器和电子燃油喷射组合系统逐渐成为主流。

1970 年后半期搭载了微型计算机以后，不仅仅是空燃比控制，还有点火时期控制、EGR 率控制、怠速速度控制等，以及更进一步的低排放污染、低燃油消耗、高驾驶性能等广泛的范围内也都实现了电子控制系统。1970～1980 年期间，为了满足排放法规而开展的燃烧过程研究及发动机控制技术，奠定了今天高性能发动机的基础。

低排放污染化系统的最高成就为三元催化剂和排放气体氧传感器信息反馈的微型电子计算机燃油喷射控制的组合，美国、欧洲等国的排放法规具有不断强化的发展倾向，因此当今的研究发展主要方向是低排放污染。

3.7.2　发动机控制现状

图 3.7.2 所示是低排放化及低油耗化的控制系统，表 3.7.1 中为主要的控制内容及目的。其中最重要而且精度最高的当属空燃比控制。

空燃比控制在控制理论上包括图 3.7.3 中所示的前馈控制和反馈控制的 2 自由度系统。通常还包括发动机的时历变化及根据所使用的燃料进行自适应修正。前馈控制是向正常行驶状态下被称为基本控制的发动机燃油喷射量、点火时期、EGR 量，追加补偿被称为过渡修正的控制误差项而求得。反馈控制是以实现能够满足所有行驶条件的发动机状态为目的而进行的严密控制。自适应修正是进行控制常数修正的反馈控制。

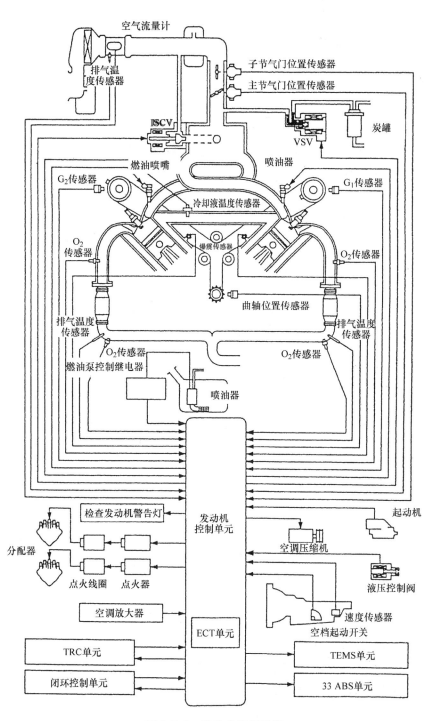

图 3.7.2 发动机控制系统

表 3.7.1 影响低排放化和低油耗化的发动机控制

控制名称		功能
燃油喷射控制	空燃比控制	对进入到催化剂中的气体进行最佳空燃比控制，提高催化剂净化率
	减速时燃油切断	减速时切断燃油供给以提高燃油消耗率，以及燃油的平顺恢复供应
点火时间控制	催化剂早期升温控制	根据推迟点火，提高排气温度，加快催化剂活性化
	爆燃判断控制	提高压缩比以提升燃料效率
	变速时延迟角控制	变速时降低发动机转矩
EGR 控制		降低进入到催化剂中的 NO_x 含量，减少泵气损失
急速速度控制		降低急速转速，提高燃油消耗率
防止燃料蒸发控制		仔细清洗油箱，防止燃料蒸发

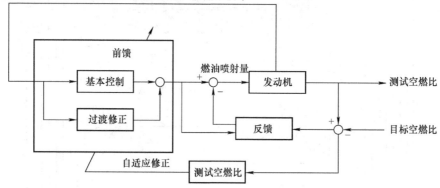

图 3.7.3 空燃比控制系统的构成

不仅仅是空燃比控制，对于发动机整体控制而言，缸内吸入空气量是非常重要的参数，要求对其进行高精度的检测。但是，由于缸内吸入空气量无法直接测试，因此需要根据其他相关的测试量来推算。特别是对于过渡状态的控制和测试时刻、进气过渡特性、传感器延迟等因素，需要充分考虑，并在此基础上搭建控制框架。

a. 基本控制

基本燃油喷射量可以根据缸内吸入空气量/目标空燃比的推算来获得，大致可以分为进气密度法和进气流量法两种。进气密度法是利用进气冲程结束时缸内混合气密度和进气压力的相关性来推算气缸内的吸入空气量，在实际的正常运转过程中，相对于发动机的旋转速度和进气压力的吸入空气量的实测值，进行二元表格化，根据二元插值法来求得气缸内的吸入空气量。也有很多人使用参照直接吸入空气量的表格的方法。进气密度法从其原理中可以得知，它容易受温度变化、背压变化的影响，因此绝对值的精度不是很高。但是，利用排气系统中的氧气传感器的信息反馈，能够实现高精度的空燃比控制。

进气流量法是使用安装在节气门上游的空气流量计测试吸入的空气量 Q、气缸数为 N、发动机转速为 ω、燃油喷射循环 k，利用这些参数根据式（3.7.1）来求得吸入到气缸中空气量的方法。

$$M_c(k) = \frac{4\pi Q(k)}{N\omega(k)} \qquad (3.7.1)$$

当节气门开度较大时，受进气脉动的影响

使推算精度变低。另外，推算过渡阶段气缸内吸入空气量时，必须对一些延迟因素进行适当的修正，这部分内容将在后面介绍。

为了确保点火时期催化剂的早期活性，在暖机运行过程中推迟点火，以及为了防止爆燃、早燃等的推迟点火，基本上是按照确保各种发动机条件下（发动机转速及吸入气缸空气量、进气压力等）实现最佳的燃油消耗率而设定的。

EGR 控制方式分为机械式和电子式两种，确保相对于发动机速度和负荷的目标 EGR 率大致相等而对 EGR 阀门行程进行调整。进气密度法是相对于进气压力，使用

EGR 减量的燃油喷射量数据。

b. 过渡修正

过渡修正与进气动态特性和燃料的动态特性相关的修正有很大的区别。

进气密度法的测量值因吸入气缸中的空气量加速而较小、空气量减速而较大，所以，这是加速稀薄急停（lean spike）、减速饱和急停（rich spike）的主要原因。该推测误差的主要因素是图 3.7.4 所示的测试和吸入气缸空气量所决定的点火正时偏差，为了准确测试吸入到气缸中的空气量，必须从进气下止点的进气压力测试点的进气压力来进行预测。

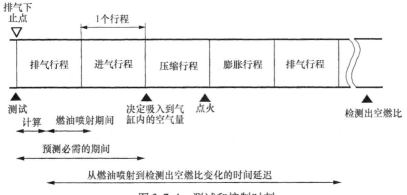

图 3.7.4　测试和控制时刻

另一方面，由于进气流量法是对进气节气门上游的空气吸入量进行测试的，进气室和进气管压力被增加、被减小的流量也会同时被测到，一般会出现产生加速时过大、减速时过小现象。因此测试时需要考虑到以上的过渡特性对测试值进行修正。

图 3.7.5 所示是相对于节气门开度变化的吸入空气量测试值和推测值的关系以及修正效果（详细内容请参阅本丛书第 2 卷《汽车控制技术》）。虽然进气密度法受进气温度、EGR 等的影响而使推测值缺少可信度，但是还是能很好地反映过渡时缸内吸入空气量变化。另一方面，进气密度法在正常行驶状态时的可信度较高，但是过渡阶段时缸内吸入空气量变化却呈现了完全不一样的

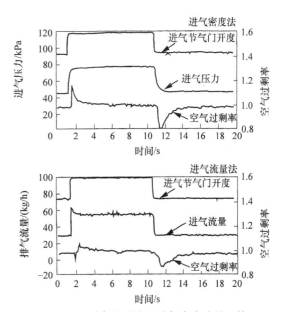

图 3.7.5　进气流量法和进气密度法的比较

波形。因此，后面将会介绍，对燃料状态而引起的空燃比控制误差进行修正的方法来提高空燃比控制精度的进气流量法表现出了较好的特性。

即使是在正确的缸内吸入空气量的推测值的基础上，根据式（3.7.2）决定燃料的喷射量，如图3.7.6所示，所喷射燃料的一部分黏附在进气道或者进气门表面而伴随着延迟，引起加速时稀薄急停、减速饱和急停现象。

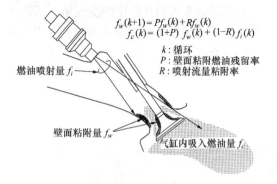

$$f_w(k+1) = Pf_w(k) + Rf_w(k)$$
$$f_c(k) = (1+P)\ f_w(k) + (1-R)\ f_i(k)$$

k：循环
P：壁面粘附燃油残留率
R：喷射流量粘附率

燃油喷射量 f_i

壁面粘附量 f_w

气缸内吸入燃油量 f_c

图 3.7.6　燃油举动模型化

$$f_i(k) = \frac{M_c(k)}{\alpha_r(k)} \quad (3.7.2)$$

式中，α_r 为理论空燃比；f_i 为燃料喷射量。

基于以上原因，在过渡阶段必须进行增减修正。进气道或者进气门表面的温度越低，或者越是不易蒸发的燃料，则上面提到的延迟越大，因此必须加大过渡阶段的修正量。

c. 反馈

推算缸内吸入的空气量时，常常伴有传感器的误差及过渡修正时的误差，另外，燃油喷射泵等部件都会有公差，仅依靠缸内吸入空气量的推算值来决定燃油喷射量，则得不到三元催化器所需要的空燃比精度。为了最大限度地利用三元催化器的净化性能，必须使用排放废气氧传感器进行反馈控制。目前使用最多的排气氧传感器是深度差电池，基于大气中的氧气浓度和排放废气中的氧气浓度差，利用式（3.7.3）来计算所产生的

电压。

$$E = \frac{RT}{4}F\log\left[\frac{P_{o_2,\text{atm}}}{P_{o_2,\text{exh}}}\right] \quad (3.7.3)$$

式中，E 为电压；R 为气体常数；T 为温度；F 为法拉第数。

相对于空燃比所产生的电压具有在理论空燃比附近急剧增加的特性，如图3.7.7所示，当检测到饱和状态时，一次性较大幅度减少后，燃料喷射量缓慢减少，当检测出稀薄状态时喷射量按照同样的方式增加。当越过理论空燃比以后，较大幅度的增减量从燃料喷射到检测出空燃比为止的时间延迟进行修正，对理论空燃比检出点的过剩进行修正。像这样对燃料的周期性修正会导致空燃比的变动，通过适当的调整可以在保证驾驶性能不恶化的前提下，实现排放废气的削减。

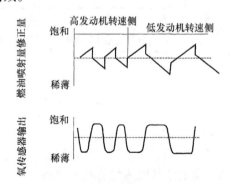

图 3.7.7　基于氧传感器输出的
燃油喷射量修正方案

排放废气氧传感器检测出的延迟较小而将其设置在催化剂的上游，由于存在非平衡性气体，无法准确检测出理论空燃比。这种影响对于每一种排放气体氧传感器都是不同的，因此使排放的误差变大。在催化剂的下游处也设置氧传感器，进行双重反馈控制，如图3.7.8所示，排放废气的误差减小了。但是，在催化剂之后理论空燃比的检测延迟较大，将产生长周期的饱和、稀薄变动。有报告指出，在小容量的催化剂下游处设置氧传感器，能够提高理论空燃比的检测精度和

削减排放废气。

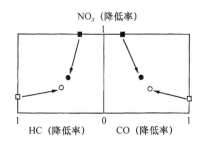

图 3.7.8　双氧传感器反馈的效果
□ 1 个氧传感器系统　　● ■ 最大稀薄差传感器
○ 2 个氧传感器系统　　○ □ 最大饱和差传感器

d. 学习修正

为了提高排放废气氧传感器的活性，必须保证 350℃ 以上的传感器工作温度，在发动机启动后存在数十秒反馈控制失效期间。因此，不得不根据代表性的燃料流动推测来预定增减量修正，为了防止燃料特性及进气门堆积物产生的燃料流动差异带来的驾驶性能恶化，将其设定在发动机失火空燃比极限偏饱和一侧，并留有适当的余地是比较合理的。这样会导致 HC、CO 排量增加。控制结果通过排放废气氧传感器进行评价，根据前馈修正的学习控制来提高空燃比控制精度，减少暖机状态时燃料喷射量的增加幅度。另外，还使用进气流量计或者进气密度法对吸入空气量值进行修正。

3.7.3　发动机控制动向

随着排放法规的不断强化，需要对过渡状态进行更加精密的控制。主要的手段如用数学模型来代表过渡现象，从该数学模型中推导出控制算法，对模型基础控制进行研究。以前由基本控制和过渡修正构成的前馈使用的是逆模型，反馈使用的是 LQ 优化控制（Linear Quadratic optimum control）、H 无限大优化控制、自适应控制等。这样的控制方法，对于过渡状态的控制精度提升、开发周期的缩短、时间变化以及产品误差的稳定性提升等方面都有所期待。

这些控制方法的特征是在实行闭环系统模拟的同时进行控制逻辑的开发，由于使用 DSP（Degital Signal Processor）等高速运算 CPU 的即时模拟及程序工具的开发，已经具备了模拟技术的易用环境。

控制方法的变化及控制逻辑的开发环境变化，并不仅仅是对控制程序本身，也给控制及传感器、发动机控制系统的开发方法等带来了影响。最近，使用空燃比传感器进行控制的报告正不断增多，取代了判断空燃比处于稀薄或者饱和状态的氧传感器。这可能是受到了模型基础控制的影响。

此处并不深入探讨控制逻辑原理，而是从低排放污染的三元催化器系统、低燃油消耗相关的稀薄燃烧系统等方面，对最近的发动机控制技术发展动向加以介绍。

a. 低排放污染

加州的 LEV（Low Emission Vehicle）系统要求 HC 排量达到目前的 30%、NO_x 排量达到目前的 50%，ULEV 系统则要求达到目前的一半。图 3.7.9 所示是代表性的三元催化器系统按照美国的排放法规的实验方法（LA4 行驶工况）中 HC 的累积排放量比例。表 3.7.2 为几种没有达到 LEV 法规标准三种工况，美国 FTP（Federal Test Procedure）的每种工况中排放值的概略比例。这些比例关系虽然由于系统而有着很大的变化，但是从表中可以看到第 1 种工况下的比例最大。

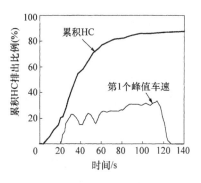

图 3.7.9　排气排放测试时行驶工况（LA#4）中的累积 HC 排出比例

特别是对于 HC 排放，它是很难满足法规标准的，同时还要考虑成本增加等问题。80%的 HC 是在起动后 70s 以内排出来的。这是由于在发动机起动后、暖机过程中，处于饱和空燃比状态下，因此 HC 产生量较多，同时催化剂还没有处于活性状态。因此，为了确保催化剂在早期即达到活性化，EHC（Electrically Heated Catalyst）被开发了出来。EHC 是根据点火时期控制对排气进行加热，来降低对电能的消耗。另外，为了修正起动、暖机时的饱和空燃比，有人研究使用简易的空气泵。这样，暖机时的空燃比达到大约 15 的稀薄状态，能够改善燃烧、优化暖机性能的小容量催化器的精密空燃比控制，在有的车辆上即使不使用 EHC 或者空气泵，也能够实现满足 ULEV 法规标准的目的。

表 3.7.2　FTP 排放物比例

	冷起动后 0~505S（%）	冷起动后 505~1372S（%）	热起动后 0~505S（%）
HC	80	5	15
CO	45	15	40
NO$_x$	60	25	15

有报告指出，使用宽域空燃比传感器的反馈控制，提高了空燃比控制精度，得到了大幅的排放削减效果，如图 3.7.10 所示。这是由于催化剂被加热后 NO$_x$ 的产量降低，早期反馈控制使发动机暖机时的空燃比稀薄，使 HC、CO 的产量减少的原因。

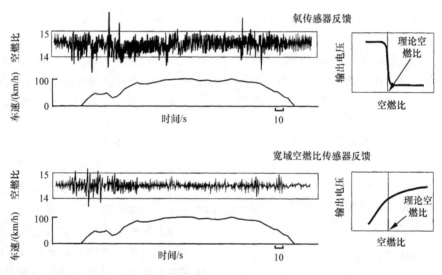

图 3.7.10　氧传感器和宽域空燃比传感器反馈的空燃比举动比较

进气道壁等处黏附的燃料较多，在发动机暖机时，特别是空燃比处于稀薄状态时的控制有很大的难度。另外，发动机暖机时每一时刻的燃料流动都是变化的，所使用燃料的不同、进气门上的堆积物等情况都会给控制带来困难。因此有人提出，在空燃比信息的基础上，根据使用燃料的变化及进气门上堆积物的检测，采取自适应控制或者对每个气缸的空燃比误差进行修正的方案。

b. 稀薄燃烧控制

稀薄燃烧系统的开发对于降低燃油消耗确实有非常好的效果，但是由于存在驾驶性能恶化及 NO$_x$ 削减界限，因此在市场上并没有大面积推广。最近开发出了使用 NO$_x$ 吸储型三元催化器的稀薄燃烧系统，可以将稀薄行驶时产生的 NO$_x$ 通过还原反应加以控制。

如图3.4.11所示，该系统着重于空燃比变化时的催化剂净化率性能，吸附稀薄行驶时产生的NO_x，并在理论空燃比或者饱和行驶状态时使其还原。图3.7.12中所示的是稀薄行驶工况中瞬间插入饱和急停时催化器入口处气体的空燃比举动和NO_x浓度。从图中知道即使是在稀薄行驶工况中也可以实现NO_x排放的大幅削减。

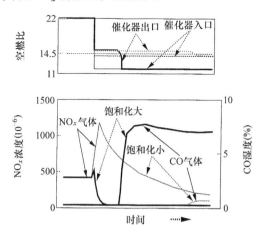

图3.7.11　相对于空燃比变化的NO_x净化率变化

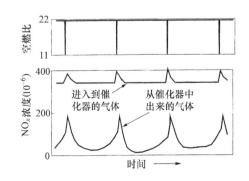

图3.7.12　巡航时空燃比控制和NO_x净化特性

重要的是关注排放气体中的特定成分，基于该成分的动态举动对空燃比控制方法以及从控制过程所需要的催化剂应有的状态等内容进行研究。

3.7.4　变速器控制

燃油消耗必须面对资源枯竭和地球温暖

化等问题。提高空燃比控制精度是低排放污染的有效手段。但是，低燃油消耗化还没有达到所期待的目标，根据EGR或者点火时期的精密控制仅有约1%~2%以下的贡献。为了得到更大的效果，大幅降低泵气损失及机械损失，必须考虑与发动机本体相关的控制系统的变更。

另一方面，变速器能够根据车速来改变发动机的转速，对燃油消耗率的影响非常大。这是由于相对于车速与发动机速度的变化，对机械损失带来了影响，同时，发动机速度的变动还会通过节气门的开度对进气压力产生影响，进而影响了泵气损失。为了实现低燃油消耗化，变速器的设计基本原则是使发动机尽可能工作在燃油消耗率好的条件下。在节气门全开附近的饱和空燃比、点火时间延迟的使用限制的基础上，尽可能使用低转速、高负荷工况。但是，低速时发动机、驱动系统的转矩变动传递特性具有一定的限界，如果较低的变速比使用过多，对动力性能的要求会有限制。对于变速器的速度，除了变速器自身的响应速度以外，还包括车辆与发动机之间的力学约束带来的限制。也就是说，伴随着变速操作发动机转速增加时，车辆动能的一部分转化为发动机的旋转动能而使车辆减速，当发动机减速时，发动机旋转动能会使车辆加速。因此，燃油消耗率最好的变速方案是所要求的动力性能及驾驶人的感性不必匹配，权衡动力性能和燃油消耗率要求来选择变速方案。对于通常的自动变速器，根据车速和节气门的开度来决定变速，一般来讲，小节气门开度时燃油消耗率优先，大节气门开度时动力性能优先。图3.7.13所示的是变速方案的一个例子。

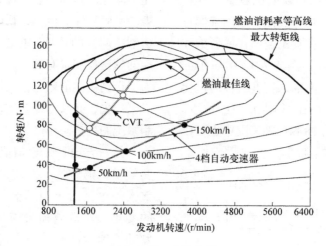

图 3.7.13　变速方案

通过连续变速（CVT）方式或者增加变速级数，增加适当的自由度，对燃油消耗率改善是有效的。另外，为了扩大减速时的燃料切断区间，提高变速比可以保持减速时发动机的速度较高，也具有不容忽视的燃油消耗率改善效果。

虽然转矩转换器具有传递效率差的弱点，但是转矩转换器的输入轴和输出轴自锁式自动变速器仍然得到了大量的应用。自动锁止是指急制动时车轮锁止引起发动机失速，导致变速冲击的增大，因此需要进行细致的接合、切断控制。低速时，由于发动机、驱动系统的转矩变动而使锁止非常复杂，调整离合器的油压以确保输入轴和输出轴的设定速度差，其控制系统如图 3.7.14 所示，还可以进一步实现 5% ~ 7% 的燃油消耗率改善。

［大畠明］

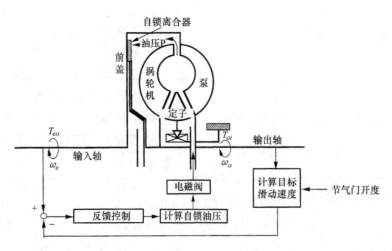

图 3.7.14　自锁离合器的滑动控制模型

参 考 文 献

[1] R. Prabhakar, et al. : Optimization of Automotive Engine Fuel Economy and Emissions, ASME Publication, 75WA/Aut-19, Dec. 2 (1975)

[2] E. A. Rishary, et al. : Engine, Control Optimization for Best Fuel Economy with Emission Constraints, SAE Paper 770075 (1977)

[3] J. E. Auiler, et al. : Optimization of Automotive Engine Calibration for Better Fuel Economy — Methods and Application, SAE Paper 770076 (1977)

[4] A. R. Dohner : Transient System Optimization of an Experimental Engine Control System Over the FEDERAL Emissions Driving Schedule, SAE Paper 780286 (1978)

[5] R. H. Hammerle, et al. : Three-Way Catalyst Performance Characterization, SAE Paper 810275 (1981)

[6] C. O. Probst : Bosch Fuel Injection & Engine Management, SAE Paper

[7] J. Isii, et al. : An Automatic Parameter Matching for Engine Fuel Injection Control, SAE Paper 920239など (1992)

[8] U. Kiencke : The Role of Automatic Control in Automatic System など

[9] 自動車技術ハンドブック 2 設計編，3.13.3 節など

[10] H. Inagaki, et al. : An Adaptive Fuel Injection Control with Internal Model in Automotive Engine, IECON '90

[11] N. F. Benninger, et al. : Requirement and Performance of Engine Management Systems under Transient Conditions, SAE Paper 910083 (1991)

[12] A. Ohata, et al. : Model Based Air-Fuel Ratio Control for Reducing Exhaust Gas Emissions, SAE Paper 950075 (1995)

[13] T. Sekozawa, et al. : Development of a Highly Accurate Air-Fuel Ratio Control Method Based on Internal State Estimation, SAE Paper 920290 (1992)

[14] 糸山ほか : 制御系 CAD の適用によるエンジン電子制御の研究，自動車技術会学術講演会前刷集 924, pp.141-144 (1992)

[15] H. Iwano, et al. : An Analysis of Induction Port Fuel Behavior, SAE Paper 912348 (1991)

[16] C. H. Onder, et al. : Measurement of the Wall-Wetting Dynamics of a Sequential Spark Ignition Engine, SAE Paper 940447 (1994)

[17] R. Nishiyama, et al. : An Analysis of Contorolled Factors Improving Transient A/F Control Characteristics, SAE Paper 890761 (1989)

[18] J. Camo, et al. : Closed-Loop Electronic Fuel and Air Control of Internal Combustion Engines, SAE Paper 75036 (1975)

[19] Y. Chujo : Development of On-board Fast Response Air-Fuel Ratio Meter Using Lean Mixture Sensor, ISATA '89, Italy, No.89038

[20] M. J. Anderson : A Feedback A/F Low System for Low Emission Vehicles, SAE Paper 930388 (1993)

[21] SAE ISBN-89883-509-7, Bosch Automotive Electrics/Electronics

[22] E. Hendrics, et al. : Mean Value Modelling of Spark Ignition Engines, SAE Paper 900616 (1990)

[23] E. Hendrics, et al. : Nonlinear, Closed Loop, SI Engine Control Obsevers, SAE Paper 920237 (1992)

24) M. Ohashi, et al. : Catalysts and Exhaust Emission Control Sysytem Interdependence, Toyota Technical Review, Vol.44, No.2 (1995)

[25] T. Yaegashi, et al. : New Technology for Reducing the Power Consumption of Electrically Heated Catalysts, SAE Paper 940464 (1994)

[26] LA Auto Show, Honda ULEV Technolgy (1995)

[27] A. J. Beaumont, et al. : Adaptive Transient Air-Fuel Ratio Control to Minimize Gasoline Engine, FISITA Congress, London

[28] A. J. Beaumont : Adaptive Control of Transient Air-Fuel Ratio using Neural Networks, 94EN001, International Symposium on Transportation Application

[29] H. Maki, et al. : Real Time Control Using STR in Feedback System, SAE Paper 950007 (1995)

[30] 長谷川佑介 : オブザーバを用いた気筒別空燃比フィードバック制御，自動車技術，Vol.48, No.20 (1994)

[31] N. Miyoshi, et al. : Development of NO_x Storage-reduction 3-way Catalyst System for Lean-burn Engines, Toyota Techical Review, Vol.44, No.2, pp.21-26 (1995)

[32] K. Kato, et al. : Development of NO_x Storage-Reduction 3-way Catalyst System for Lean-burn Engines, Toyota Techical Review, Vol. 44, No.2, pp.27-32 (1995)

[33] Z. Y. Guo, et al. : On Obtaining the Best Fuel Economy and Performance for Vehicles with Engine-CVT Transmissions, SAE Paper 881735 (1988)

[34] 片岡龍次 : 省燃費に向けての AT の将来，自動車技術，Vol.45, No.8, pp.31-34 (1991)

[35] K. Kono, et al. : Torque Converter Clutch Slip Control System, SAE Paper 950672 (1995)

4 压缩点火式发动机

4.1 导言

热效率是发动机性能评价的重要指标，它除了影响燃油经济性及环境保护以外，还涉及有限的化石燃料的有效利用等资源问题。目前，日美欧的大型货车用柴油发动机的最低燃油消耗率为 $180g/(kW \cdot h)[130g/$ 马力 $\cdot h)]$ 左右，热效率达到 43%。从环境的角度来讲，将来的汽车发动机相关的各种各样的研究正在进展当中，到现阶段能够兼顾热效率和实用性的柴油发动机还很少。

尽管柴油机对于提高热效率是有利的，但是从柴油发动机的有害排放物成分的观点来讲，可以说目前已经到了生死存亡的地步。汽车发动机相关的排放物法规 1975 年以前的状态是，柴油发动机的 NO_x 排放量未必高于汽油发动机，但毫无疑问 CO 或者 HC 的排放量是低的。从 1976 年到 1978 年共发布了三个阶段的针对汽油发动机排放的法规，其标准值已经降到未实行法规之前的 1/10 水平，而达成这一目标依靠的是各种各样的控制技术，其中最重要的是三元催化剂的出现，这一点已经是众所周知的。柴油发动机概括来讲是相对于理论空气量，处于空气过剩燃烧状态，该特征使按照理论空燃比设计的三元催化剂无法发挥有效的作用。目前的柴油发动机普遍被认为是比汽油发动机污染更严重的机型，其原因并不仅仅是燃烧方法的差别，包括排放物的处理技术等都有一定的差异。

柴油发动机排放物控制的中心课题是氮氧化合物 NO_x 及微粒状物质（Particulate Matter，PAM）的减少。本章首先介绍发生原理的基础知识，其次介绍目前的排放控制技术及今后的技术发展方向。排放控制技术可以分为燃烧过程改善、燃料品质的改善和排放物的后期处理等三个方面。通过后处理技术来实现排放废气的减少是最理想的，但是由于汽车行驶工况复杂，而且还要兼顾实用耐久性、维护管理方便性等方面的需求，实际执行起来是非常困难的，因此实际上都是通过上述三种方法的综合应用来控制废气的排放。

[西脇一宇]

4.2 燃烧和排放物的发生原理

4.2.1 柴油燃烧和排放废气

燃料喷射形成可燃混合气、燃烧过程向前推进的柴油燃烧，相对于理论混合比，存在稀薄到过浓的燃料浓度分布，以及未燃烧气体温度到隔热火焰温度的温度分布，这些混乱的气流时刻都在变化着，并向着均匀化发展。为了详细说明这一过程，引用了池上等人根据概率过程论模型表现燃烧过程的计算结果。该模型最初给定空气流束和油束，之后随机选择两个流束碰撞完全混合，变成两个等质量的流束，使上述过程以适当的频率反复进行。图 4.2.1 所示是流束当量比以及流束温度的概率密度随时间的变化，是从较大的分散状态到综合当量比及平均温度集中化过程。这里的当量比是未燃烧及已经燃烧的燃料总和。

NO 及炭烟的产生是受局部的混合气浓度和温度的综合条件支配的。图 4.2.2 中所示是 Kamimoto 等人总结的与温度与当量比相关的 NO 和炭烟的发生领域。如图中所示，大约在 2000K 以上、当量比 0.1 以下即理论空燃比稍稀薄时 NO 的浓度较高，而炭

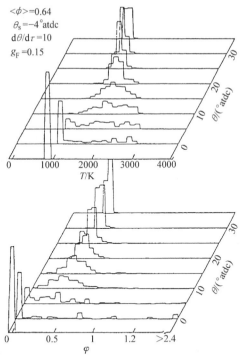

$<\phi>=0.64$
$\theta_s=-4\degree\mathrm{atdc}$
$d\theta/d\tau=10$
$g_F=0.15$

图 4.2.1　关于概率过程论模型的柴油机燃烧过程当量比 φ 及温度 T 的分布（$<\varphi>$ 为综合当量比）

烟则是在当量比 2.2 以上、温度 2200K 以上时较高。

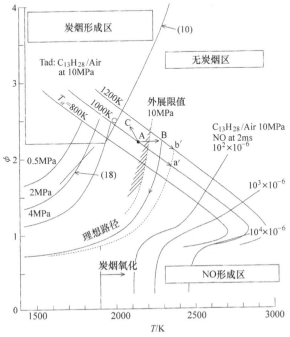

图 4.2.2　关于当量比及温度的氮氧化合物及炭烟的产生领域

如图 4.2.1 所示，燃烧过程中的局部燃料浓度及温度分布具有较宽的领域特性，图 4.2.2 中的 NO 发生领域及炭烟的发生领域中，一部分燃气在某个时刻或者某个领域内存在，因此在柴油燃烧过程中是很难避免的。为了详细说明上述现象引用了盐路等人的实验结果。图 4.2.3 是以天然气为燃料的电热塞辅助点火直喷式柴油发动机和火花点火式发动机（均匀混合气）的 NO_x 排放浓度和综合当量比之间的关系。火花点火式发动机的综合当量比随着从 1 开始的减小，NO_x 浓度急剧下降到当量比等于 0.7，约为原来的 1/30。与其相对应的直喷式发动机随着综合当量比的减小 NO_x 浓度下降平稳，降到 0.4 左右，只有原来的 1/2。即，扩散型燃烧中即使综合当量较小，局部当量比也可以显示出在 NO_x 发生领域内存在相当多的某种混合气，与均匀混合气燃烧稀薄化具有较大的差异。

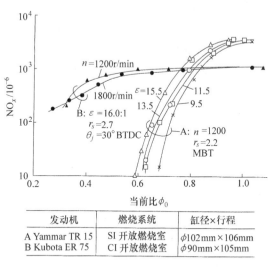

发动机	燃烧系统	缸径×行程
A Yammar TR 15	SI 开放燃烧室	$\phi102\mathrm{mm}\times106\mathrm{mm}$
B Kubota ER 75	CI 开放燃烧室	$\phi90\mathrm{mm}\times105\mathrm{mm}$

图 4.2.3　均匀混合天然气发动机和直接喷射式天然气发动机的 NO_x 排放浓度

考虑到以上这些基本性质，低公害柴油机燃烧过程控制是实行温度控制及混合气浓度控制，尽可能减少产生 NO_x 和炭烟的某种混合气量。为了实现这一目的，需要深入理解柴油发动机燃烧的物理、化学现象及更深层次的原理。

NO_x 控制技术开发是从温度控制开始的，普遍采用的延迟喷射就是其中的一种成功案例。延迟喷射是指采用降低燃烧室平均最高温度的方法来避开 NO 生成较多的高温领域。为了抑制点火延迟时间过长，在提高喷射压力以促进混合气形成的同时，采用凹陷型燃烧室，根据强挤气效应来促进涡流混合，在燃烧后期尽可能避免局部高温，在控制炭烟产生的同时还可以防止燃油率下降。

如果将燃烧过程简单化或者理想化，还有如下所述的侧面内容。从点火后高温区域的化学平衡来考虑，换句话说如果反应速度与涡流混合速度相比快很多的话，就决定了每个时刻的局部燃料浓度、温度及对应的局部气体成分。因此，燃烧气体的组成与之前的过程无关，是由该时刻的燃料浓度（已经燃烧的燃料浓度）和温度的状态决定的。换句话说，即使存在一时的、局部的 NO 发生领域或者炭烟发生领域，燃烧结束时如果不存在这些领域就可以了。碳氢燃料成分的燃烧都可以按照这种方式来考虑。对于 NO 化合物，由于化学反应的前进相比于涡流混合燃料的前进是延迟的，燃料浓度分布和温度分布的时间历程决定了最终的 NO 浓度的差别，但是如果温度较高的话则反应会很快，有时会出现与上述的准稳定变化接近的情况。

像这种利用燃烧反应的侧面，通过时间、空间领域内的浓度控制是实现低 NO_x 化和低微小颗粒化的关键。基于浓度控制的低公害燃料概念有两段式燃烧法。这种方法首先是在燃烧室的一部分区域形成过浓混合气，并点火使之开始燃烧。此时使之尽可能接近于过浓平均混合气，这样的话 NO 的产生量就会很少。接下来的高温涡流与残留的空气形成急速的混合气，使未燃烧的燃料、CO 及炭烟开始燃烧。

两段式燃烧法虽然在一些稳定燃烧器（高炉、废气涡轮、喷气式发动机）上有实际的应用，由于它仅需要在空间上进行浓度控制即可，柴油燃烧需要在时间及空间领域内进行浓度控制，因此非常复杂，目前还未达到实用水平。分割式燃烧室柴油发动机的 NO_x 排放量很少，这与燃烧很接近有关。村山等人的 CCD 方式柴油燃烧法将燃油喷射分成两次，在主喷射以后，将整个燃料喷射量 10% 的燃料喷射到仅占整个燃烧室容积 5.5% 的小燃烧室内，给后期燃烧增加强烈的涡流，实现低炭烟、低 NO_x 排放量，特别是炭烟的浓度显著降低。这种燃烧方式被认为是两段式燃烧。

颗粒状物质除了炭烟以外，还有与黑白烟有关的可溶有机成分 SOF（Soluble Organic Fracion），这是与喷油器的容积或者侧壁发生碰撞并附在其上的燃料以及润滑油而引起的。颗粒状物质中还包含燃料中的硫产生的硫化物。

图 4.2.4 所示是李等人对直喷式柴油发动机排气特性的测试结果。根据图中显示的结果，颗粒状物质的排放浓度（图中的 PART）在高负荷和低负荷时高。这是由于在由中负荷向高负荷变化时炭烟（图中的 EIISF）增加，可溶性有机成分（图中的 EISOF）在中负荷向低负荷变化时增加。

柴油发动机燃烧过程从化学反应的角度来看，NO 和炭烟的生成过程大致可以从以下几个方面来考虑。在高温环境中所喷射出来的燃料首先经过热分解过程，变化为低级碳氢化合物。图 4.2.5 是 Ishiyama 等人使用急速压缩装置来模拟柴油机燃烧过程，着火前燃烧室内气体的分析结果。燃料中包含饱和碳化氢 $C_{12}H_{26}$、$C_{13}H_{28}$ 以及 $C_{14}H_{30}$。如图中所示在着火之前 $C_1 \sim C_4$ 的成分超过 50%，其中的 55% 为 C_2H_4。而使用轻油为燃料的同样实验中，结果显示气体成分较多的是低级碳氢化合物。

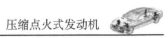

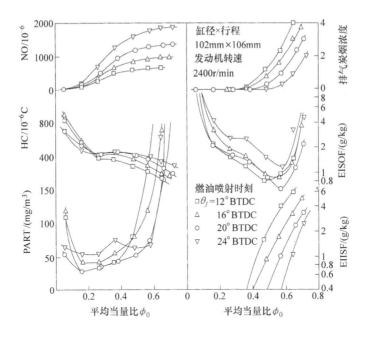

图 4.2.4 直接喷射式柴油机的排放浓度特性

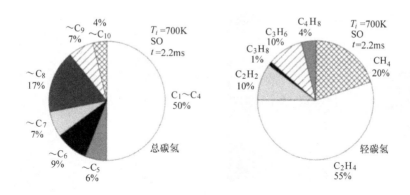

图 4.2.5 根据急速压缩装置，燃油喷射后点火前的碳化氢成分、直锁饱和碳化氢燃料

如图 4.2.6 所示，燃料的热分解成分如果与空气相遇，将发生部分酸化而生成 CO 和 H_2，再进一步酸化而生成 CO_2 和 H_2O。在这个过程中会有 NO 生成。另一方面，未与空气相遇的热分解成分，经过重合、缩合而生成 PAH，再生成炭烟，或者氧气蒸气的氧化直接生成炭烟。最近关于此类化学反应过程的深入研究正在不断进展之中，在包含动力学在内的数值计算结果的基础上，对其发生原理加以详细介绍。

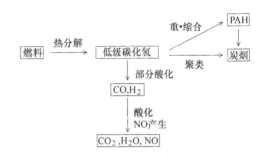

图 4.2.6 柴油燃烧时排气成分产生的
反应过程概要

4.2.2 氮氧化物 NO 的产生原理

预混合火花点火燃烧过程中的气体成分几乎是由接近于理论空燃比的燃料－空气混合物及其燃烧产物构成的，温度则可以分为未燃烧气体温度和已经燃烧气体温度两部分。如同 3.2.2 小节 a 项中所叙述的那样，燃烧过程中 NO 的产生原理可以用扩大 Zeldovich 原理来说明。但是柴油发动机燃烧过程中的温度、浓度变化涉及较宽的范围，NO 的产生原理仅依靠 Zeldovich 原理并不能充分解释，因此常用反应动力学来计算。

a. 均一性 NO 产生、分解过程

介绍一下熟知的甲烷－空气混合物的平均系反应过程的研究结果。计算时使用的是以下的 I、II、III 等三种模型。

模型 I 是 Miller－Bowman 的详细模型，包括甲烷的燃烧、Zeldovich 原理、Prompt NO 的生成原理以及由 CO 及 NH_2 产生的 NO 的分解共 234 个基础方程式和 51 种成分构成。

模型 II 为缩减模型，使用点火前柴油燃烧条件下优化后的 108 个公式得到的反应动力学，点火后以模型 I 为基础，关于 NO 的产生，综合运用柴油燃烧条件下缩小化的 32 个基础方程式、8 种成分的动力学计算和与碳氢化合物相关的 37 种成分的平衡计算。

模型 III 使用的是 3 个基础反应公式的 2 个成分扩大 Zeldovich 原理来代替与 NO 相关的 32 个基础反应式的 8 个成分，其他项相同。

使用上述这些模型，设温度为 2500K，压力为 4.05MPa，空气剩余率 $\lambda = 1.4$、1.0、0.768，分别按照过浓、理论空燃比、稀薄 3 个条件进行计算。甲烷－空气的平均混合气从上述的温度、压力条件开始，与 NO 产生过程的时间相对应的空气剩余率如图 4.2.7a、b、c 中所示。在这个温度条件下点火非常早，图中的 NO 浓度上升梯度几

乎显示了点火时期。

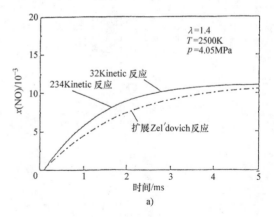

a)

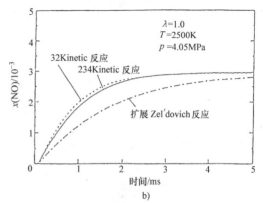

b)

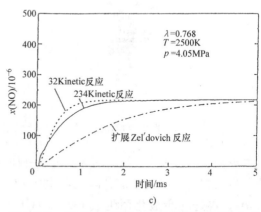

c)

图 4.2.7 基于均匀系统 3 种计算模型的 NO 生成过程计算结果（λ：空气过剩率）

如果从模型 I 中的 NO 的生成过程来看，相对于 $\lambda = 1.4$ 时浓度为 10000×10^{-6}，$\lambda = 1.0$ 时 3000×10^{-6} 的平均浓度，$\lambda = 0.768$ 时的平衡浓度不超过 200×10^{-6}，比前面的两种情况低很多。众所周知柴油发动机的 NO 排放物主要为热态物质，温度越高

则产生得越多，从以上计算结果中可以知道，即使是在相同的温度条件下混合气过浓则 NO 的生成量越少，它揭示了一种低 NO 燃烧的方向。

模型Ⅱ与详细的模型Ⅰ非常近似，计算时间则大幅地缩短了。

模型Ⅲ的计算结果与模型Ⅰ和模型Ⅱ相比 NO 的产生在初期是十分平缓的。这个差值的原因之一是模型Ⅰ和模型Ⅱ所包含的 Prompt NO 的产生原理。混合气越稀薄（λ越大）相对来说该差值则越小，这是由于根据扩大 Zeldovich 原理热态 NO 占据了支配地位。

图 4.2.8 所示是当 $\lambda = 0.768$ 时的过浓混合气在温度为 2500K、压力为 4.05MPa 的条件下，NO 的初始浓度为 1000×10^{-6} 时的 NO 浓度变化。该初始浓度比上述条件的平衡浓度要高，因此，NO 浓度逐渐降低并向平衡状态发展，换句话说 NO 被分解了。根据图中的数据，与模型Ⅰ和模型Ⅱ相比，模型Ⅲ相当缓慢，由此可以知道扩大 Zeldovich 原理无法充分表现这种状况。NO 的分解除了扩大 Zeldovich 原理所包含的分解过程以外，由于和 CO 以及 NH_2 自由基的反应得到了促进，模型Ⅰ和模型Ⅱ也包含在这些过程之中。

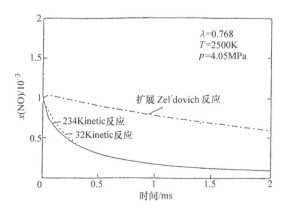

图 4.2.8 均匀系统过浓混合气 NO
分解过程的计算结果

从以上的计算结果可以得知，扩大 Zeldovich 原理虽然在柴油燃烧过程中发挥了较大的作用，特别是对于过浓混合气时的 NO 生成及分解过程，上述详细的反应模型是必需的。扩大 Zeldovich 原理也有模型缩减，在热态 NO 产生稍多的稀薄条件时，与详细模型的差别虽然很小，但是像柴油燃烧那样从稀薄到过浓的宽范围混合气分布条件下，模型Ⅱ中所示程度的模型缩减是最低限度的必需条件。Skeletal 模型是从关于 NO 产生的 39 个反应方程式得到的缩减模型，可以对更宽范围内的浓度、温度加以近似，在柴油燃烧条件下与模型Ⅱ的结果差别不大。另外，在图 4.2.7 中，经过一定的时间以后，Ⅰ、Ⅱ、Ⅲ三种模型的任意一个都收敛于相同浓度的 NO。尽管如此，与发动机燃烧过程的变化速度相比，达到平衡状态非常缓慢，可以认为是该详细模型与 Zeldovich 原理之间的差异造成的。

b. 概率过程论模型和反应动力学组合应用的 NO 产生过程分析

计算的对象是以天然气为燃料的电热火花塞辅助点火式小型高速直喷柴油机。根据概率过程论模型来表现柴油燃烧的涡流混合过程，在每一个流束上应用反应动力学，对 NO 的产生、分解过程进行求解。

关于反应方程式中的燃料酸化，在与燃气主要成分甲烷相关的全动力学（full kinetics）的基础上，对柴油燃烧条件的最小限度值进行缩小优化的前提下，使用考虑其他成分乙烷、丙烷、丁烷的 74 方程式。用该模型进行着火之前的动力学、着火之后的平衡计算，为了防止计算时间过长，NO 使用的是之前介绍过的 Skeletal 模型（39 反应方程式）的动力学计算结果。

图 4.2.9 所示是综合当量比为 0.65、喷射时间在 15°、40°、30°、20°BTDC 时的燃烧室平均 NO 浓度的时间变化历程。燃烧结束时的计算值相对于箭头标记的实测值稍

高，但是喷射时间延迟时 NO 浓度降低比例
预测精度较好。如果从 NO 浓度的时间历程
来看，任意一个喷射时间在燃烧开始时都有
所增加，在 15°ATDC 附近达到稳定值。为
了分析这个倾向，喷射时间在 30°时各流束
的温度平均值如图 4.2.10 所示。在平均温
度上升时期和 NO 浓度（图 4.2.9）的增加
时间几乎是相同的，但是这个时期内的平均
温度较低，从这个观点来讲 NO 的产生量应
该是很少的，另外与平均温度或者最高温度
达到 1600K 之后变化减慢现象相呼应，认为
NO 的生成率应该达到一个几乎稳定的值，
实际上几乎为零（NO 浓度基本稳定）。如
果从图 4.2.10 所示的各流束温度的标准偏
差 σ 来看，着火后的瞬间变得非常大，
从 -10°ATDC 到 10°ATDC 大约增加了 500～
600K。这个时期与图 4.2.9 中的 NO 浓度的
增加时期是一致的。这显示了当温度超过
2000K 时由于大量流束的存在，NO 的生成
速度非常大。在这之后温度标准偏差急速减
小的同时，NO 浓度的变化很小，高温流束
也很少，在 1600K 附近的温度条件下 NO 的
反应几乎处于冻结状态。

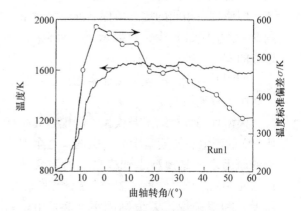

图 4.2.10　燃烧室平均温度及温度标准偏差 σ 的
计算结果（图 4.2.9 的计算）

当量比关系分别如图 4.2.11 和图 4.2.12 所
示。图中的点代表的是各流束的状态。该时
期的平均 NO 浓度从图 4.2.9 中可以知道约
为 1000×10^{-6}，图 4.2.11 或者图 4.2.12
中超过 1000×10^{-6} 的流束数量约为 25 个。
约为计算中使用的 200 个同质量流束的
12.5%。另外，图 4.2.11 中 NO 浓度超过
1000×10^{-6} 的流束有 4 个，它们的温度大约
为 2700K 以上。这 4 个流束与图 4.2.12 中
的当量比在 0.7～0.95 之间的 4 个相对应。
像这种相对于平均 NO 浓度仅占全体一小部
分的高 NO 浓度流束却有着非常大的贡献。

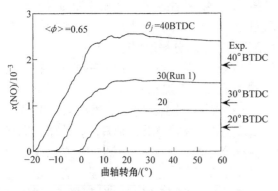

图 4.2.9　根据概率过程论模型和动力学模型的
火花塞辅助点火天然气直喷发动机燃烧室平均 NO 浓
度时间经历（θ：喷射时期，<φ>：综合当量比）

对于以上计算结果，喷射时间在 30°
BTDC 时 NO 的产生较多的 1.6ATDC 中，各
流束的 NO 浓度和温度，以及和 NO 浓度的

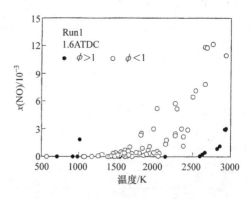

图 4.2.11　流束 NO 浓度和温度的关系
（图 4.2.9 的计算）（φ：当量比）

对于未采用辅助点火机构的普通柴油机

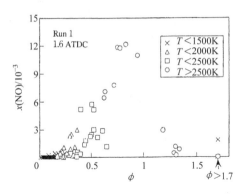

图 4.2.12　流束 NO 浓度和当量比 φ 的关系
（图 4.2.9 的计算）

燃烧过程，按照上述相同方法的计算结果如下所示。由于轻油的燃烧反应控制在现阶段非常困难，因此用甲烷代替，采用从碳氢化合物热分解、部分酸化一直到生成 CO 和 H_2 为止的整个反应过程的 Edelman 等人的模型，CO 和 H_2 的酸化过程采用了 21 种成分 18 个因子反应方程式的缩减模型，NO 使用的是之前介绍过的 Skeletal 模型（39 反应方程式）的动力学计算结果。

如图 4.2.13 中所示的是平均 NO 浓度随着时间的变化历程。处于冻结状态时点的 NO 浓度与实测的 NO 排放浓度基本一致。时间历程与辅助点火天然气柴油发动机的倾向是相同的。

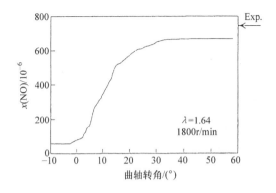

图 4.2.13　根据概率过程论模型及动力学模型
计算的 NO 产生过程

c. 过浓混合气的 NO 分解

如上所述，柴油发动机的燃烧初期到中期，由于高温且稍稀薄的混合气条件下产生 NO，在这之后气体膨胀过程中如果温度下降，虽然 NO 有降低的趋势，但同时由于反应变得极慢，即处于冻结状态后就不再降低。另一方面，如图 4.2.8 中所示，过浓且温度较高的混合气中超过平衡浓度以上的 NO 会被分解。因此，即使会有高浓度的 NO 产生，如果出现分解现象则可以实现低 NO 燃烧。为了更深入地理解柴油发动机燃烧过程中 NO 的产生、消减原理，从硬件上能否实现暂且不论，按照两段式燃烧概念，使用电热火花塞辅助点火式天然气柴油发动机的计算相同的模型，接下来介绍一下该过程的计算结果。

在第一段燃烧时，某些空气流束没有参与，换句话说是没有形成混合气。在第二段燃烧时空气流束也混合进来。这样，首先在燃烧室的一部分区域以过浓混合气开始燃烧，之后与没有利用的剩余空气混合燃烧。

综合当量比与之前叙述的计算相同，设 $<\varphi> = 0.65$，第一段燃烧的喷射时间为 30°BTDC、喷射时长为 15°，以及综合当量比设为 1.48 或者 1.25 开始计算，当喷射时间为 20° ATDC 时开始第二段燃烧。图 4.2.14 所示是压力历程。图中的 Normal 为普通的柴油燃烧过程，按照之前介绍的方法计算的。与标准（Normal）相比第二段燃烧的压力上升率及最高压力都很高。如图 4.2.15 中所示的平均温度也比标准高 200K 左右。这是由于流体束的碰撞频度与标准条件是相同的，第一段燃烧中进入的空气流束的数量很少，因此在发生下一次碰撞之前的时间变短，混合被加速，涡流混合燃烧能够更快地进行。图 4.2.16 所示是燃烧室平均 NO 浓度的时间变化历程。与标准相比较初始阶段的 NO 浓度较高。特别是

$<\varphi_i>$ = 1.48 时最为显著。但是在第二阶段燃烧开始之前 NO 的浓度变低，第二阶段燃烧开始后几乎不再变化，在燃烧结束时 NO 浓度几乎与 $<\varphi_i>$ = 1.25 时的标准相当，达到 $<\varphi_i>$ = 1.48 标准的 2/3 程度。

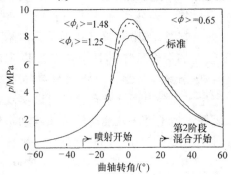

图 4.2.14　二段式燃烧的假想火花塞辅助点火天然气直喷柴油燃烧压力计算结果（根据概率过程论模型及动力学模型）（$<\varphi>$：综合当量比，$<\varphi_i>$：第 i 段燃烧当量比）

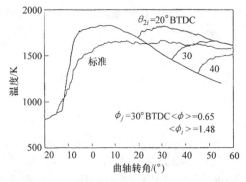

图 4.2.15　普通的柴油机燃烧及设定二段燃烧的燃烧室平均温度计算结果（图 4.2.14 的计算）

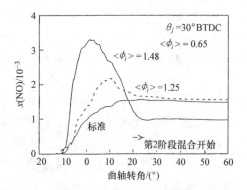

图 4.2.16　普通的柴油机燃烧及设定二段燃烧的燃烧室 NO 浓度计算结果（图 4.2.14 的计算）

如果混合气能够提前形成，那么在该过程中 NO 浓度较高、燃料浓度稍稀薄的流体束能够尽早生成，另外伴随着更高的温度 NO 的浓度也会提高。燃料浓度继续分散变低，向着均匀化进展，NO 分解占主导地位使 NO 浓度急剧降低。第二阶段燃烧中压力只有小幅度的上升，如图 4.3.14 所示，热量几乎都是在第一阶段燃烧过程中产生的。如果推迟第二阶段燃烧时期，在过浓混合气中的 NO 分解进一步加速，NO 的浓度会降低，但是从热效率的角度来讲是不利。如果再进一步提高 $<\varphi_i>$ 的值，虽然有可能实现更低的 NO 浓度，但是认为存在一个碳烟生成被加速的限界。

图 4.2.17 所示是燃油喷射时期为 30° BTDC、喷射期间在 7.5° 时的 NO 浓度。缩短喷射期间能够进一步提高燃料 - 空气混合气的均匀化发展，因此在燃烧结束时 NO 浓度与喷射期间为 15° 时相比，大约为其 1/2 的程度。

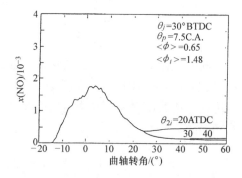

图 4.2.17　喷射时期为 1/2 时二段燃烧的平均 NO 浓度（其他条件与图 4.2.14 相同）

上述的计算结果说明，加速后的过浓均匀混合气的形成能够更有效地分解 NO。

4.2.3　炭烟的产生原理

前面介绍过颗粒状物质分为可溶性有机成分（SOF）和不可溶性成分炭烟，本节将对现在的研究对象、反应过程中的炭烟进行说明。

在高温环境由于热分解而生成的低碳氢化合物当中，与空气没有接触过的部分为炭烟。其主要的产生原理或者反应历程有很多种说法，对炭烟的解释目前仍然处于发展之中，其反应过程的可能性如图 4.2.18 中 Broom 等人的总结概念图所示。如果根据该概念图的解释，炭烟的产生过程是与温度有很大关系的。在温度较低时低级碳氢化合物变得粗大，形成多环芳香烃碳氢化合物

（PAH），它是炭烟的前一阶段物质，进一步粗大化后达 50nm 幅度的大小时就变成了炭烟颗粒。在温度较高时碳氢化合物发生脱水反应，形成碳蒸气的速度比前者更快，由于聚集的作用而快速生成炭烟。如图所示在中间的温度区域内存在多种可能路径，目前还无法确定，特别是从不饱和 HC 基到碳烟颗粒的路径还得不到很好的解释。

如上所述对温度的依赖性引用于 Yoshi-

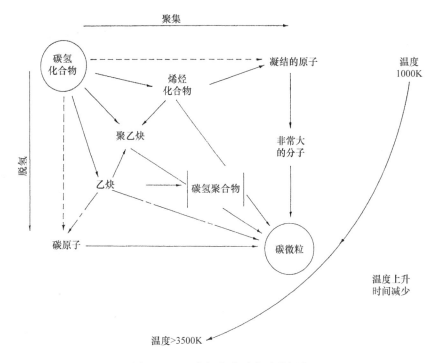

图 4.2.18　炭烟生成反应过程概念

hara 等人的说明。如图 4.2.19 中所示的是被认为是炭烟的中间物质中多环芳香烃、聚乙炔类，以及碳基蒸气物质 Gibbs 自由能量相对于温度的结果。固态碳粒子的能量级别虽然最低，但是燃烧过程中生成的物质并不是直接转换成炭烟，在受化学动力学支配的过程中经历中间物质的凝聚和成长阶段而形成炭烟颗粒。当温度在 1700K 以下时多环芳香烃的能量级别低且稳定，在此温度以上时聚乙炔类以及碳蒸气物质的能量级别变低，变得更加稳定。例如，可以认为过浓均

匀混合气的层流火焰面处于 1700K 以下的预热带是生成多环芳香烃的中间带，在核生成以后，经过了高温区域的凝聚、成长过程。另外，像冲击波管实验那样如果加热到 1700K 以上，生成聚乙炔类或者碳蒸气等中间物质并最终生成炭烟，可以认为多环芳香烃并没有发挥有效的作用。柴油燃烧过程中具有各种各样的温度、浓度分布，由于燃烧是在温度及浓度急速变化过程中推进的，在该过程中炭烟的形成是非常复杂的，可以想象得到该过程的合理解释是非常困难的。

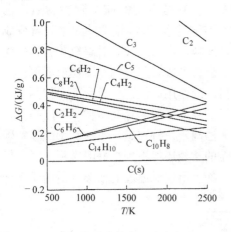

图 4.2.19 炭烟生成中间物的吉布斯自由能量

关于炭烟颗粒形成过程提出了很多种解释，争论的中心是能够解释包含 $10^6 \sim 10^{12}$ 个碳原子的颗粒毫秒级别形成速度的原理。Frenklach 等人对多环芳香烃形成过程的分析和反应动力学计算研究成果给该论点提供了强有力的支持。该计算由大约 60 个基本反应方程式和 180 种成分组成。

最近，吉原将上述过程的缩减模型组合应用于概率过程论模型中的同时，又进一步加以改进，并应用到电热火花塞辅助点火式天然气直喷柴油发动机上，得到了较理想的结果。该缩减模型是由甲烷或者丁烷的燃烧反应、苯的形成、多环芳香烃的成长、炭烟颗粒的核形成、成长以及酸化模型生成的。图 4.2.20 所示是相对于曲轴转角炭烟质量比例的时间历程。Run1 和 Run2 在相同的条件下流体束的随机过程是不同的，任何一个箭头所表示的排放废气中的测试结果都有着很好的预测精度。图 4.2.21 所示是 Run1 条件下相对于曲轴转角炭烟颗粒的质量分布结果，在 TDC 附近首先出现质量较大的炭烟颗粒，随着时间的前移质量较小的颗粒变得越来越多。这是由于流体束混合的同时因 OH 而使炭烟颗粒表面产生了酸化反应引起的。根据对计算结果的研究，说明炭烟颗粒的生成主要集中在温度为 2100 ~ 2400K 以

及当量比为 2.6 ~ 2.8 的狭小范围内。

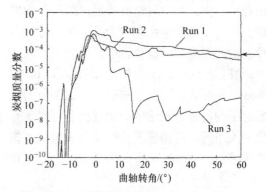

图 4.2.20 根据概率过程论模型和多环芳香族重·缩合模型的炭烟产生计算结果

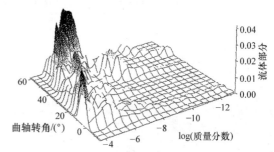

图 4.2.21 炭烟质量浓度分布的时间经历（图 4.2.20 的计算）

之前图 4.2.18 所示的炭烟生成反应过程中，较高温度引起的碳蒸气和聚乙炔类的聚集根据吉原等人的反应动力学计算得到了证明。计算模型是由以下两种形态的聚集设定的。

$$C_n + C_i + M = C_{n+i} + M$$
$$(i = 1, \cdots, 5) \qquad (4.2.1)$$
$$C_n + C_2H = C_{n+2} + H \qquad (4.2.2)$$

式（4.2.1）中 M 表示第 3 个体，碳族 C_m 和 C_i 发生冲突时能量被吸收，实现比 Gibbs 自由能量更低的 C_{n+i} 转变。式（4.2.2）表示聚乙炔类的聚集，考虑到碳烟生成的高速性，在实际的火焰中被确认具有较高浓度的聚乙炔类 C_2H 的作用下发生了聚集反应。

在这个反应中生成的 H 按照下面的方式发生反应进一步生成 C_2H，在乙炔基的作用下加速聚集。

$$C_2H_2 + H = C_2H + H_2$$
$$C_4H_2 + H = C_2H_2 + C_2H$$

从计算结果的分析中可以知道，乙炔基聚集会影响较小碳基集束（C_{100}程度）的产生，碳基聚集会影响较大碳基集束的产生。图4.2.22所示是2100K时的计算结果，它再现了碳基颗粒（soot）的快速生成过程。图4.2.23所示是2300K时的计算结果，在炭烟缓慢形成的同时产量也变少，这是由于在高温环境下碳基蒸气的Gibbs自由能量变低，聚集反应的平衡常数变低的缘故。该模型很好地再现了Frenklack等人冲击波管试验中关于炭烟形成、特别是温度2000K时的峰值即所谓的钟形特性。 ［西脇一宇］

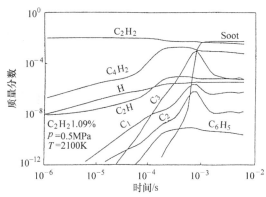

图4.2.22 根据碳蒸气和聚乙炔类的聚集的碳烟产生模型的计算结果（均匀系统），2110K

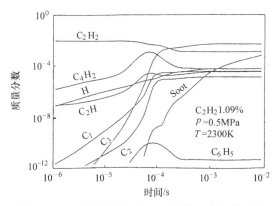

图4.2.23 根据碳蒸气和聚乙炔类的聚集的碳烟产生模型的计算结果（均匀系统），2300K

参 考 文 献

[1] 池上ほか：容器内の乱流非定常拡散炎に関する確率過程論モデル（第1報），日本機械学会論文集（B編），Vol. 46，No. 404，p. 754（1980）

[2] 池上ほか：容器内の乱流非定常拡散炎に関する確率過程論モデル（第2報），日本機械学会論文集（B編），Vol. 46，No. 404，p. 762（1980）

[3] T. Kamimoto, et al.：High Combustion Temperature for the Reduction of Particulates on Diesel Engines, SAE Paper 880423 (1988)

[4] 塩路ほか：希薄燃焼ガス機関の窒素酸化物生成に及ぼす混合気濃度不均一の影響，日本機械学会論文集（B編），Vol. 61，No. 588，p. 3092（1995）

[5] 村山ほか：ディーゼル機関の後期かく乱による黒煙およびNO$_x$の同時低減に関する研究（第1報）および（第2報），日本機械学会論文集（B編），Vol. 55，No. 517，p. 2919（1989），および，Vol. 57，No. 534，p. 773（1991）；後期かく乱ディーゼル機関における最適化と黒煙低減過程，日本機械学会論文集（B編），Vol.59，No.567，p.3657（1993）；SAE Paper 920467（1992）

[6] 李ほか：自動車技術会論文集，No. 35，pp. 44-51（1987）

[7] T. Ishiyama, et al.：A Study on Ignition Process of Diesel Sprays, JSME International Journal, Series B, Vol. 38, No. 3, p. 483（1995）

[8] 三輪ほか：ディーゼル燃焼における混合気形成と着火過程に関する実験的研究，日本機械学会論文集（B編），Vol. 57，No. 544，p. 304（1991）

[9] 吉原ほか：二段燃焼法によるディーゼル機関の低NO$_x$化に関する確率過程論モデルによる検討，日本機械学会第72期全国大会講演会講演論文集 No. 940-30，p. 209（1994）

[10] A. M. Miller, et al.：Mechanism and Modeling of Nitrogen Chemistry in Combustion, Prog. Energy Combst. Sci., No. 15, p. 287（1989）

[11] N. I. Lilleheie, et al.：Modeling and Chemical Reactions, Nordic Gas Technology Center, p. 28（1992）

[12] M. Frenklach, et al.：Optimization and Analysis of Large Chemical Kinetic Mechanisms Using the Solution Mapping Method-Combustion of Methane, Prog. Energy Combust. Sci., No.18，p. 47（1992）

[13] Y. Yoshihara, et al.：Modeling of NO$_x$ Formation in Natural Gas Fueled Diesel Combustion, Proc. COMODIA 94, p. 577（1994）

[14] Y. Yoshihara, et al.：Modeling of NO Formation and Emission through Turbulent Mixing and Chemical Processes in Diesel Combustion, Proc. The Eighth International Pacific Conference on Automotive Engineering（1995）

[15] R. B. Edelman, et al.：Laminar and Turbulent Gas Dynamics in Combustors-Current Status, Prog. Energy Combust. Sci., Vol. 4, p. 1（1978）

[16] B. Broom, et al.：The Mechanism of Soot Release from Combustion of Hydrocarbon Fuels with Particular Reference to the Diesel Engine, Instn. Mech. Engrs., C140/71, pp. 185-197（1971）

[17] Y. Yoshihara, et al.：Reduced Mechanism of Soot Formation-Application to Natural Gas-Fueled Diesel Combustion, Twenty-Fifth Symposium on Combustion, pp.941-948（1994）

[18] M. Frenklach, et al.：Detailed Kinetic Modeling of Soot Formation in Shock-Tube Pyrolysis of Acetylene, Twentieth Symposium on Combustion, pp. 887-901（1984）

[19] Y. Yoshihara, et al.：Reduced Mechanism of Soot Formation － Application to Natural Gas-Fueled Diesel Combustion, Twenty-

Fifth Symposium of Combustion, p. 941 (1994)

[20] 吉原ほか：高温におけるすすクラスタ生成の化学動力学，日本機械学会論文集（B編），Vol. 58, No. 549, p. 1557 (1992)

[21] Y. Yoshihara, et al.：Homogeneous Nucleation Theory for Soot Formation, JSME International Journal, Series Ⅱ, Vol. 32, No. 2, p. 273 (1989)

4.3 燃烧改善

4.3.1 燃油喷射系统

柴油发动机由于具有良好的热效率、经济性能和耐久可靠性，承担着物流行业的主要职责。这种倾向带来了柴油发动机在环境保护方面的变革压力，而且今后仍将继续。从防止地球温暖化的角度来讲，针对世界范围内控制 CO_2 排放的要求，低燃油消耗柴油发动机将会受到更加热切的关注。同时，从排放废气的角度来讲，削减 NO_x 和颗粒的排放是非常重要的社会责任，而且降低噪声的呼声也越来越高。

燃料喷射系统是对上述的发动机性能及排放产生直接影响的关键。最近具有划时代意义之一的喷射系统发展动向是燃料喷射装置的高压化，以及可控制的燃料喷射率。它不仅仅是对传统的柱塞式直列型、分配型喷油器的改良，还包括各种整体式喷油器在内，进行新型喷射系统的开发。下面将就这方面的技术、开发动向加以介绍。

a. 传统喷射系统

多缸柴油发动机的产量约为 1000 万台，其中用于货车、公交的量占多数，以 1974 年为起点，搭载在乘用车上的小型柴油发动机急速增加。小型高速柴油发动机不仅仅用在乘用车上，小型货车上也有使用。在这段时间大型发动机搭载的多是柱塞式直列型喷油器，小型高速分配型喷油器的年产量大约在 500 万台的规模。

美国的整体式喷油器虽然在历史上占据了一定的地位，但是柴油机的历史是喷射器的发明同时开始发展的，接下来根据分配型的发明带来了飞跃式的进展。目前的柴油机喷射系统泵全部是凸轮轴驱动的喷射方式。其中尤其以喷油泵能够独立工作的方式占据了压倒式地位。

正在生产、使用的汽车喷油器有很多种类型，分配型喷油器主要用在乘用车及小型商用车上。另一方面，直列型喷油器的 A 型、AD 型主要用在小型到中型柴油发动机上，P 型主要用在大型车辆上。最近以排放法规及燃油消耗率提升为目的的高压化要求，又研发出了 AD－S 及 P－S3S 型，能够满足更高的耐压及功能要求。P－S7S 型也是其中的一种型号，后面将要介绍的 TICS 泵是主要对应喷油器。另一方面，随着对分配型喷油器高压化要求的强化，喷油器生产商采用了凸轮形状优化等措施来应对。

（i）直列型喷油器　近年来低公害、高功率、低燃油消耗、低噪声等方面的要求越来越严格，对于喷油系统的要求不仅仅局限于高压喷射，应该根据发动机的旋转速度或者负荷来实现最佳的喷油特性，对过度喷射也能够进行有效的控制，因此喷油系统正在变得更复杂且性能强大。汇总其功能包括如下三个方面：①喷射量、喷射时期的自动控制；②高压喷射；③喷射率最佳控制（rate－shaping）。

（1）电子控制式管理器、定时器　喷射量、喷射时期的自动控制，取代了传统的飞轮型机械化管理器、离心式机械定时器，实现了电子控制管理器和同步定时器。

电子控制式管理器能够实现与旋转速度无关的喷射量特性改变，能够得到任意的发动机转矩特性。再者，与以前的高低速管理器及全速管理器相比，能够得到自由度更高的管理器控制特性。根据这样的特性即可实现发动机的最佳控制，怠速转速可以设置得更低，因此怠速噪声有效降低，怠速燃油消耗率提升，敲击问题得到改善，车辆前进、加速、换档时根据爆发压力来控制喷油量，在炭烟排放控制方面也发挥了巨大的威力。

另外，电子控制式定时器能够实现发动

机旋转速度和负荷所对最佳燃烧状态，根据油压式动作执行器来改变燃料喷射时刻。

（2）可变喷射率型高压喷射泵　高压喷射是对微型颗粒（以下称为 PM）、特别是炭烟排放削减特别有效的技术，是今后喷射系统技术开发的重要主题。高压喷射对发动机性能，特别是烟雾及 PM 排放控制的影响方面的资料、研究成果非常之多。其中最具代表性的案例如图 4.3.1 所示。横轴是峰值喷射压力，纵轴表示炭颗粒，从图中可以知道如果提高喷射压力则 PM 排放减少。但是，根据涡流的有无，其效果是不同的。如果存在涡流，为了得到相同的 PM 排放量，对应的喷射压力相对可以低一些。但是，如果没有涡流，则所需要的喷射压力就具有变高的倾向。例如，涡流系统中相对于最高喷射压力为 90MPa，而在没有涡流的系统中，所要求的喷射压力为 14090MPa。另外再来考察一下喷射压力和性能的关系，在高压力条件下，与日本的 13 工况进行比较，取得了 NO$_x$ 增加、HC 减少、PM 大幅减少的结果。像这样通过燃油喷射高压化，对降低烟雾和 PM 的排放特别有效。总之，高压喷射是非常关键的技术，强化了过去的泵－喷嘴，同时，还与预行程（pre stroke）量的电子控制喷射方式的发展相关。也就是说它是 TICS（Timing and Injection rate Control System）的展开。该 TICS 已经发展了从第 1 代到第 3 代，详细内容将在后面介绍，汇总

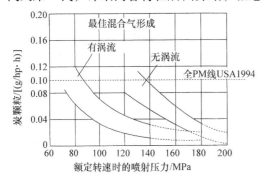

图 4.3.1　喷射压力对炭颗粒排放值的影响效果

结果见表 4.3.1。1987 年投入到市场中的 TICS 是第 1 代，根据与普通的吸回阀门的组合应用，喷射压力能达到 70MPa。等压阀（CPV）和小直径喷孔的综合应用，更进一步发挥了 TICS 的作用，在第 2 代产品中其喷射压力达到了 120MPa。第 3 代 TICS 采用凹型轮、椭圆通道等技术，增加了喷射率控制技术及引燃喷射，喷射压力进一步提高到 140MPa。

表 4.3.1　TICS 泵的开发过程

代	排出阀	凹形轮	椭圆气道	引导喷射	喷射压力
Ⅰ	吸复阀	—	—	—	70MPa
Ⅱ	等压阀	√	—	—	120MPa
Ⅲ	等压阀	√	√	√	140MPa

√：采用。—：未采用。

TICS 也称为预行程可变喷油器，是将过去的柱塞管分割为套管和圆筒两部分，根据发动机的运动条件，通过电子执行机构使套管沿着运动方向移动，柱塞管上的给油孔被覆盖住后开始压缩周期，可以任意改变预行程。改变压送开始时刻的预行程，由于燃料喷射压力的变化，使喷射率被改变。具体的 TICS 喷油器构造如图 4.3.2 所示。P－TICS 喷油器主要用于重型车，行程为 14mm，最大柱塞直径为 φ12mm，凸轮基圆直径 φ34mm，最大泵油率为 55mm³/(°)。AD－TICS 器主要用于中型车，行程为 12mm，最大柱塞直径为 φ11mm，凸轮基圆直径 φ30mm，最大泵油率为 38mm³/(°)。这两种喷油器的性能都完全超过了过去的喷油器。这些喷油器虽然改变了预行程和泵油率，但遗憾的是它们的构造所决定的喷油时刻影响泵油率，喷油时刻越晚，泵油率越高，喷油压力也越大。相反，如果提前喷油时刻，则喷油压力就越低。TICS 喷油器的喷油性能与整体式喷油器的比较如图 4.3.3 所示。相对于发动机转速，P－TICS 喷油器的喷油压力斜率比整体式喷油器平缓，在低转速时比整体式喷油器的压力高。总之，相

93

对来说能够获得低速时的高压喷油，高速时的适当喷油压力，接近发动机性能方面所要求的特性。

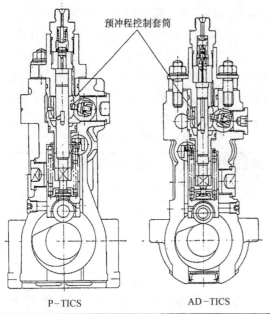

图 4.3.2　TICS 喷油器的构造和样式

类型	A	AD	PS3000	PS7S	AD-TICS	P-TICS
凸轮升程/mm	8	10	11	12	12	14
最大柱塞直径/mm	9.5	10.5	13	13	11	12
凸轮轴基圆/mm	24	28	32	34	30	34
柱塞结构	2枚	2枚	2枚	1枚	1枚	1枚
可变预冲程范围/mm	—	—	—	—	2.2~5.4	3.3~6.3
可变喷射时期范围/mm	—	—	—	—	10	8

（3）等压阀（CPV）　普通常的泵–管–喷嘴结构的喷油系统，由于使用的是小孔径，因此需要控制系统内部的气蚀及二次喷射问题。解决了这些问题后，为了进一步发挥出 TICS 喷油器的潜能，取代普通的吸回阀，开发出了等压阀（CPV）。由此小喷孔直径的使用范围扩大，能够使喷嘴达到 $0.2mm^2$ 面积，达到了与整体式喷油器相同的水平。根据以上所介绍的性能，分段式高压喷射成为可能，大约能够获得 120MPa 左右的喷油压力。

（4）快速溢流孔　一般来说喷射结束得越快则在喷射压力下降期间喷雾的微粒化能够得以改善，喷射时间也可以缩短，烟雾

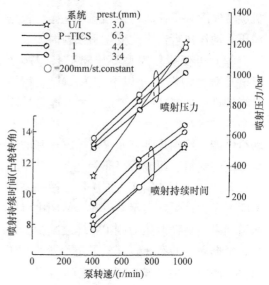

图 4.3.3　HD–TICS 泵的喷射性能

及 HC 排放的改善以及由于燃烧期间缩短使燃烧过程的改善均可以实现。如图 4.3.4 所示，溢流孔的形状设计成椭圆形，由于压送结束后的开口面积扩大，柱塞内的压力在短

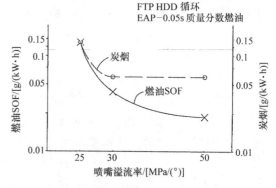

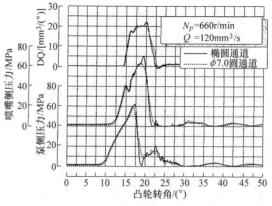

图 4.3.4　椭圆溢流通道和快速溢流效果

时间内即可下降,因此可以实现快速溢流。与过去的圆形和长方形溢流孔相比,椭圆形溢流孔的溢流率更大,结果使投入到压送的有效行程增加,高峰时的喷射压力、泵油率高。快速溢流孔排对放出气体的效果也要图中显示。虽然具有燃料 SOF 成分削减的效果,使炭烟在溢流率较低时有所改善,但是在某个溢流率以上时也没有改善,再者,对燃油消耗率也没有任何改善。

(5)泵油率控制(凹型凸轮) 一般来说泵油率可以分为三部分:初期、中期、后期,对每一阶段泵油率特性要求都是不同的。中期要求高泵油率和高喷油压力,后期要求具有快速溢流能力。初期泵油率是影响预混合燃烧的重要因素,希望对 NO_x 排放及燃烧噪声的减小影响小一些。初期泵油率控制方法包括凹型凸轮型面和引燃喷射两种。

凹型凸轮是控制泵油率的有效手段,图4.3.5 所示是凸轮型面与泵油率的关系曲线。该种类型的凸轮与过去的线接触式凸轮不同,是一种凹型圆弧形状,其特征如下:①与相同行程的线接触式凸轮相比,能够获得最大的泵油率;②泵油率的可变范围大;③单位凸轮转角的泵油率变化大。从喷油过程中喷射压力的平均值和喷射持续时间的关系来看,使用凹型凸轮后由于预行程变化引起的平均喷射压力、喷油持续时间的可变范围比过去的线接触式凸轮更大。同一张图中还显示了以额定转速的 60%、采用凹型凸轮后初期泵油率的减小效果、燃烧特性及排放废气、燃油消耗率性能。调整发动机负荷为 95%、60%、40%,凹型凸轮的初期泵油率都有所降低,在后半部分泵油率变高,预混合燃烧时的 NO_x 排放物削减、扩散燃烧时的炭烟控制都取得了一定的效果。从热效率图中可以看到,预混合燃烧的热效率确实减少了。对比排放废气和燃油消耗率性能,在所有负荷工况中 NO_x 排放物都减少了。在40%、60% 负荷工况中,燃油消耗率仅有轻

微的恶化,但是 NO_x 和 PM 两者同时减少了。而 95% 负荷工况中,NO_x 排放物只有轻微的减少,PM 排放却大幅恶化了。在高负荷条件下,由于空燃比较小,对预混合燃烧有限制的是燃烧初期会产生炭烟,这是烟雾恶化后产生的。在燃烧的后半段涡流强度对炭烟的酸化有很大的影响,但是由于燃烧初期的爆发燃烧对涡流的产生有一定的限制作用,这与炭烟的生成有直接的关系。

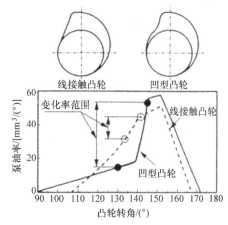

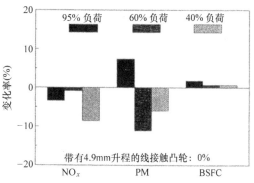

图 4.3.5 凹型轮对初始喷射率降低和
燃烧特性、排气性能的影响

(6)引燃喷射 引燃喷射是从柴油机燃烧噪声控制角度出发而开发出来的一种技术。近年来不仅仅是噪声,作为 NO_x 排放物削减手段也受到了极大的关注。引燃喷射是指在燃油喷射期间设置一个短暂的停断,在负荷较轻的着火延迟期间结束喷射,仅完成预混合燃烧后燃烧即结束。此时燃烧期间

短，NO$_x$排放及噪声容易增大。引燃喷射就是解决这些问题的有效对策。再者，即使对于高负荷工况，采用引燃喷射后在燃烧室内创造容易点火的环境，实现点火延迟期缩短，也能够促进 NO$_x$排放及噪声的降低。

图 4.3.6 所示是 TICS 的引燃喷射原理。在柱塞主簧片下端设置有导管滑块，当滑块覆盖住控制套筒的下端时，引燃喷射开始，如果控制套筒上的引导溢流孔与滑块相遇，引导行程结束。引导溢流孔从滑块离开后主喷射开始。像这样的引导行程是由导管滑块与引导溢流孔的尺寸决定的，与预行程无关，是一个定值。

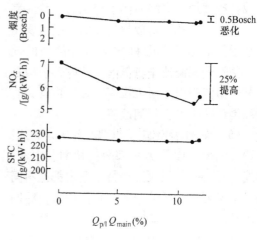

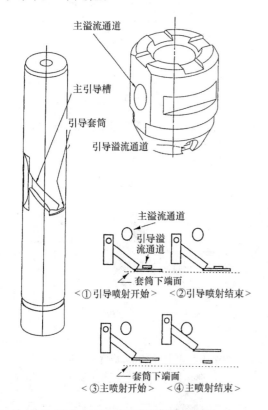

图 4.3.6　TICS 引燃喷射的原理

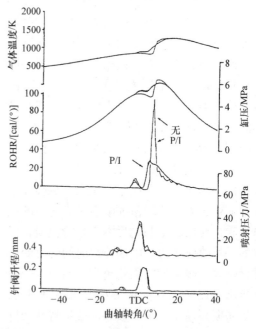

图 4.3.7　引导喷射量的效果和燃烧特性

图 4.3.7 所示是改变引燃喷射量时的排放性能。如果增加引燃喷射量，NO$_x$排放减少，但是当超过某个喷射量时 NO$_x$排放反而会增加，由此可知存在一个最佳的引燃喷射量。炭烟、燃油消耗率基本上没有变化。燃

烧分析结果显示，引燃喷射会使预混合燃烧量急剧减少，证明了 NO$_x$排放也减少。图 4.3.8 所示是引燃喷射时的权衡 NO$_x$ 和 PM 排放的改善效果。引燃喷射时的 HC、燃油消耗率有所改善，特别是在正时延迟时的低NO$_x$排放领域更加显著。炭烟虽然只有轻微的恶化，在低 NO$_x$排放领域却能防止燃油消

耗率、HC 的恶化。文献［13］指出炭烟恶化是引燃火焰被再次导入到主喷雾中使燃烧减缓所致。从噪声低减的效果来看，图4.3.7 所示是燃烧分析报告结果，可以看到压力上升率较小，燃烧噪声如预想的那样有所降低，1～2kHz 的振动能量降低，振动级别降低了约 5dB。

从发动机方面来讲，要求少量引燃喷射的高精度控制，但是加工精度、喷油器开启压力的误差等的影响较大而无法忽视，在产品量产之前有多方面的技术问题需要解决。

（ⅱ）分配型喷油器　分配型喷油器的代表为 VE 型喷油器，主要用在乘用车及小型商用车上。VM 型喷油器是在 1965 年投

入市场，大约 10 年后出现了 VE 型喷油器。到了 20 世纪 80 年代的后期，为了应对排放法规和商品性提升的需求，电子控制式 VE 型喷油器投入市场，并沿用至今。对于这种级别的发动机，实现低公害、低燃油消耗、高输出功率性能目标必须具备高压喷射产生的雾状颗粒。VE 型喷油器目前的喷射压力约为 70MPa，进一步的高压化正在研究之中。在低成本发动机上一般不会使用高价格的高压喷油器，应该在这种分配型喷油器的框架内制定适当的措施，与负荷和旋转速度相对应，要求使用越来越细致的电子控制VE 型喷油器。此处对该种类型喷油器的近期发展动向加以介绍。

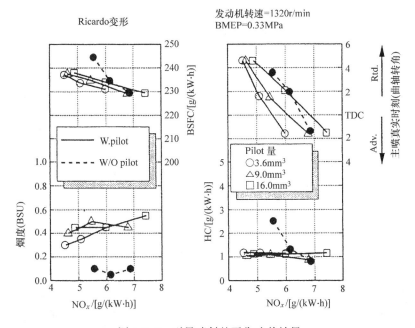

图 4.3.8　引导喷射的平衡改善效果

（1）电子控制分配型喷油器　柴油发动机电子控制的根本是对燃料喷射量及喷射时间的控制，虽然开发出了各种各样的系统，但是所有系统的概要几乎是相同的。图4.3.9 所示是基本型电子控制分配型喷油器COVEC 系统。控制喷射量的管理执行器使

用的是旋转螺线管，但是也有的案例中是使用线形的。喷射时期的控制使用的是高速电磁阀门，通过高压室的燃料向低压室流动，对定时活塞的位置进行控制。可以获得与旋转速度和负荷对应的任意喷射时期特性负荷比（duty ratio）控制。

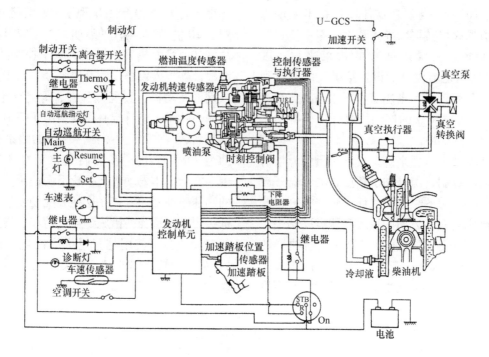

图 4.3.9 COVEC 系统流程图

同样的电子控制系统如图 4.3.10 所示。其基本功能虽然与图 4.3.9 中的相同，但是喷射量是由旋转速度、负荷决定的，还可以根据冷却液温度、进气温度、进气压力、过渡条件等进行修正。喷射时期虽然也是由旋转速度、负荷决定的，但是可以根据冷却液温度、进气压力来修正。再有，根据点火时期传感器来检测实际的燃烧开始时间，并对喷射时期加以修正。因此，可以排除掉喷射时期的个体差，根据燃料的辛烷值及大气条

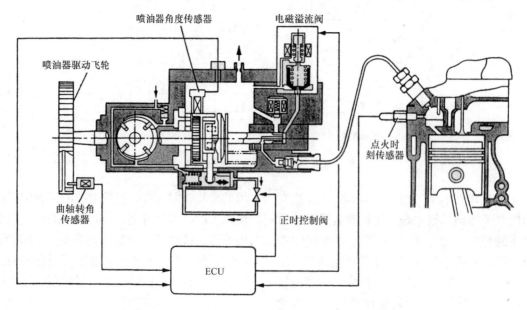

图 4.3.10 根据点火时刻传感器对喷射时刻的控制案例

件的变化来决定最佳的喷射时期。今后对燃油消耗要求越来越严格的柴油车上，用户希望能达到与汽油车相同的驾驶性能、低噪声、低振动等舒适性指标，电子控制技术必将是今后不可缺少的关键技术。特别是最近，进一步的怠速转速控制、对每一个气缸的喷射量自适应控制以消除气缸间的旋转变动差和降低怠速振动，实行进气节流、EGR控制及电热火花塞控制等都取得了显著的进步。

（2）CPV　按照直列型泵开发的等压阀（CPV）也能够发挥分配型泵的功能。图4.3.11所示是将二者有效组合在一起的以降低喷油器噪声为目的的案例。从图中可知，采用CPV后喷管内的残存能够保持在一定值，由于可以预防喷管内的气蚀现象，因此能够降低从喷管放射出来的噪声。在2kHz以上的频率范围内大约可以得到7～8dB的降噪效果。这其中还包括了喷管内压力、速度下降而减小的喷嘴、排出阀的落座噪声。

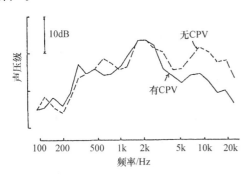

图 4.3.11　CPV 降噪效果
暖机时；怠速 700r/min；发动机上方 1mm

（3）二段式凸轮　使用二段式凸轮的可变经控制喷油器，维持部分负荷时的喷射率，增加高负荷时的喷射率，实现高输出功率、低噪声、低排放等相互矛盾性能之间的平衡，如图 4.3.12 所示。从喷射器的泵油曲线中可以看到，高负荷时的泵油率高，管内的压力波形也可以确认，这使得输出功率

得到了提高。泵油率的增加（即喷射率的增加），增加了涡流室内的放热率分担能力，由于燃烧的等容性提高，热效率得以改善。文献［18］案例报告中，VE 型喷射器的柱塞直径为 12mm，通过与二段式凸轮的并用在控制初期喷射率的同时，还实现了低负荷领域的喷射时间增加、高负荷领域的喷射时间缩短。基于这样的结果，实现了与 NO_x 相互权衡后的改善，总的来说，实现了高输出功率和低燃烧噪声。降低初期喷射率以控制预混合燃烧，可以降低 NO_x 排放，确

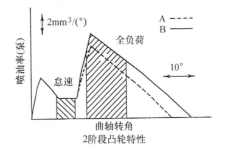

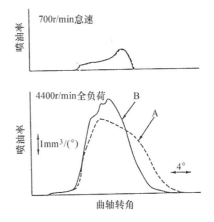

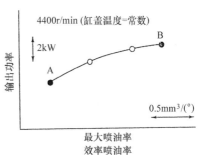

图 4.3.12　二段式凸轮的性能

保后期喷射率以促进再次燃烧，可以降低PM排放。

（4）引燃喷射　尽管行驶性能及行驶过程中的车内噪声达到了与汽油车基本相同的程度，但是怠速时的噪声，特别是冷机时的噪声仍然与汽油车有很大的差别，这方面的技术进步属当务之急。作为这些问题的应对措施，如引燃喷射，有很多种类可供选择。其中的一种是在 VE 型喷射器的基础上开发的蓄能器型引燃喷射装置。图 4.3.13 所示是该类型的概要图。蓄能器型引燃喷射装置是指当燃料喷射泵的柱塞室压力达到设定值时，阀门打开，移动活塞做好了准备。由此初期喷射量可以控制得很少，如同燃烧分析结果表示的那样，点火延迟后急剧的压力上升得以控制，被称为柴油机敲缸的频率范围 2kHz 附近，取得了噪声大幅降低的效

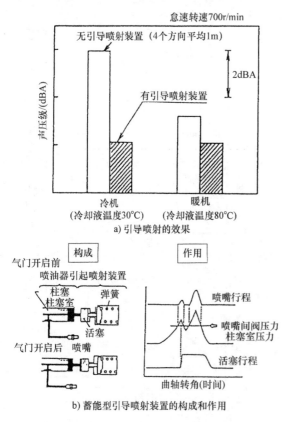

a) 引导喷射的效果

b) 蓄能型引导喷射装置的构成和作用

图 4.3.13　蓄能型引导喷射装置的效果

果。引燃喷射最大的效果是降低了冷机怠速时的噪声，降幅大约达 4dB，基本上达到了与暖机状态相同的水平。

文献［21］进行了基于压电蓄能器的引燃喷射控制系统研究。压电蓄能器是通过活塞安装在 VE 型泵的高压室内。在泵油的开放状态下高压室的压力作用在活塞上，在压电蓄能器上产生电压。在喷射中途产生的电压短路后，使压电蓄能器瞬间收缩，喷射中断，就实现了引燃喷射。

b. 新型喷射系统

高压喷射能够确保柴油发动机的 NO_x 和 PM 排放处于合理的水平，为了实现这个目标，以前面介绍过的柱塞式直列泵、分配型喷射器等的高压化为开端，又开发出了很多种新型喷油器，如整体式喷油器、共轨式整体喷油器、整体式喷油器、滑阀式喷射系统等。下面进行详细的介绍。

（i）柱塞式整体喷油器　这种喷油器系统在底特律柴油机公司长年使用，实际成果很高，它是一种机械系统，但是最近大多已经转变为电子控制方式。原来的机械系统中要求严格的 PM、NO_x 排放物的应对措施，由于可控制的自由度数较少，应对措施本身变得越来越困难。打破这种局面的不仅仅是燃料喷射压力，还包括喷射量在内，期望早日实现可任意控制喷油时刻的电子控制整体式喷油泵。图 4.3.14 所示是电子控制整体式喷油器的量产代表产品，具有高压喷射功能和喷射时期电子控制系统。柱塞直接由发动机的凸轮轴驱动，高压部分的容积比挺柱式要小，这些特征对降低 PM 排量非常有利。溢流阀也是由电子控制，能够对喷射量及喷射时间进行最佳控制，将这些统称为 EUI。图 4.3.15 所示是发动机的性能之一，改变喷油器的喷孔直径，当喷射压力变化时或任意工况时喷孔直径可调节，提高喷射压力使炭烟浓度大幅改善。在 8 工况中喷射压力很高时，BOSCH 浓度为 0.5 以下，工况 4

后改善效果急剧下降。如果模拟 US·FTP
工况，将喷射压力调整到 180MPa 以上，就
能够满足 1994 年的 NO_x、PM 排放法规。通
过与小径喷孔的组合应用而实行的高压喷射
和延长喷射时间，取得了 NO_x、PM 双双改
善的效果。

（ⅱ）积层型 PZT 整体式喷油器　蓄能
型整体式喷油器积层，PZT 作为一种高速执
行器而受到关注，以燃油喷射的高速化、高
精度化为目标对积层 PZT 整体式喷油器进
行了试制，在得到了锯齿状喷射率波形的基
础上，喷射峰值压力达到了 170MPa，另外
还进行了引燃喷射研究，采用上述成果后排
放测试实验结果如图 4.3.16 所示。对积层
型 UI、共轨型 U2 和 VE 喷油器三者进行比
较。UI 型在 NO_x 浓度较高的领域内表现良

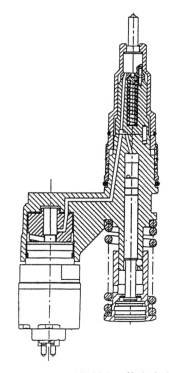

图 4.3.14　电子控制式一体式喷油器

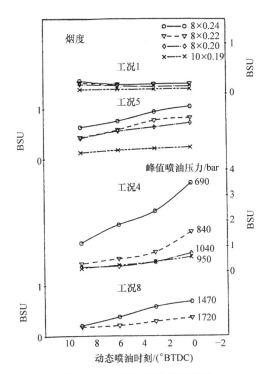

图 4.3.15　EUI 的排放物性能

中炭烟大幅改善，但是当到达某个压力上以

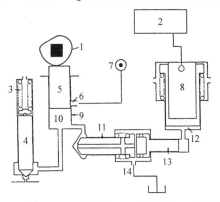

1—凸轮　2—PZT 控制器　3—针阀弹簧　4—针阀
5—活塞　6—燃油供给口　7—燃油源　8—PZT
9—工作缸　10—高压腔　11—溢出阀
12—执行腔　13—连杆　14—排出口

a）试制的整体式喷油器构造

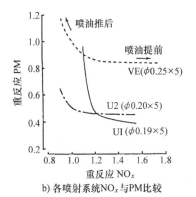

b）各喷射系统 NO_x 与 PM 比较

图 4.3.16　积层型 PZT 整体式喷油器

好，在低 NO_x 浓度领域内，喷雾的中心部位残留浓度较高的喷雾，混合不良使 PM 排放急剧增加，存在喷雾形成上的问题。

（iii）共轨式整体喷油器 也称为蓄能式整体喷油器。用于研究的共轨式喷射系统，新燃烧系统研究所使用了两种类型的喷射系统，以稍低于 300MPa 的高压喷射进行改善燃烧和削减排放物的研究，同时还对燃烧进行了观察，掌握了和气缸内的燃烧过程之间的关系。利用高压喷射来改善燃烧过程，是和以下几方面相关的：促进空气向燃烧喷雾中导入使当量比变稀薄、微粒化加速后颗粒平均直径变小促进了燃料蒸发和燃烧、高压喷射自身的运动量较大，使得空气转换时产生较强的涡流，对促进燃烧是有效的。另外，在喷孔出口处设计孔口平面，通过其形状的变化，调查对喷雾特性及排放物特性的影响。

以量产为目标的共轨喷射系统的开发非常盛行，图 4.3.17 为其中的一个案例。该系统由高压供给泵、共轨、喷嘴、控制装置以及各种传感器构成。共轨压力由高压泵的

泵出量控制。喷射量及喷射时期通过控制三通阀的喷嘴背压来调整。喷射率的波形，特别是上升阶段的形状基本上是由单向孔的形状决定的。图的下方表示喷射过程，三通阀打开喷射开始后，单向孔可以控制燃油的泄漏，喷嘴升程的上升方式可以控制，保持平缓的喷射率曲线，控制初期喷射率，成为三角形的喷射率形状。NO_x 水平受初期喷射率形状的影响较大，共轨方式在控制特性上，是由矩形的喷射率形状决定的。考虑到以上因素，控制喷射率开关对于共轨方式是非常重要的。共轨喷射系统的高喷射压力的势能及其驱动转矩与挺柱式喷射泵的比较，如图 4.3.18 所示。它最大的特征是与发动机的转速无关，几乎在整个转速范围内都能保持一定的喷射压力，压力为 120MPa，与越是到低转速领域喷射压力越低的直列型泵有非常大的差异，这是共轨型喷油器的最大特征。另外，对同一压力下二者的驱动转矩加以比较，共轨方式比直列泵要小一些，这是对燃油消耗有利的一面。

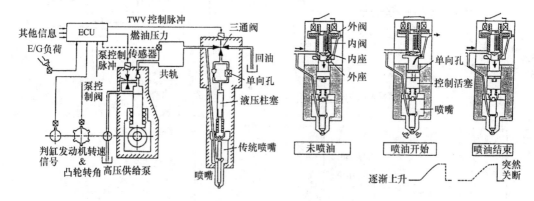

图 4.3.17　ECD－U2 共轨喷射系统

由于共轨喷油器的高喷射压力以及较高的控制自由度，多家研究机构正在不断研制当中，下面对其中的一部分加以介绍。首先图 4.3.19 所示是里卡多公司的研究成果。炭烟浓度及高共轨压力显示有最佳的结果，

如果 US/FTP 对应的额定值为 120 MPa 的喷射压力，则碳颗粒 PM 即可净化。不管负荷多大，从相同水平的 NO_x 来看，喷射压力越高则燃油消耗率越恶化，但是炭烟却呈现了相反的趋势。将 NO_x 固定在 4.5g/

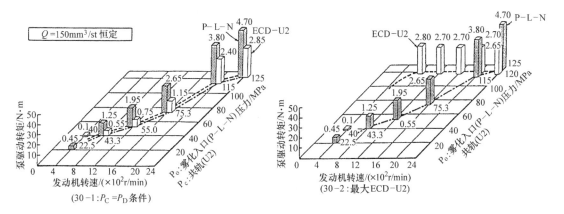

图 4.3.18 共轨驱动转矩比较

（hp·h）〔约 6.1g/（kW·h）〕，从最佳的炭烟/HC/燃油消耗率相互平衡来看，额定全负荷时为 105MPa，中负荷时为 100MPa，低负荷虽然在图中没有显示，但是 73MPa 比较合适，不用到 120MPa 的高压。像这样根据旋转速度及负荷进行弹性喷射压力控制是必需的。另外还需要保证快速溢流，这样在平均喷射压力变高的同时，喷射结束后的微粒化得到改善，与削减炭烟排放直接相

关。其他的案例如图 4.3.20 所示是喷射压力的效果。在额定的全负荷时，如果忽视 NO_x 水平，共轨压力越高则炭烟控制和燃油消耗率越好。另一方面，在中速的部分负荷工况，和前面的案例相同喷射压力越高则炭烟控制效果越好，但是燃油消耗率却存在一个最佳点，超过这个最佳点则燃油消耗率会恶化。因此，必须考虑喷射压力与 HC、炭烟排放的关系来进行适当的控制。

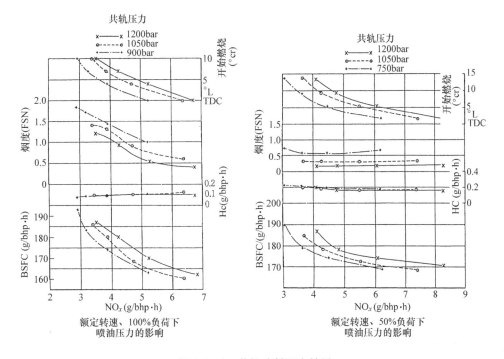

图 4.3.19 共轨喷射压力效果

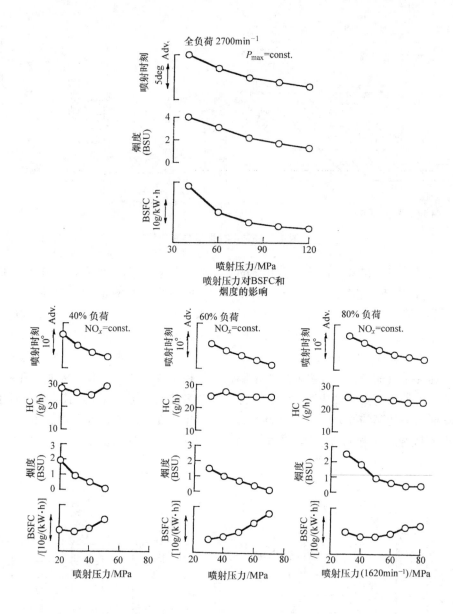

图4.3.20 部分负荷时的共轨喷射对排放的影响

共轨喷射系统是引燃喷射必有的技术，图4.3.21所示是其中的一个案例。如果设置低负荷工况下5mm³/strok的引燃喷射量，没有出现炭烟、HC、燃油消耗率的恶化，并得到了20%的 NO_x 削减效果，燃烧噪声也大约降低了10dB。同时还显示了全负荷工况下增加引燃喷射量的效果，在一定的 NO_x 水平下，燃油消耗率没有恶化，炭烟和CO排放减少。

关于共轨方式燃烧系统的研究有很多，例如，对挺柱式喷油器和共轨系统构成的喷雾构造进行调查来研究燃烧过程的研究案例结果指出，共轨方式对喷雾的贯彻力强，在短时间内就能够将喷雾遍布整个燃烧室，并使燃料迅速燃烧，然后喷雾消失。与此相对应，挺柱式喷油泵却很难使喷雾扩散，在喷射结束后还能明显观察到喷雾的存在。

高压喷射时的 NO_x 排放增加并不仅仅

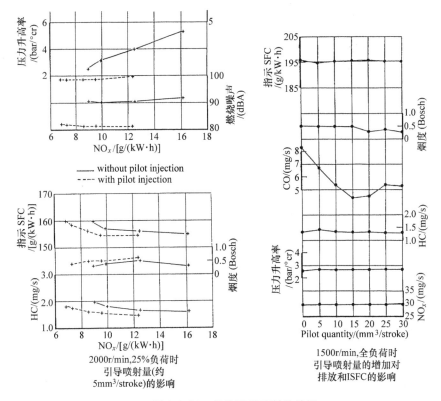

图 4.3.21 共轨引导喷射的效果

是因为最高火焰温度上升，还和某个温度以上的高温火焰区域的扩大有关，另外，文献［30］指出高压喷射形成的碳烟酸化会加速，点火延迟时炭烟产生就比较少。

共轨式喷射系统因电磁阀的性能不同而有着很大的差别，如果高速响应性能很高，分离式喷射也是可能的，起动性能也能够改良。在主喷射的 15° 前执行分离喷射，以 1∶2 的喷射量比例实现了点火延迟的大幅短化，低温起动时间也减小了一半左右。

（iv）增压共轨式整体喷油器　HEUI 是实现量产的唯一一种共轨式喷油器。HEUI系统由控制阀、增压柱塞、气门、喷嘴构成，如图 4.3.22 所示。同时，系统的流程图也在图中显示。和其他类型的共轨式喷油器最大的差异是增压泵的类型不同。其增压是由发动机机油执行的。流入到增压柱塞中的高压机油通过高压油泵增加到 4～23MPa。系统的响应性能能够确保实现 120MPa 的喷射压力，具有在 30ms 内将压力从 30MPa 提升到 120MPa 的能力。该系统还可以实现引燃喷射。溢流控制设备（PRIME）能够使 NO_x 和碳烟两方面得到均衡性的改善。

（v）整体式喷油器　整体式喷油器也称为 PLD 系统，是由发动机的凸轮轴驱动柱塞，通过很短的喷射管，从喷嘴中将燃料喷射出来的喷射系统。这种系统当然得需要高的喷射压力，经过不断的改良目前已经达到了 160MPa。而且喷射量、喷射时间的控制对电子化的要求也很高。总之，为了应对这些控制要求正在进行高速动作喷油泵开发。喷油泵厂家已经将这种整体式喷油泵改进为直径较小的 4 个阀门的中央布置喷嘴，并将其应用到发动机上。

（vi）线管加速式高压燃油喷射器　根据线管加速产生油压脉冲，从而得到较高的喷射压力。线管和柱塞构成的可动部分在油压作用下急剧加速，以非常高的速度向管路

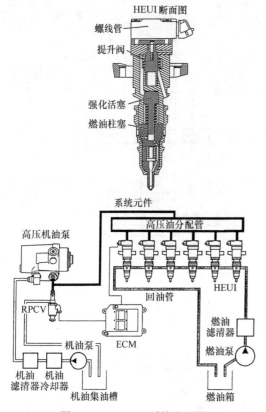

图 4.3.22　HEUI 系统流程图

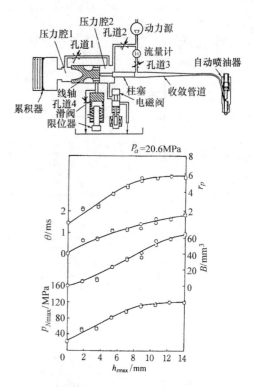

图 4.3.23　溢流加速式喷射系统的特性

内输送流体，并产生急剧的压力波。这种方式的模式如图 4.3.23 所示。保持油压源的压力恒定，具有相对于喷射量的变化限制往复阀扬程的喷射特性。从图中可以了解到，即使转速降低，喷射压力也不会改变，即使在 PM 排放多的低速高负荷工况也能实现超过 120 MPa 的喷射压力，因此能够控制 PM 的产生。在低负荷工况时，因为喷射压力降低，能够避免低温时燃烧室壁面的燃料黏附，SOF 减少，从燃油消耗率的角度来讲是所希望的喷射特性。不断改变喷嘴的直径来改变当量比时的性能如图 4.3.24 所示。当喷孔直径达到 0.2mm 以上时炭烟浓度在当量比 $\varphi = 0.5$ 附近开始增加，但是增加幅度很小。喷孔直径越小则 NO_x 浓度在任意的直径尺寸时都较大。而当喷孔直径较大时，高负荷工况下喷雾的贯彻力过剩，在壁面处燃料冷却，容易产生更多的 HC。

c. 燃油喷嘴

喷嘴对降低排放废气具有很大的作用。喷孔直径的大小，虽然有其一定的尺寸，开启阀门压力或者二段式开启阀门喷嘴（或者称为二段式弹簧喷嘴）升程的设定值对废气排放有着很大的影响，关于这些参数，将在喷油泵的专项中介绍。二段式开启阀门喷嘴本来是当作敲缸的主要对策，它的靴形喷射率波形正被广泛地应用于 NO_x 削减和燃烧噪声的控制中。此处将对 HC 及颗粒中的 SOF 具有削减效果的某个喷嘴，通称为 VCO 的喷嘴加以介绍。减小喷油器腔体容积的微型袋腔喷嘴或者没有袋腔的 VCO 喷嘴（Valve‑Covered‑Orifice）对降低 HC 排放是有效的。虽然有很多的研究案例，但对 HC 排放控制的影响最大、最具代表性的案例如图 4.3.25 所示。实现 VCO 化后确定实现了 HC 排放的减少，PM 也有所降低，但遗憾的是炭烟成分增加了。这是由于 VCO 化后对喷雾方式带来了负面影响，影响了喷孔部位的流动，结果造成了喷孔堵塞，使喷射时间延长，导致炭烟的排量增加。每一个 VCO 喷嘴的喷孔的喷雾状态都是不同的，有很大的偏差，关于这种现象有很多的研究案例。通过这些报告可以了解到喷雾的喷射延迟和到达喷孔时压力波有非常大的影响。

[横田克彦]

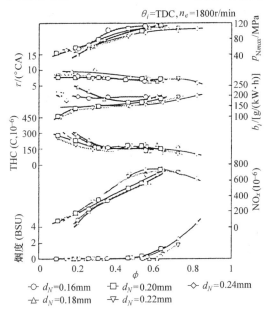

$\theta_i = TDC, n_e = 1800 r/min$

$-\bigcirc-\ d_N = 0.16mm$　$-\square-\ d_N = 0.20mm$　$-\diamondsuit-\ d_N = 0.24mm$
$-\triangle-\ d_N = 0.18mm$　$-\triangledown-\ d_N = 0.22mm$

图 4.3.24　管状喷射系统的排放性能

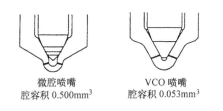

微腔喷嘴　　　　VCO 喷嘴
腔容积 0.500mm³　腔容积 0.053mm³

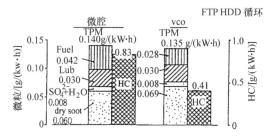

图 4.3.25　VCO 喷嘴对排放的影响

参 考 文 献

[1] 西沢：ディーゼル噴射系の将来像について，機械学会講演会資料集，No.920-17，Vol.D，p.105（1992）
[2] 桜中：低公害化のためのディーゼルエンジン用噴射ポンプの将来動向，日本機械学会講演論文集，No.930-9，p.660（1993）
[3] K. Nishizawa, et al.：Electronic Control of Diesel in Line Injection Pump, SAE Paper 860144（1986）
[4] K. Yokota, et al. ：A High BMEP Diesel Engine with Variable Geometry Turbocharger, I Mech E,C119/86（1986）
[5] 中平ほか：いすゞ新型高過給，低燃費6SD 1-TC エンジン（最適電子制御システムについて），第6回内燃機関合同シンポジウム講演論文集，p.391（1987）
[6] P. Zelenka, et al.：Ways Toward the Clean Heavy-Duty Diesel, SAE Paper 900602（1990）
[7] P. L. Herzog, et al. ：Will the Naturally Aspirated Truck Diesel Engine Survive the Turn of the Century, Fisita-Congress（1994）
[8] H. Ishiwata, et al.：A New Series of Timing and Injection Rate Control System-AD-TICS and P-TICS, SAE Paper 880491（1988）
[9] 石渡ほか：ディーゼル列型ポンプの噴射率制御における近年の進展，ゼクセルテックレビュー，8号，p.12（1994）
[10] 小泉ほか：直噴式ディーゼルエンジンの噴射系改善による燃料分SOF の低減，自動車技術会学術講演会924，924115（1992）
[11] 石渡ほか：ディーゼル噴射率制御技術における近年の進展，自動車技術，Vol.47，No.10，p.40（1993）
[12] 李ほか：カム形状変更による噴射の最適化とその効果，第11回内燃機関シンポジウム講演論文集，p.487（1993）
[13] T. Minami, et al.：Reduction of Diesel Engine NOₓ Using Pilot Injection, SAE Paper 950611（1995）
[14] 景山ほか：ディーゼルエンジンの電子制御用アクチュエータ及びセンサの現状と動向，自動車技術，Vol.38，No.2，p.172（1984）
[15] 小林ほか：新ディーゼル電子制御システムの開発，トヨタ技術，Vol.36，No.1（1986）
[16] 小林ほか：乗用車用電子制御ディーゼルエンジンの新技術開発，自動車技術，Vol.44，No.8，p.123（1990）
[17] 中島ほか：CD20型過給器付ディーゼルエンジンの開発，自動車技術会学術講演会前刷集912，No.912184（1991）
[18] 吉田ほか：低公害・高性能ターボディーゼルエンジンの開発，自動車技術，Vol.47，No.10，p.10（1993）
[19] 吉津ほか：低公害エンジンのための新しいパイロット噴射概念に関する研究，第10回内燃機関合同シンポジウム講演論文集，p.211（1992）
[20] 吉田ほか：パイロット噴射装置付2L・TⅡエンジンの開発，自動車技術，Vol.43，No.8，p.20（1989）
[21] 阿部ほか：ピエゾアクチュエータによるディーゼル用パイロット噴射制御システム，自動車技術会学術講演会前刷集934，No.9305391，p.41（1993）
[22] G. Greeves, et al. ： Contribution of EUI-2000 and Quiescent Combustion System Towards US94 Emissions, SAE Paper 930274（1993）
[23] 高橋ほか：小型直噴ディーゼル機関用高圧噴射装置の開発とその燃焼改善効果，自動車技術会論文集，Vol.25，No.2，p.59（1994）
[24] S. Shunndoh, et al.：The Effect of Injection Parameters and Swirl on Diesel Combustion with High Pressure Injection, SAE Paper 910489（1991）

[25] 小森ほか：高圧燃料噴射による直噴ディーゼル機関の燃焼改善，第9回内燃機関合同シンポジウム，p.103（1991）

[26] M. Miyaki, et al.：Development of New Electronically Controlled Fuel Injection System ECD-U2 for Diesel Engines, SAE Paper 910252（1991）

[27] J. R. Needham, et al.：Competitive Fuel Economy and Low Emissions Achieved Through Flexible Injection Control, SAE Paper 931020（1993）

[28] Y. Yamaki, et al.：Application of Common Rail Fuel Injection System to a Heavy Duty Diesel Engine, SAE Paper 942294（1994）

[29] 柳原ほか：蓄圧式噴射弁を用いた直噴ディーゼル燃焼の研究，自動車技術会学術講演会前刷集 912，No.912237（1991）

[30] 仲北ほか：高圧噴射時のNO$_x$生成とCPS低減メカニズムの解析，自動車技術会論文集，Vol.24，No.2，p.5（1993）

[31] 藤沢ほか：高圧コモンレール方式燃料噴射装置の開発，日本機械学会講演論文集 930-63-D，p.284（1993）

[32] M. J. Hower, et al.：The New Navistar T 444 E Direct-Injection Turbocharged Diesel Engine, SAE Paper 930269（1993）

[33] S. F. Glassey, et al.：HEUI-A New Direction for Diesel Engine Fuel Systems, SAE Paper 930270（1993）

[34] 山根ほか：スプール加速方式による高圧燃料噴射，第10回内燃機関合同シンポジウム講演論文集，p.343（1992）

[35] 山根ほか：スプール加速式高圧燃料噴射のディーゼル燃焼特性，日本機械学会講演論文集 No.940-30-Ⅲ，p.186（1994）

[36] 武田ほか：高圧燃料噴射によるディーゼル機関の燃焼改善及び排出物の低減—VCOノズルの効果，第11回内燃機関シンポジウム講演論文集，p.7（1993）

[37] 大西ほか：多噴孔VCOノズルの噴射初期における噴霧挙動—非蒸発噴霧，第10回内燃機関合同シンポジウム講演論文集，p.355（1992）

4.3.2 燃烧室

为了净化柴油发动机的排放废气，如前面介绍的以燃料喷射系统的改良为首，研究开发了各种各样的技术。其中通过对燃烧室的改良来促进空气流动的方法，例如，推迟燃料喷射时间对改善燃烧恶化非常有效，是比较容易实施的技术。对于直喷式发动机，取代了过去多数采用的环形燃烧室，正在逐渐采用能够促进空气流动的可重入型燃烧室。这种类型的燃烧室中的燃料喷雾冲突位置是非常重要的。另一方面，分割式柴油发动机的主室、副室之间的连通孔形状也对排放废气削减及燃油消耗率的改善有着很大的影响。接下来将对这些内容相关的近期成果加以介绍。

a. 直接喷射式燃烧室

燃烧室形状相关的主要因素包括形状、直径、压缩比、偏置、突出量等，这些因素不仅对燃料与空气的混合、燃烧有着非常大

的影响，也影响排放废气的浓度，接下来对这方面的技术加以介绍。

（ⅰ）燃烧室形状　随着排放法规的不断强化，为了改善不断恶化的炭烟及燃油消耗率，促进燃烧室内的空气流动，文献［1］使用以前的环型燃烧室和各种可重入型燃烧室，对性能和排放废气的影响进行调查，其结果如图 4.3.26 所示。在额定点环型燃烧室和可重入型燃烧室几乎没有差别，而在低速工况时却有非常大的差异。相对于喷射时期的延迟，环型燃烧室的炭烟及燃油消耗率显著恶化，而可重入型燃烧室却几乎没有恶化，在燃油喷射时期为 10°BTDC 的延迟领域内，炭烟值、燃油消耗率都有改善的倾向，喷射时期的延迟表现出了优秀的性能。环型燃烧室在上止点以下时燃烧室内的实际涡流急速衰减，而可重入型燃烧室在上止点以后则能继续保持较高的涡流。另外，环型燃烧室的挤气流较低也会有一定的影响。

文献［2］也指出，可重入型燃烧室扩散燃烧时，在燃烧室内的涡流比较高，使燃烧更加活跃，因此能够控制炭烟的排放，此处将其定义为涡流的保持性。关注该值并设法将其提高是基本研究方向。

涡流保持性：

$$= \left(\int_{\text{TDC}}^{\theta} SR(\theta)\,\mathrm{d}\theta \bigg/ \int SR(\text{TDC}) \times 50 \right)$$

式中，SR 为燃烧室内的涡流比。

关于可重入式燃烧室的涡流保持性，相对于口径（D_2）和燃烧室最大直径（D_1），有无中央突起时的计算结果如图 4.3.27 所示，从图中可以知道涡流保持性与 D_2/D_1 相关。为了提高涡流保持性，减小口径是有利的，燃烧室内气体的惯性矩较大，即使带有中央突起也是可以实现的。图 4.3.27 所示是发动机性能结果，带中央突起的可重入型燃烧室相对于传统的燃烧室，功率输出、NO$_x$、炭烟的平衡性得到了改善。这是可重入型燃烧室的涡流保持性较好的缘故，通过

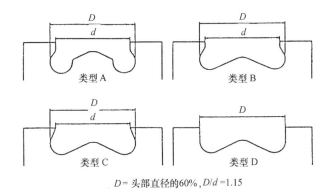

燃烧室形状	类型 A,B,C,D,
燃烧室直径	70%, 60%, 50%
凹角比	20%, 15%, 10%, 0%
燃烧室补偿	10%, 5%, 0%

D= 头部直径的60%, D/d =1.15

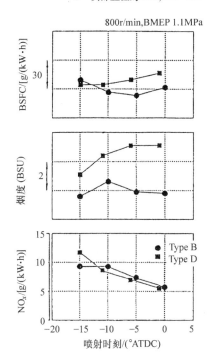

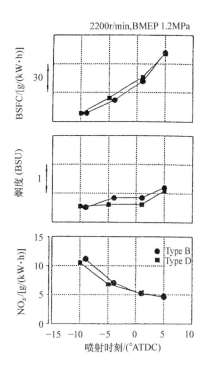

图 4.3.26 燃烧室形状对性能、排放的影响

预混合燃烧使 NO_x 保持相同水平时，扩散燃烧更活跃，燃烧时间更短。

密切关注燃烧初期的混合气形成，阪田提出了利用燃料喷雾的壁面冲突和局部涡流控制来降低炭烟排放的 TRB 型燃烧室。该种类型的燃烧室对削减排放具有非常显著的效果。以该种燃烧室为基础，三浦利用燃烧后期的紊流来促进燃烧，在挤气部位设置多个凹坑，能够更进一步降低炭烟缸的排放。该燃烧室的形状及排放性能如图 4.3.28 所示。虽然它对负荷有些影响，但凹型燃烧室

在高负荷工况时，炭烟的产生大幅减少，颗粒状物质也减少了约一半。由于高负荷工况时炭烟颗粒状物质大约占排放量的大半，以及炭烟排放量相对于碳烟浓度以指数形式增加，这种燃烧室对减少炭烟具有非常大的效果。像这样不仅仅大幅减少了炭烟的排放，高负荷工况时 NO_x 的增加也是微量的，在低、中负荷领域内 NO_x 都有减少的效果。燃烧大幅改善的领域另当别论，凹型燃烧室对 NO_x 排放确实有抑制作用，这一点已经得到了证实。接下来我们看一下图右侧的喷

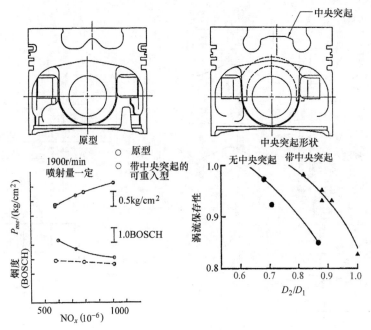

图 4.3.27　带中央突起的可重入型燃烧室的排放性能

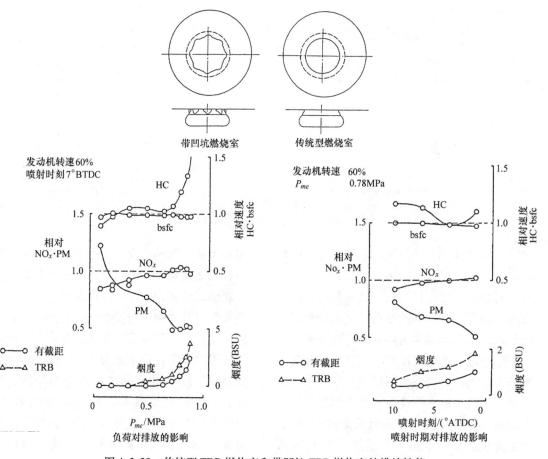

图 4.3.28　传统型 TRB 燃烧室和带凹坑 TRB 燃烧室的排放性能

射时期的影响。喷射时期越迟，凹型燃烧室的炭烟、颗粒状物质的削减效果则越好。占用燃烧期间膨胀冲程的比例越大，则认为凹型燃烧室的效果就越好。这种燃烧室在扩散燃烧期间的放热率增加，因此，后燃在燃烧的早期即完成，证明了炭烟产生量少。在扩散燃烧期间能够促进燃烧的凹型燃烧室内部温度高，符合 NO_x 的生成条件。但是，初期放热率降低，在燃烧前期的混合气形成也就受到了抑制。

（ii）燃烧室直径　图 4.3.29 所示是改变燃烧室直径时对排放的影响。燃烧室直径增大后 NO_x 排量减少，呈现出高 λ 时炭烟和 PM 增加、低 λ 时炭烟和 PM 减少的倾向。燃烧室直径增大后内部的空气流动减弱，由此导致高 λ 时 NO_x 排量减少和 PM 增加。当 λ 降低时喷射量增多，喷射压力变高，喷射出来的喷雾容积增大。燃烧室直径越大则空气的利用率越高，因此能够降低碳类、PM 的排放。

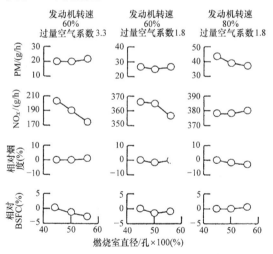

图 4.3.29　燃烧室直径对排放的影响

（iii）压缩比　压缩比是发动机最根本、最重要的参数之一。由于它直接影响压缩后的温度，因此它影响的不仅仅是发动机性能及排放废气的浓度，冷机状态时的发动机起动性能、黑白烟、异味、缸内最高压力、温度等都受到压缩比支配。图 4.3.30

所示是改变压缩比时的排放和放热率状况。如果增加压缩比，高 λ 时 NO_x 排量增加、PM 减少，而在低 λ 时 NO_x 排量降低、炭烟增加。如果采用高压缩比化，缸内压力、温度升高，点火延迟被缩短，使混合燃烧量减少。低 λ 时 NO_x 排量降低是因为缸内平均温度上升导致的，一般认为是伴随预混合燃烧量的减少而使局部温度降低引起的。另一方面，高 λ 时 NO_x 排量增加是由于缸内平均温度增加引起的。

（iv）其他　燃烧室形状中所叙述的内容也许是恰当的，考虑到柴油机 NO_x 高度依赖于燃烧时的当量比，如果在过浓或者稀薄状态下燃烧，NO_x 排放的削减是可能的。将燃烧室分成大小两部分，燃烧初期使过浓燃烧控制在小容积燃烧室内，燃烧的后半段控制在整体燃烧室内，文献［6］发表了类似的实验结果。图 4.3.31 所示是燃烧室的形状，主燃烧室直径为 70mm，容积的 50% 为直径 98mm 的标准活塞，剩余的 50% 容积为活塞顶部设置的环状带。图中还显示了其中的一个案例。喷射压力在 60MPa 到 200MPa 的范围内变化。当进行过浓、高压喷射时，如果提高增压压力，炭烟有所改善，但是 NO_x 排量增加，因此无法取得对两方面都有利的平衡状态。维持无烟运转，将增压压力设为 0.05MPa，则 NO_x 排量大幅降低，相对于标准活塞大约降低了 35%。像这种过浓活塞和高压喷射、增压的组合应用，相对于发动机负荷进行喷射压力或者增压压力控制，可以实现宽范围内的 NO_x 和炭烟同时降低。

b. 分隔式燃烧室

当初实行排放法规时，分隔式燃烧室中存在燃烧室和涡流室两部分。在法规不断强化过程中，中、大型货车和公交车上所使用的预燃式燃烧室很难推广，还存在耐久可靠性方面的问题，遗憾的是到现在为止还没有实际使用。因此，这里仅对涡流室部分加以介绍。

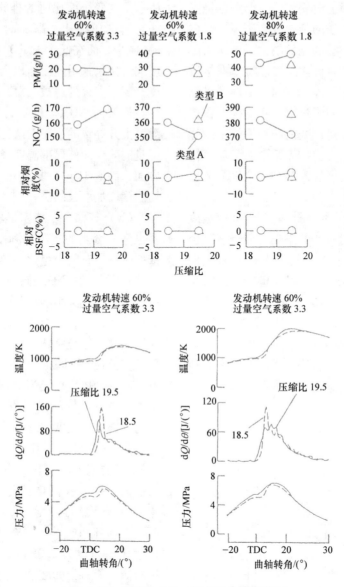

图 4.3.30　压缩比变化时的排放和燃烧分析

　　新沢涡流室结构的基本思想是降低燃烧最高温度以减少 NO_x 排放，同时强化主燃烧室的火焰扩散和流动，改善主燃烧室的燃烧，以摆脱 NO_x 和 PM 的相互制约关系。涡流室容积比、连通孔面积比等为实现这种状态发挥了重要的作用。

　　（i）涡流室容积比和形状　如果减小副室的容积比，将变成当量比较大的燃烧状态，如图 4.3.32 所示，NO_x 排放降低，相同水平的 HC 排放时 NO_x 排放具有减少的趋势。但是，炭烟排放特性恶化，伴随着结构的负荷增加，输出功率也大幅降低。这是由于涡流室的容积比变小后，涡流室和燃烧主室之间移动的气体量减少、气体流动变弱，使燃烧变慢了。基于以上分析得到的结论是主燃烧室内的混合、促进燃烧是取得上述改善效果的关键，这部分内容将在后面介绍。

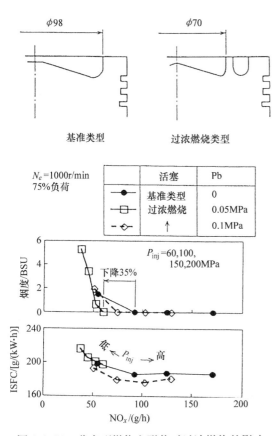

图 4.3.31 分离型燃烧室形状对过浓燃烧的影响

如果使副燃烧室的下部分偏心,从副燃烧室和主燃烧室流动时,副燃烧室喷口流量系数变大,同时改变副燃烧室内的涡流速度、紊流对副燃烧室内的燃烧加以控制,可以得到促进向主燃烧室流动的效果。但是,如果偏心量过大,则会导致燃油消耗率、炭烟等的恶化,因此应该存在一个最合适的偏心量。

在一些实验案例中,通过改变喷嘴部分的形状,减少无用容积以提高空气利用率,输出功率得到了大幅的提高,同时如图 4.3.33 所示,NO_x 和 PM 两方面都得到了大幅的改善。

(ii) 副燃烧室喷口面积和喷口形状

减小连通孔即喷口面积,加强主燃烧室内的气体流动,以减小排放废气和输出功率恶化程度证明是有效的。如图 4.3.32 所示,从排放性能的角度来讲,HC 排放虽然减少了,但是 NO_x 却增加了,相同 HC 水平下 NO_x 降低趋势稍稍恶化。碳烟排放特性和输出功率特性有一定程度上的改善。

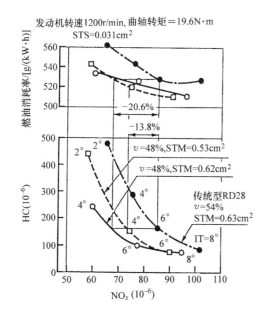

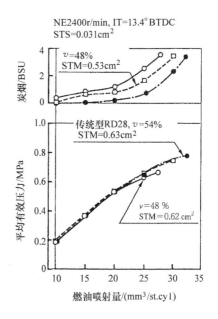

图 4.3.32 涡流室容积比和主喷口面积的影响

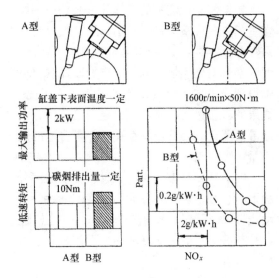

图 4.3.33　改进喷嘴的排放性能改善

　　作为喷口形状的一种，井元试制了锥形弯曲喷口，目的在于促进向主燃烧室的气体流动和提高主燃烧室内的喷射流 XXX。结果如图 4.3.34 所示。炭烟、燃烧噪声有所改善，但 NO_x 增加了。

　　（iii）主燃烧室的改进　观察主燃烧室的燃烧，随着副燃烧室容积比的减小，向主燃烧室喷射火焰的喷射时期虽然没有变化，火焰的熄灭时期却延迟了，热产生时间也随之延长。主燃烧室的放热分担也增加了。通过以上分析，可以推断主燃烧室的燃烧改善程度取决于初期的扩散火焰促进和从初期到后期的所有流动强化。如图 4.3.35 所示，新沢提出了新型主燃烧室结构，通过燃烧过程照片和性能试验对其效果进行了确认。新型燃烧室在高负荷时 NO_x 虽然略有增加，但是炭烟却减少了，燃油消耗率也得到了提升。为了改进主燃烧室内的燃烧，文献［10］在主燃烧室内设计了活塞腔，成功地实现了保持 NO_x 和燃油消耗率不变的情况下炭烟的大幅削减。从这个实验中还了解到，虽然对腔体的深度与腔体的直径的比影响很小，但是腔体深度对炭烟排放的改善却有着非常大的影响。

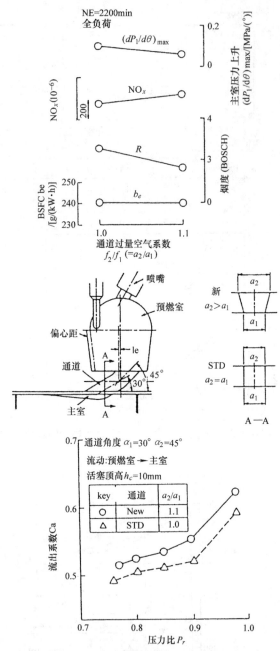

图 4.3.34　锥形弯曲喷嘴形状的效果

　　吉田以改善主燃烧室内的空气利用率为目的，将活塞顶部的燃烧室形状设计成双叶形椭圆形状，并对其影响进行了调查，结果如图 4.3.36 所示。图中的 M 值越大则 NO_x 和颗粒状物质这一对相互矛盾的指标均得到了改善。但是，从缸盖下部温度一定的条件下来看，观察到输出功率略有下降。

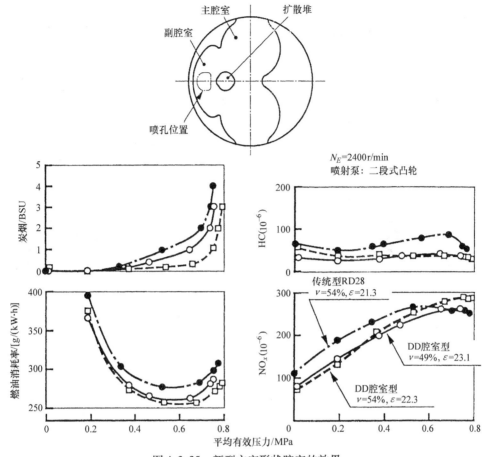

图 4.3.35 新型主室形状腔室的效果

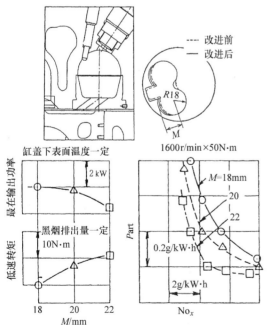

图 4.3.36 双叶形椭圆化的改善效果

c. 搅乱式燃烧室

同时削减柴油机排放出来的炭烟和 NO_x，避开与 NO_x 急剧增加的初期燃烧，提高燃烧后期的活性以促使炭烟颗粒酸化被证明是非常有效的。这是一种在燃烧后期导入强劲紊流的方法，如图 4.3.37 所示，村山提出了在主燃烧室以外设置一个小的燃烧室，喷射少量的燃料，将该处形成的燃烧气体向主燃烧室内喷射的方式（CCD 方式）。燃烧紊流室设计的气缸盖内，主燃烧开始后在适当的时间从节气门型的燃料喷嘴喷射少量的燃料，通过连通孔向主燃烧室内喷射燃烧气体，搅乱燃烧场以提高活性。金野对排放颗粒的改善效果进行了调查，结果如图 4.3.37 所示。使用 CCD 方式后，排放颗粒得到了大幅的削减，证明了 CCD 方式对微小颗粒具有良好的改善效果。DS（drive soot）大幅降低，炭烟也有所减少。SOF 在高负荷领域内虽然有所降低，但是降低效果小，由此可以了解到微小颗粒的降低主要取决于 DS 的减少程度。从 CCD 喷射出来的燃烧气体的温度对酸化过程的促进效果较小，炭烟的大幅减少主要是紊流的作用。

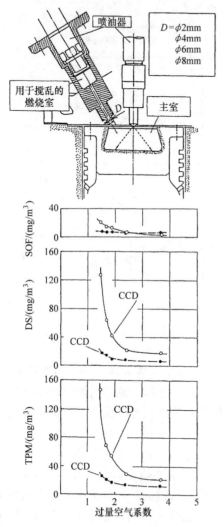

图 4.3.37 根据搅乱方式（CCD）的排放削减效果

过浓混合气燃烧时 NO_x 生成量少，所生成的碳烟采用 CCD 方式后减少，实现了 NO_x 和碳烟排放的同时控制。小容积燃烧室确实实现了 NO_x 排放的削减，但是炭烟却大幅恶化。总之，同时采用 CCD 方式时

NO_x 排放得到了控制，炭烟也得到了改善并达到了基本性能。这是由于在过浓状态下进行初期燃烧时，伴随着大量炭烟的生成，在燃烧后期利用 CCD 方式使未燃燃料与空气室内的剩余空气混合，并快速酸化的结果。对各种过浓活塞进行了实验，发现由于燃烧室类型的不同而导致了燃烧举动的差异。不管是哪种类型的燃烧室，当喷射时期延迟时，采用过浓活塞后呈现出 NO_x 削减效果小的倾向。

作为燃烧后期搅乱气缸内气流的方法，试制了将缸内的压缩空气向其他燃烧室内引导，在燃烧后期进行喷射的凸轮驱动型空气喷射装置，对直列 6 缸发动机的排放削减效果进行了实验调查。当负荷改变时空气喷射的效果与高负荷时具有相同的水平。NO_x 在中速高负荷领域内略有增加，CO 和 HC 在高负荷领域几乎没有增加。燃油消耗率在中、低负荷领域内恶化较为严重，而在高负荷领域内呈现出较小的恶化倾向。在高负荷领域内，燃烧气体的压力及温度均较高，黏性变大，与普通的缸内混合恶化相比，采取空气喷射方式后气体混合被促进，在高负荷领域确保了良好的燃烧过程。增压压力较高的中速高负荷领域该现象的影响更加显著，燃烧明显改善、NO_x 增加。像这样通过采用 CCD 方式，D13 工况全体等 NO_x 产量时颗粒状物质大约减少了 40%。小堀也进行了类似的实验，通过设置空气室与高温燃烧的组合应用，实现了高温时的二段式燃烧。由于在压缩冲程中空气室内未燃空气的进入，实现了主燃烧室内的高温过浓燃烧，有效抑制了 NO_x 的产生。伴随着活塞的下行空气室内未燃空气向火焰流动，促进了炭烟的再次燃烧，在实验中也得到了相同的结论，但是热效率却大幅降低了。

［横田克彦］

参 考 文 献

[1] 侯ほか：直噴式ディーゼルエンジンの燃焼室形状が筒内流れおよび排気特性に及ぼす影響，第10回内燃機関シンポジウム講演論文集，p.13 (1992)

[2] 高月ほか：低公害，高出力新型燃焼室の開発，自動車技術，Vol.48，No.10，p.36 (1994)

[3] 阪田ほか：噴霧衝突と局所渦流の壁面制御による直噴ディーゼル混合気形成法の開発，自動車技術会講演会前刷集 882，p.319 (1988)

[4] 三浦ほか：燃焼室リップの凹みによる直噴ディーゼルの燃焼改善，自動車技術会論文集，Vol.24，No.3，p.40 (1993)

[5] 加藤ほか：ディーゼルエンジンの排出ガス低減手法について，自動車技術会講演会前刷集 936，p.45 (1993)

[6] 武田ほか：高圧燃料噴射によるディーゼル機関の排出物低減（濃混合燃焼室の効果），機械学会講演論文集，930-63，Vol.-D，p.234 (1993)

[7] 新沢ほか：新開発燃焼室による IDI ディーゼル機関の NOₓ 低減，自動車技術会論文集，Vol.25，No.4，p.29 (1994)

[8] 井元ほか：副室式ディーゼル機関の低公害燃焼システムの研究，機械学会講演論文集，930-63，Vol.-D，p.258 (1993)

[9] 吉田ほか：低公害・高性能ターボディーゼルエンジンの開発，自動車技術，Vol.47，No.10，p.10 (1993)

[10] 王ほか：副室式ディーゼル機関の主室内燃焼改善による NOₓ，微粒子，燃費率の同時低減効果，自動車技術会講演前刷集 994，p.17 (1994)

[11] 村山ほか：日本機械学会論文集，41-381，p.1706 (1972)

[12] 金野ほか：ディーゼル機関の燃焼後期攪乱による黒煙および NOₓ の同時低減，第8回内燃機関合同シンポジウム講演論文集，p.117 (1990)

[13] 金野ほか：過濃燃焼室による低 NOₓ の燃焼の試み，機械学会講演論文集，940-30，p.206 (1994)

[14] 坂本ほか：空気噴射による直噴ディーゼル機関のエミッション低減，自動車技術会講演会前刷集 932，p.171 (1993)

[15] 小堀ほか：空気室付ディーゼル機関における高温2段燃焼に関する研究，自動車技術会講演前刷集 945，p.33 (1994)

4.3.3　进排气系统

影响柴油机燃烧的重要因素包括燃料喷射系统、燃烧室形状、进入到气缸内的空气量以及直喷柴油机的涡流等。

a. 进排气道

（i）进气道　直喷式柴油机的燃烧过程很大程度上受涡流强度的影响。压缩冲程中尽管有若干的衰减，燃烧室内的空气运动量保持涡流状态，促进燃料喷雾和空气混合，保证良好的燃烧。因为涡流强度与发动机速度成比例，从广义上来讲可以将单位发动机旋转速度的气缸内空气旋回数当作涡流比（详细内容请参阅文献［1］）。

如果涡流比过低，则无法促进燃料与空

气的混合，产生过量的碳烟。另外，涡流比过高会引起喷雾的干涉（重叠）及热收缩效应（thermal pinch，低密度的燃烧气体向燃烧室中央部位聚集），混合反而变得恶化。因此，应该根据发动机的实际状况确定最佳的涡流比。

产生涡流的进气道形状包括螺旋进气道（Helical port 或 Spiral port）、切向进气道（Directional port 或 Tangential port）等。

螺旋进气道具有以进气门系统为中心缠绕式涡状空气通路的特征，涡流比能够达到 1.5～3.5 的较宽范围。

切向进气道在进气道与缸盖连接的部分，沿着气缸切线方向布置。从切向进气道吸入到气缸中的空气沿着气缸壁流动，按照这种方式形成涡流。

燃烧需要的最佳涡流比因燃料的喷射压力不同而不同，图 4.3.38a 所示是 160MPa 的喷射压力及与其对应的最佳涡流强度，普通直列型喷油泵的 50～90MPa 喷射压力的结果如图 4.3.38b 所示。在这个喷射压力下涡流比 1.9 比涡流比 1.3 显示出更好的燃油消耗率性能，当喷射压力达到 160MPa 时，最佳的涡流比达到 0.4 以下水平。另外，像整体式喷油泵的 120～160MPa 的高压力喷射系统，由于燃烧室较浅，因此难以形成有效的涡流。

（ii）双气门进气道　为了多吸入空气，设计出了扩大进气口面积的双进气门结构。采取双进气门结构后，气门的开口面积增大，进气阻抗减少。这种结构还可以将喷油器设置在气缸的中心位置，对燃烧的改善是有利的，同时也与降低排放的目的一致，因此得到了飞速的发展。

双进气门发动机的进气道也有两条，如何配置气道显得非常重要。图 4.3.39 所示为典型双进气门配置方案。在考虑气门机构约束条件的同时，还要兼顾涡流产生的容易

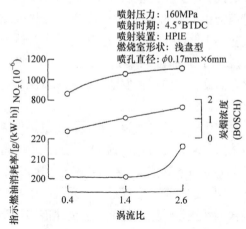

喷射压力：160MPa
喷射时期：4.5°BTDC
喷射装置：HPIE
燃烧室形状：浅盘型
喷孔直径：φ0.17mm×6mm

a) 涡流比对NO、炭烟、燃油消耗率的影响

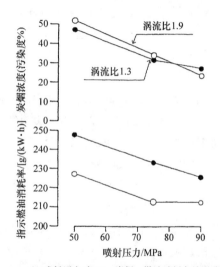

b) 喷射压力对NO、炭烟、燃油消耗率的影响

图4.3.38　涡流比对NO、炭烟、燃油消耗率的影响

度，使进气道螺旋形配置的案例有很多。是否选择螺旋形进气道，或者如何有效地加以

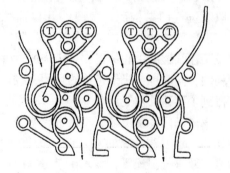

图4.3.39　双进气门缸盖布置（旋转）

组合是十分重要的。如图4.3.40所示，对于不同的组合，横轴代表涡流比，纵轴代表流量系数。相对于目标涡流比，希望设计成流量系数尽可能高的进气道。

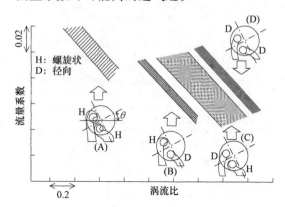

图4.3.40　双进气门涡流和流量系数

（ⅲ）排气道　排气道的功能是将气缸内燃烧过程中产生的废气及时地排放到气缸以外。排气道的形状包括从气门座的垂直部分到弯曲部分的截面积逐渐缩小，从弯曲部分到垂直部分的截面积又逐渐扩大。增压发动机中为了保存泄漏能量，从弯曲部分到垂直部分的截面积是不变的。

为了减小排气阻抗力，通常也采用双排气门结构，多数是两条排气道在中途合并。这样做可以确保气门机构的空间，使排气道的表面积尽可能地小，减少排气热量向冷却水的传递。

b. 进排气系统

发动机的输出功率和转矩，主要受气缸内吸入的空气量影响，因此，增加吸入空气量以提高单位重量的输出功率与节约能源也是紧密相关的。

增加自然吸气式发动机气缸内吸入空气量（体积效率）的方法，主要包括减小进排气系统的通道气流阻抗以及类似惯性增压那样使用非稳定效果。

进气系统中，从进气管到空气滤清器、发动机，一直到排气消音器为止是一条较长的气流通道，在整体通道上必须避免引起压力损失的极小弯曲及节气结构。另外，还希望空气滤清器、排气消音器等部件的压力损失尽可能地小。

关于排气，为了降低 NO_x 排放而推迟燃油喷射时间，排放恶化的部分可以通过提高喷射压力和增加吸入空气量来弥补。如图 4.3.41 所示，横坐标代表年代，纵坐标说明了满足排放法规的同时吸入空气量增加的情况。

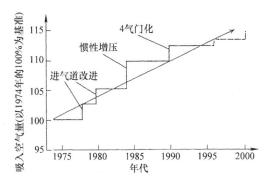

图 4.3.41　相对于排气法规强化的吸入空气量增加

（i）气门正时　对发动机气门正时的一般效果加以介绍。

（1）进气门开启时间（Intake Valve Open，IVO）　车用柴油发动机比较关注高速工况和燃油消耗率，因此气门进气量较少，IVO 一般设在 BTDC5°~35°的范围内。自然吸气式发动机的 IVO 值较小，而增压发动机为了延迟冷却时间，进气门和排气门的重叠期间较长，因此，一般来说比自然吸气式发动机的 IVO 要大。

（2）进气门关闭时间（Intake Valve Close，IVC）　进气门关闭时间的选定原则是确保在进气行程中吸入尽可能多的空气量。IVC 的值一般在 ABDC20°~50°的范围内。当比较重视高速性能时要确保高速时的空气量，因此将 IVC 设计的较大。当比较重视低速性能时要确保低速时的空气量，就要选择距离下止点较近的位置尽早关闭进气门。图 4.3.42 所示是根据模拟分析得到的

IVC 变化时的容积效率变化。另外，增压发动机速度较低时，为了确保空气量有时需要提前关闭进气门。

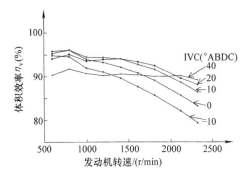

图 4.3.42　根据模拟分析得到的 IVC 变化时的容积效率变化

（3）排气门开启时间（Exhaust Valve Open，EVO）　EVO 意味着燃烧气体排放开始和膨胀行程结束。为了尽可能增加有效功率，最理想的排气门打开时刻是在下止点。但是，实际上为了尽快使气体排出都是在下止点之前打开排气门，EVO 一般设置在 BBDC40°~70°的范围内。并且发动机的转速越高则 EVO 越早。另外，最近的大型增压发动机的 EVO 一般设为 BBDC70°时打开，这样可以积极利用泄漏掉的能量。

（4）排气门关闭时间（Exhaust Valve Close，EVC）　为了使活塞上面的气门升程尽可能小，希望排气门在上止点之后尽早关闭，但是，同时为了确保燃烧废气完全排出去，希望排气门能尽可能晚些关闭，因此需要将气门开启重叠角设得大一些。EVC 的值一般在 ATDC5°~35°的范围内。增压发动机中，为了保证活塞、缸盖、排气门等受热负荷零部件的可靠性，有时需要延长气门重叠长度，以使新鲜空气的一部分吹向排气侧来进行冷却。

（ii）惯性增压　活塞式发动机的进排气是交替进行的，此时会产生进排气系统的压力振动。利用该压力振动来增加吸入空气量的方法为脉冲效应和惯性效应。脉冲效应

是使进气行程中发生的压力波作用到下一个循环的进气行程。惯性效应是使进气行程中产生的压力波直接作用在同一行程中。当利用脉冲效应时进气管要很长，因此更多的时候是利用惯性效应。文献［8］中显示了排量为13L的大型柴油机上采用惯性增压时的容积效率变化。进气歧管的直径一定，改变进气管长度时的模拟分析结果如图4.3.43所示。为了充分利用惯性效应，如图4.3.44所示，新安装了进气控制系统，它具有两个调协点。图4.3.45所示是新旧进气管直径容积效率的比较结果。在最大转矩点的容积效率有7%的提升。

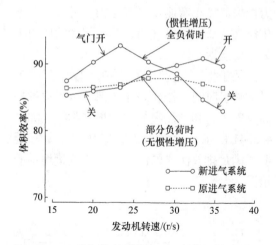

图4.3.45　进气控制系统和旧型的体积效率对比

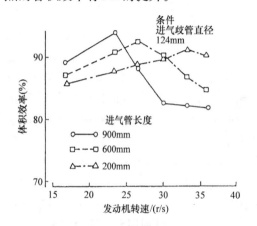

图4.3.43　进气管长度的影响

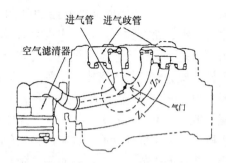

图4.3.44　发动机进气系统布置（新进气系统）

惯性增压在气体交换的行程中负功较大，因此在空气量需求不多的部分负荷条件下不使用惯性增压可以提高燃油消耗率。图4.3.46所示是惯性增压有无时的 $P-V$ 曲线比较。这就是在部分负荷工况时使用进气控制系统，使惯性增压失效而确保了燃油消耗率的提升。

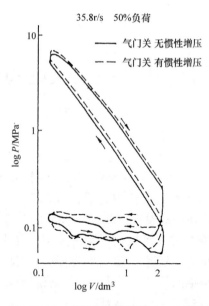

图4.3.46　有无惯性增压的 $P-V$ 线图

采用进气控制系统的发动机，使燃料喷射时刻延迟，NO_x 排量减少了15%，炭烟恶化部分通过容积效率的提升加以补偿，利用进气控制效应，使整车在行驶工况中的燃油消耗率提升了5%。

c. 增压

通过增压可以使同一排量的发动机的输出功率和转矩提升。另外增压发动机（以下简称为 TI）的增压使 150℃的高温压缩空气通过中冷器降低到 50℃左右，比没有中冷器的增压发动机燃烧时的火焰温度低，对 NO_x 形成的抑制能力较强。另外，TI 发动机的空气过剩率可以保持很大，具有抑制炭烟形成的效果，有望使将来的柴油发动机实现低公害化。

（i）增压发动机　TI 发动机在中速运转时，提高增压压力使空气量增加时，NO_x 和炭烟以及 NO_x 和燃油消耗率的变化如图 4.3.47 所示。从图中可以了解到，当 NO_x、P_{me} 一定而空气过剩率 λ 增加时，炭烟和燃油消耗率降低了。

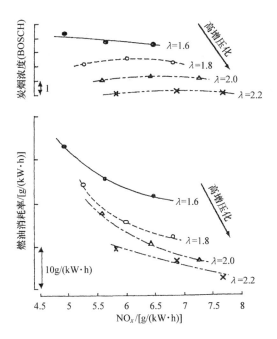

图 4.3.47　空气过剩率和燃油消耗率、
炭烟的关系（中速）

像这种 TI 发动机的高增压化一定是将来低公害化的有效手段。但同时它还存在许多必须克服的技术难题：

①　发动机低速时的转矩提升。

②　发动机低速时增压机构的动作线与喘振边界线接近。

③　发动机高速时的过度增加（over

boost）。

④　发动机高速时增压机构的超速（over run）。

⑤　发动机高速时泵气损失的改善。

⑥　发动机气缸内的最大压力增加以及热负荷的增大。

为了解决这些问题，研究人员尝试了各种各样的方法，如下所述。

作为解决低速转矩提升的措施，有带废气阀的增压机构和可变喷嘴增压机构（以下称为 VGT）。当初，在大型商用车柴油机上使用带废气阀增压机构后，带来了排气能量的损失，因此带废气阀增压机构并没用得到推广。但是，随着高增压化的进步带来的低速转矩提升、过渡响应性能提升，确认了采取增压机构的废气阀控制措施后，在高增压 TI 发动机上采用带废气阀增压机构具有很大的优势。另外，VGT 能够保证低速转矩的提升，虽然用量很少，但目前仍然在使用当中。图 4.3.48a 所示是不带废气阀增压机构，图 4.3.48b 所示是带废气阀增压机构，图 4.3.48c 所示是带 VGT 时的典型动作曲线。另外，图 4.3.49 所示分别是安装带废气阀增压机构和 VGT 的 TI 发动机的转矩曲线比较，图 4.3.50 所示是燃油消耗率的比较。从动作曲线的比较来看，带废气阀增压机构和 VGT 时低速时的压力比增高，可以在低速空气不足时补充空气，实现低速转矩的提升。另外，在高速工况时，废气阀打开，以及 VGT 的喷嘴打开，可以防止增压机构的超速。

如图 4.3.49 所示，带废气阀的增压发动机以及带 VGT 的 TI 发动机和以前不带废气阀的 TI 发动机相比，在稳定运转时的低速转矩约有 50%的提升。

如图 4.3.50 所示，带废气阀的增压发动机的燃油消耗率没有恶化，与带 VGT 的 TI 发动机大致相同。

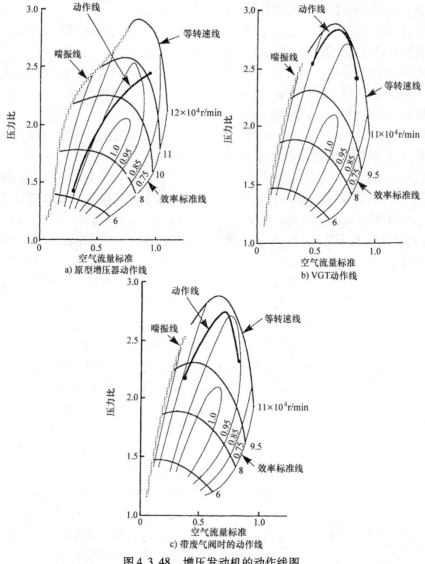

图 4.3.48　增压发动机的动作线图

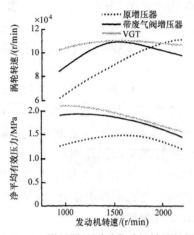

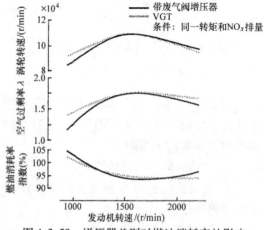

图 4.3.49　增压器差别对发动机转矩的影响　　　　图 4.3.50　增压器差别对燃油消耗率的影响

带废气阀的增压器比通常的燃气涡轮机或者 VGT 要小，因此过渡阶段的响应性能得到了改善。

（ii）涡轮增压器　增压器本身有各种各样的类型。小型或中型柴油机上使用的增压器一般都是带有废气阀的。大型柴油机所使用的则多是分别带有废气阀和增压器的。这是由于大型柴油机的增压器产量很少，应尽可能保证零部件的通用化。因此，如图 4.3.51 所示，使增压器的基本部件通用化，通过调整 A/R（断面积/代表半径）和装饰件等增压器的尺寸，来确保增压器与发动机的匹配。

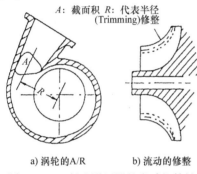

a) 涡轮的A/R　　b) 流动的修整

图 4.3.51　斜流增压器的发动机特性

对增压器的性能要求包括较高的压缩机效率 η_c 和增压效率 η_t、较小的支撑压缩机和增压器的旋转轴转动部分的机械摩擦，即较高的机械效率 η_m。这几项可以由综合效率 $\eta_{tot} = \eta_c \times \eta_t \times \eta_m$ 来表达，一些性能较高的车辆，这些参数能够达到 $\eta_c = 0.78$，$\eta_t = 0.81$，$\eta_m = 0.95$，$\eta_{tot} = 0.60$。

如图 4.3.52 所示，增压器的风量范围由低速时的压缩机喘振、高速时的超速和阻风门决定，这种配置高效及大范围风量压缩机的实用化增压器，以斜流涡轮增压器为典型代表。图 4.3.53 所示是过去的径向涡轮和斜流涡轮的形状比较。图 4.3.54 所示是径向涡轮和斜流涡轮分别安装在发动机上时的特性比较。在整个工作范围内的高效性和高速工况时的充足风量，确保了斜流涡轮增压器燃油消耗率的大幅提升。

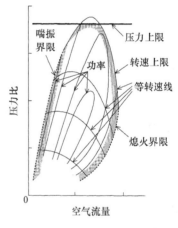

图 4.3.52　压缩特性和约束

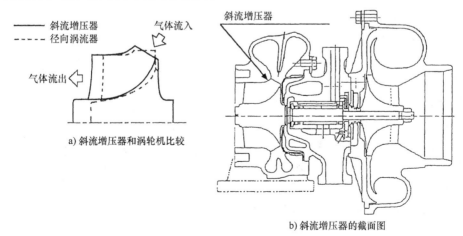

a) 斜流增压器和涡轮机比较

b) 斜流增压器的截面图

图 4.3.53　斜流增压器的截面图和涡轮形状比较

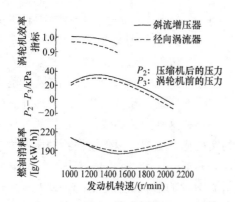

图 4.3.54　斜流增压器的发动机特性

（iii）复合式增压发动机　TI 发动机在高增压化的进展过程中，复合式增压发动机的研究和实用化越来越多。复合式增压发动机在高增压发动机的膨胀行程结束时，以从排放气体中进一步获得有效功率的方式，达到提升输出功率和改善燃油消耗率的目的。

图 4.3.55 所示是复合式增压发动机的涡轮增压器和动力涡轮机的排列概念图。使功率返回到曲轴输出轴的动力涡轮机配置，共有三种排列方案。另外，涡轮机具有径向布置和轴向布置的不同组合形式。涡轮增压器和动力涡轮机组合后的最终综合增压效率，是由进气管弯曲损失、发动机响应、总体尺寸和原理的简单性等因素来决定径向增压器和轴向动力涡轮机的组合。在这个实验中，使用的是一台 11.3L 的直列 6 缸 TI 发动机，相对于其 192g/（kW·h）（286kW、1850r/min）的燃油消耗率，复合式增压发动机的燃油消耗率为 182g/（kW·h），大约有 5.5% 的提升。

对于复合式增压最重要的是将动力涡轮机得到的输出功率返回到曲轴输出轴端。如果使用的是机械式传动系统，为了将50000～60000r/min 的动力涡轮机旋转速度返回到1800～2000r/min 的曲轴，需要 1/30左右的减速比。另外，为了切断发动机曲轴的扭转振动，必须配有离合器。由于机械式传动系统非常复杂，有人尝试了通过动力涡

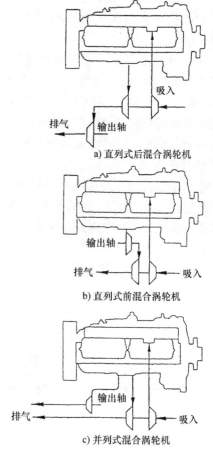

a) 直列式后混合涡轮机

b) 直列式前混合涡轮机

c) 并列式混合涡轮机

图 4.3.55　增压混合动力涡轮机配置

轮机发电，利用发电机向曲轴端返还功率。

Scania 公司限量生产的 Scania DTC1101发动机上实现了动力涡轮机的实用化。涡轮增压器配置如图 4.3.56 所示。该种类型的

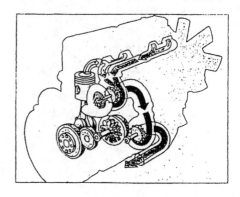

图 4.3.56　Scania 混合涡轮机的增压器配置

发动机上组合应用了径向动力涡轮机和径向动力增压器，在功率输出点的燃油消耗率约有3%的改善效果，输出功率约提升了5%。今后为了进一步改善燃油消耗率，必须重点关注发动机的部分负荷及从低速到中速的过渡阶段。

复合式动力涡轮发动机和往复式发动机在概念上有过组合的案例，将来有待于在低燃油消耗和低排放方面有更大的进展。

（iv）各种增压发动机

（1）两段增压发动机（two stage turbo）　为了进一步提升发动机高增压化策略，通常采用配置两台增压器直列分布的两段式增压机构。在一部分的实用案例中，将已经压缩的空气再进一步压缩的高增压化方法受到了关注。

（2）顺序增压器　该系统将大增压器和小增压器并列结合，其设计构想是根据发动机的高速和低速来区分使用。在发动机速度较低时由较小的增压器增加吸入的空气量，使低速转矩提升；当发动机的速度较高时则较大的增压器开始发挥功效，以改善燃油消耗率。虽然在汽油机上有过使用两台增压器的应用案例，但是在柴油机上还没有过成功案例，有待于今后更进一步的努力。

（3）复合式（Complex, dynamic pressure exchanger）　如图4.3.57所示，向细管（单元集合体电机）中直接导入发动机的排气压力，通过排气行程压缩已经充满的空气，并输送到进气道中，电机和发动机以相同的旋转速度进行增压。ABB公司在这个项目上进行了长期的研究，并在乘用车的柴油机上实际应用。增压压力能达到80kPa，具有过渡响应性高的优点。

（4）米勒循环发动机　米勒循环发动机能够在确保涡轮增压发动机可靠性的同时提高输出功率。米勒循环发动机是指随着发动机负荷的增加，使进气门在下止点之前更早关闭，防止气缸内的最大压力过大的手

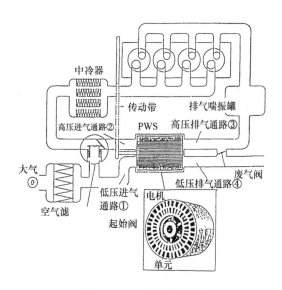

图4.3.57　压缩概略图

段。进气门如果提前关闭，则打开时也会提前，在气门重叠期间吹向排气侧的空气量也增多，因此能够降低受热负荷的零部件温度，提高了其可靠性。

从广义上来讲虽然它属于米勒循环，但也可以称为沃克（Walker）循环。这是由于它与米勒循环的目的相同，都是属于在一个冲程内将一部分吸入的空气吹向排气侧，来降低温度的方法。具体来讲，通过这种方式，能够控制气缸内的最大压力，降低受热零部件的温度，以提高其可靠耐久性。

随着排放废气低公害化需求的不断强化而采取的TI化策略，到目前为止，在船用发动机上使用的增压方法受到了越来越多的关注。

（v）容积型增压器　常用的增压器除了涡轮增压器以外，还有容积型增压器。图4.3.58所示是各种类型增压器。在汽油发动机上已经有罗茨式增压器、扭转式增压器等多种实用机型，但是在柴油发动机上还没有达到实用程度，今后通过单独使用或者与涡轮增压器组合应用的形式，有待于在低速转矩和响应性能方面有进一步的提高。

［青柳友三］

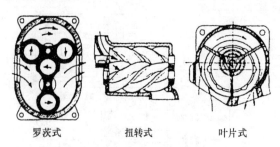

罗茨式　　　扭转式　　　叶片式

图 4.3.58　各种容积型增压器

参 考 文 献

[1] 小林昭夫：内燃機関，Vol.10，No.110，p.21（1971）
[2] 斎藤 孟：自動車工学全書 5 ディーゼルエンジン
[3] 掛川俊明：ACE 技術論文集，No.1，p.11（1991）
[4] 辻村欽司：ACE 技術論文集，No.1，p.21（1991）
[5] N. F. Gale：SAE Paper 900013（1990）
[6] Endo Shin, et al.：SAE Paper 912463（1991）
[7] Joko Isao, et al.：Proceeding of a FISITA Seminar FO5，21st Congress of CIMAC（1995）
[8] 江口展司ほか：日野技報，No.34，p.62（1985）
[9] Endo Shin, et al.：SAE Paper 931867（1993）
[10] M. Yabe, et al.：I Mech E Paper, No.C484/009/94（1994）
[11] Sugihara Hiroyuki, et al.：SAE Paper 920046（1992）
[12] 新編自動車工学便覧 第 4 編，pp.1-31（1993）
[13] Tsujita Makoto, et al.：SAE Paper 930272（1993）
[14] D. E. Wilson：SAE Paper 860072（1986）
[15] Kawamura Hideo：SAE Paper 880011（1988）
[16] Lastauto omnibus, p.7（1994）
[17] R. H. Robinson, et al.：SAE Paper 820982（1982）
[18] Yurij G. Borila：SAE Paper 860074（1986）
[19] 大庭保美ほか：TOYOTA Technical Review, Vol.41，No.2，p.143（1991）
[20] S. Tashima, et al.：SAE Paper 910624（1991）
[21] 吉津紘二ほか：マツダ技報，No.6，p.138（1988）
[22] 人見光夫ほか：マツダ技報，No.7，p.81（1989）
[23] R. H. Miller：Trans. ASME 69，p.453（1947）
[24] G. Zappa, et al.：ASME Paper No.80-DGP-23（1980）
[25] Y. Ishizuki, et al.：SAE Paper 851523（1985）
[26] 新編自動車工学便覧 第 4 編，pp.1-29（1993）

4.3.4　EGR

EGR 的意思是排气再循环（Exhaust Gas Recirculation），是一种降低发动机排放废气中的 NO_x 生成量的对策。对于汽油发动机，EGR 已经实现了实用化，而柴油发动机仅在一部小型机上取得了实用化进展，在寿命长、可靠性高的商用车的中、大型柴油发动机上，目前还很少有使用的。这是由于可靠性、耐久性等性能还有待于进一步验证，以及使用 EGR 后燃油消耗及碳烟等有

恶化的倾向。因此，这些问题必须得到解决。

a. EGR 的特性

（i）NO_x 削减原理　柴油机的 EGR 和汽油机的 EGR 在 NO_x 削减原理上多少是有些差异的。图 4.3.59 所示是这些差异的基本概念图。汽油发动机上为了控制负荷在部分负荷工况时实行进气节流。因此采用 EGR 以后可以减少节流作用，如图 4.3.59a 所示，有多余的 EGR 气体进入（此时的空燃比相同）。而柴油机上没有节气门，如图 4.3.59c 所示，本来应该从 EGR 进入的空气无法进入（空燃比减小）。对于图 4.3.59a 中的情况，仅依靠 EGR 气体部分即可使热容量增加，相对于平均气体温度的降低，而对于图 4.3.59c 中的情况，热容量的变化少，使空燃比减少（氧浓度降低）。

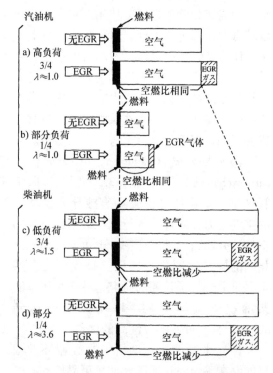

图 4.3.59　汽油机和柴油机的 EGR 比较

定义方法不同使 EGR 率值不同，因此必须事先明确定义方法。一般来讲常用以下

两种定义方法。第一，根据因 EGR 的使用而减少的吸入空气量来定义，由于该种方法简单易行，因此以前用的很多。但是由于回流气体和混合吸入气体的温度会产生变化，它并不是严密意义上的 EGR 率。第二，根据吸入或者排气中的 CO_2（或者 O_2）浓度定义，EGR 气体混合后，在被吸入气缸之前的 CO_2（或者 O_2）浓度变化率来求得。图 4.3.60 中同时显示了带 EGR 发动机的模式和上述的 EGR 定义方法。由于定义方法的不同会产生 EGR 率的差别，定义方法 1 的值大约是定义方法 2 的值的 2 倍。今后更倾向于采用方法 1。

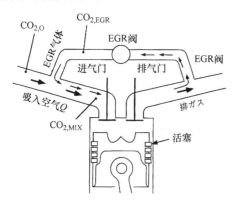

图 4.3.60　EGR 定义

$$定义式1 = \frac{Q_{W/OEGR} - Q_{EGR}}{Q_{W/OEGR}} \times 100$$

$\left(\begin{array}{l} Q_{EGR}：有EGR时的吸入空气量 \\ Q_{W/OEGR}：无EGR时的吸入空气量 \end{array}\right)$

$$定义式2 = \frac{CO_{2,MIX} - CO_{2,O}}{CO_{2,EGR} - CO_{2,O}} \times 100$$

$CO_{2,MIX}$：EGR气体混合后CO_2浓度
$CO_{2,EGR}$：通过EGR管的气体中CO_2浓度
$CO_{2,O}$：大气中的CO_2浓度

（ⅱ）EGR 对性能、排放的影响　对 EGR 对排放气体的影响程度加以调查，如图 4.3.61 所示是在中速、部分负荷工况时随着 EGR 率的增加 NO_x、炭烟、燃油消耗率的变化。3/4 负荷时 NO_x 削减率较高，但是燃油消耗、炭烟却明显增加了。在 1/4 负荷时 NO_x 削减率降低，燃油消耗率增加也很少。1/4 负荷时的炭烟产量非常低，因此此处不做介绍。

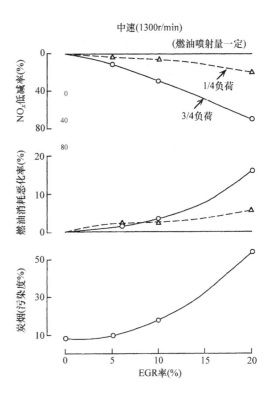

图 4.3.61　发动机性能和 EGR 对 NO_x 的影响

图 4.3.62 所示是颗粒状物质（PM）及其内含物 SOF 受 EGR 的影响程度。EGR 率提高时颗粒状物质增加。SOF 在 EGR 率降低时有少许增加的倾向，在 EGR 率提高时有少许减少的倾向。

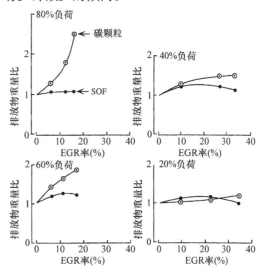

图 4.3.62　EGR 率对炭颗粒排放量的影响

（iii）EGR 对燃烧特性的影响　图 4.3.63 所示是在性能实验的同时测试得到的放热率。从图中可以了解中速和高速工况时 EGR 对放热率的影响。预混合燃烧峰值随着 EGR 率的增加而减少，扩散燃烧部分的变化却很小。预混合燃烧峰值的减少是由于 EGR 气体使进气温度升高，缩短了点火延迟，以及在预混合燃烧期间 EGR 气体抑制了预混合燃烧速度。也就是说，预混合气体中存在与 EGR 率相对应的 CO_2 浓度，而且 O_2 的浓度也减少，这些因素都会对燃烧速度起限制作用。在扩散燃烧期间虽然放热率的变化很少，但是 EGR 气体对实际的扩散燃烧速度多少还是有些抑制作用的。

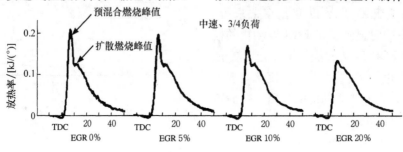

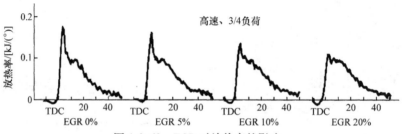

图 4.3.63　EGR 对放热率的影响

（iv）EGR 对燃烧火焰温度的影响　图 4.3.64 所示是燃烧火焰温度的二色法测试、分析结果。从结果中可以知道 EGR 能够降低火焰温度。这是前面介绍的柴油机燃烧过程中 EGR 工作时 NO_x 浓度降低、笼统地讲氧气浓度降低造成的，因此可以了解到 EGR 对燃烧气体温度的降低具有一定的贡献。

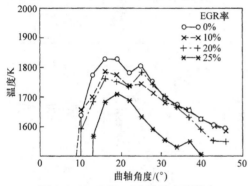

图 4.3.64　EGR 对火焰温度的影响

b. EGR 实施中的问题

EGR 在实用过程中有一些必须解决的问题。对这些问题汇总如下：

① 性能、燃油消耗率的改善（特别是 NA 发动机）。

② NO_x 以外的排放气体的改善（CO、HC、PM、炭烟等）。

③ EGR 率控制的改善。

④ 增压发动机采用 EGR 的可能性扩大。

⑤ 可靠性、耐久性确保。

上述的问题当中，①、②已经介绍过，此处针对③、④做重点叙述，对于最大的问题⑤将在后面的内容中阐述。

（i）EGR 率的控制性　EGR 是将排气管的一部分排出气体进行分流，使之返回到进气系统中的方法，回流管与汽油机相比非常粗。

这是由于柴油机的进气和排气压力差很小，为了得到必需的 EGR 气流，必须将 EGR 管做的

很粗。因此，EGR 阀门也很大。图 4.3.65 所示是实用化 EGR 的控制系统案例。

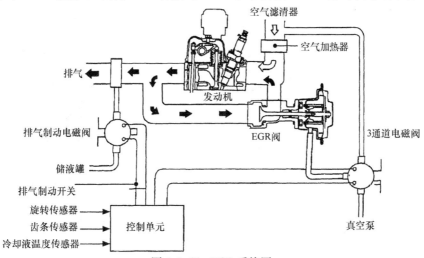

图 4.3.65　EGR 系统图

（ⅱ）增压发动机的 EGR 困难　当在增压发动机上设置 EGR 系统时，排气管内的气体压力和进气管内的压力之差非常重要，根据 EGR 气体回流的位置，有时会发生 EGR 气体无法回流的现象。图 4.3.66 所示是增压发动机的 EGR 气体回流方式概略图。对于在压缩机出口处 EGR 气体回流的情况（图中的①），由于轻负荷时的冲击压力低，EGR 是可以工作的，但是当负荷增加时冲击压力高于排气压力，此时 EGR 无法工作。为了解决这个问题，在排气侧设计了一个节气门，以提高背压。

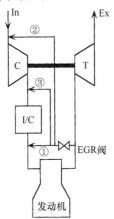

图 4.3.66　增压发动机的 EGR 配管方法

对于在压缩机入口处 EGR 气体回流的情况（图中的②），上述的问题虽然不会发生，但是会发生其他的问题，如压缩机的污染、腐蚀等造成的效率和可靠性降低。另外对于在中冷器之前 EGR 气体回流的情况（图中的③），中冷器由于污染而使效率下降，可靠性方面的影响也必须加以考虑。

c. EGR 的耐久性、可靠性

将排放气体的一部分作为 EGR 气体进行分流，通过 EGR 阀门、进气歧管再次进入到气缸内，中间的某些部位可能出现问题。燃料轻油当中大约含 0.2% 的硫成分，因此燃烧后的排出气体中含有 SO_2。SO_2 酸化后从 SO_2 变成硫酸（H_2SO_4）。当温度较低时硫酸会结露，对 EGR 管路产生腐蚀作用。被吸入到气缸内的 SO_2 也会产生硫酸，当温度降低时，以炭烟颗粒的形式形成结露。有报告指出结露温度约为 130~150℃ 左右，由于温度较高，必须使用耐腐蚀性的管道。

硫酸中如果存在润滑油则会产生中和反应，使润滑油的碱性降低，一部分黏附在气缸壁、活塞、活塞环上，对这些表面产生腐蚀现象。另外，不管有没有 EGR，燃烧气

129

体中如果存在 NO_x，也会在气缸壁及活塞环的沟槽部分形成硝酸（HNO_3），和硫酸的作用相同，都会加快磨耗进展。

EGR 气体中的炭烟在进气冲程中随着涡流流动，并黏附在气缸壁及活塞环附近的滑润油上。混入到润滑油中的炭烟会加快润滑系统零部件（如凸轮轴、挺柱、摇臂等）的磨耗。因此，必须保证滑润油中不溶解成分（炭烟）的含量不能增加。以下将对其中重要的项目加以介绍。

（ⅰ）活塞环、气缸套的磨耗　图 4.3.67 所示是 20% 的 EGR 工作时的第一环岸、气缸套的磨耗情况，由于 EGR 的原因使磨耗增加了 4~5 倍。另外此时所使用的燃料中硫的含有量为 0.5%。图 4.3.68 所示是活塞环及气缸套部分的酸碱度（pH 值）测试结果，第一环岸处的 pH 值最低，第二活塞环、第三活塞环的 pH 值逐渐增加。也就是说第一环岸处于磨损最严重的状态。因此这些部位必须使用耐腐蚀、耐磨损的新材料。

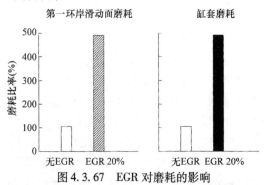

图 4.3.67　EGR 对磨耗的影响

（ⅱ）润滑油老化　EGR 工作时润滑油的老化非常严重。碱性值快速降低，不溶解成分快速增加。燃料中的 97%~98% 的硫成分转变为 SO_2，通过排气管排放出去，如果通过 EGR 将 SO_2 再次吸入到气缸内，在燃料中水的作用下生成硫酸，产生腐蚀磨损现象。与此相对应，在润滑油中 Ca（OH）$_2$ 的中和作用下对腐蚀有一定的抑制效果，因此也加速了碱性值的下降。润滑油中的硫酸

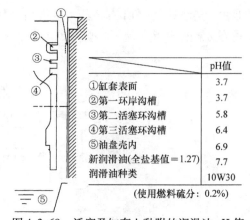

	pH值
①缸套表面	3.7
②第一环岸沟槽	3.7
③第二活塞环沟槽	5.8
④第三活塞环沟槽	6.4
⑤油盘壳内	6.9
新润滑油(全盐基值＝1.27)	7.7
润滑油种类	10W30

（使用燃料硫分：0.2%）

图 4.3.68　活塞及缸套上黏附的润滑油 pH 值

主要是在进气行程和压缩行程中从 EGR 气体中混入进来的。润滑油中还包含硝酸离子，燃烧后将会产生 NO_x，经过研究认为是在燃料过程中混入进来的。

采用 EGR 后，氧气浓度降低，燃烧恶化，使炭烟产量增多。与它相比，前面介绍的 EGR 气体中混入的炭烟在压缩行程中混入到润滑油中的可能性更高。因此，它是降低发动机排放气体中炭烟含量的重要措施。

（ⅲ）气门系统磨损　凸轮轴、挺柱、摇臂等零件的面压非常高，接近于临界润滑状态，因此会产生磨损。耐特压润滑油添加剂在临界润滑部分形成低熔点合金（硫化物、磷化物）薄膜，能够降低面压以抑制磨损的增加。由于 EGR 而出现的润滑油老化，在润滑油中飘浮的炭烟颗粒会妨碍耐特压润滑油添加剂薄膜的形成。树脂、油泥、炭颗粒对薄膜具有破坏作用，使转动面上产生划痕，并进一步增加临界润滑、磨损的进展。曾经有过 EGR 使耐特压润滑油添加剂减少、消失的案例，在润滑油中混入的炭烟颗粒会吸附耐特压润滑油添加剂，妨碍添加剂的功效。总之 EGR 会造成炭烟颗粒混入到润滑油中，成为加剧磨损的原因。

实际中就有由于 EGR 使气门系的磨损加剧的报告。图 4.3.69 所示是除去润滑油中的炭烟颗粒后所进行的磨损实验结果，通过减少 EGR 中的炭烟颗粒，大幅降低了气门系统的磨损。

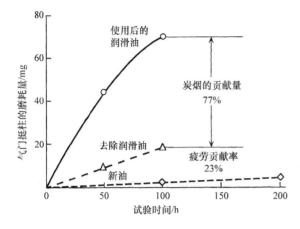

图 4.3.69 炭烟对气门磨耗的影响

作为解决润滑油老化的措施，除去润滑油中混入的炭烟颗粒是非常有效的。为了保证机油滤清器有效地捕捉炭烟颗粒，必须对炭烟的分散性加以限制。在这种情况下，有时会出现同时除去耐特压润滑油添加剂的现象。为了解决这个问题，有待于今后更进一步的研究。

[青柳友三]

参考文献

[1] 吉田, 齐木, 藤村: 自動車技術, Vol.47, No.10, p.10 (1993)
[2] F. Thoma, et al. : SAE Paper 932875 (1993)
[3] 北島: Motor Fan, p.246 (1990. 9)
[4] 塩崎, 鈴木, 大谷: 日野技報, No.38, p.3 (1989)
[5] 町田, 松岡: 内燃機関, Vol.14-1, No.160, p.57 (1975)
[6] 関本政則: 日石レビュー, Vol.32, No.5, p.26 (1990)
[7] 塩崎, 鈴木: 自動車技術会論文集, No.46, p.18 (1992)
[8] 小高, 小池, 塚本, 成沢: 自動車技術会前刷集 912, p2.37, Paper No.912189 (1991)
[9] 佐藤, 赤川: 自動車技術, Vol.44, No.8, p.67 (1990)
[10] D. A. Pierpont, et al. : SAE Paper 950217 (1995)
[11] 塩崎ほか: 第12回内燃機関シンポジウム講演論文集, 論文 No.42 (1995)
[12] 日産ディーゼル整備要領書 (FE6Aエンジン)
[13] 古浜庄一: 日本機械学会講演前刷集, p.109 (1958)
[14] 大隅, 木島: 自動車技術, Vol.46, No.5, p.77 (1992)
[15] 村上靖宏: 自動車技術会前刷集 934, p.65, Paper No.9305454 (1993)
[16] 加納真他: 日本潤滑学会第27期全国大会前刷集, p.177 (1985)
[17] F. C. Rounds : SAE Paper 810499 (1981)
[18] 川上, 中川: 潤滑, Vol.27, No.5, p.327 (1982)
[19] 功刀ほか: 石油学会製品部会討論会前刷集, p.58 (1984)
[20] 太斉, 渡辺: 日本潤滑学会第34期全国大会 (富山) 予稿集, p.139 (1989)

4.3.5 发动机本体

随着柴油机排放对策的不断深入，如高压喷射技术，同时也带来了发动机噪声增加、燃烧噪声增加的问题。另外，一般的排放对策都会导致燃油消耗率恶化，通过改善燃烧过程等即使是效果甚微的各种努力，逐渐降低摩擦及辅助机构类的损失，必须取得发动机综合燃油消耗率改善。从这个观点出发，以改善 PM 及燃油消耗率、降低噪声相关的措施为重点加以介绍。

a. 缸体

柴油机的振动噪声，通常大部分都是从缸体向外传递、放射的，为了开发低噪声发动机，提高缸体的刚度是最重要的。近年来，随着计算机硬件的飞速发展，模态分析及 FEM 分析变得越来越容易。通过静变形、固有振动频率、频率响应等各种分析而确定的梯形构造，试制样机并进行各种分析，最终选择最有效果的方案。经过这样的优化过程来选择最佳的结构。相对于传统的发动机，实现了大幅的噪声削减效果，具体案例如图 4.3.70 所示。在传统的发动机上，以800Hz 为中心出现较为明显的峰值，通过结构改造以后，在 1000Hz 以下已经没有较为突出的峰值，整体的级别都有所降低。像这样高刚度、低噪声发动机缸体的变形也很小，因此摩擦也呈现出降低的趋势。缸体的曲轴主轴颈构造也有类似的改进报告。

有些研究案例中指出，在以前使用的具有优秀耐磨性能的特殊合金铸造而成的无缸套结构的基础上，通过缸筒表面的平磨加工，以达到初期润滑油消耗和摩擦的稳定化。

IDI 发动机的活塞热负荷很高，由于缸体的磨损、烧蚀等，很难获得高的输出功率，对缸筒内表面直接进行了激光淬火。由于这种结构不需要缸套，在增加缸心距方面不会遇到问题。通过激光淬火方式，使滑动

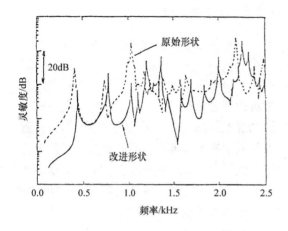

频响函数的比较

(2600r/min全负荷 左1m)

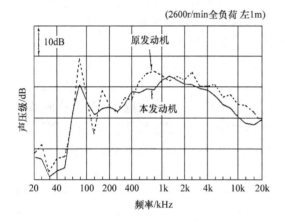

图 4.3.70　缸体改进的降噪效果

面的表面局部硬化，对淬火区域进行适当的间隔设置，使淬火位置产生凹陷，可以储存润滑油，使缸壁的耐磨性、耐划性提高，对润滑油消耗和 PM 削减具有积极的作用。通过这种工艺方法，缸壁的耐磨性能约提升了29%，第一环岸的磨损降低了约 5%。

b. 缸盖

随着高功率输出、轻量化需求的不断强化，缸盖的铝合金化逐渐被采用。缸盖是重要的功能部件，为了缸盖的铝合金化，必须对使用寿命有准确的预测。热疲劳裂纹作为最基本的寿命评价项目，首先需要了解产生原理，根据 FEM 的热应力分析来预测热应力的分布。在实施这些分析和预测的同时，

设计铝合金缸盖，同时兼顾废气排放，实现高输出功率的目的。一些类似的报告中，在保持柴油机低燃油消耗的基础上，在早期实现低 NO_x、低 PM 排放，为了确保实现更高的动力性能和静音性，采用了铝合金缸盖。为了在高延伸性的铝合金缸盖的基础上保持原来的可靠性，气门之间以及气门、燃烧室之间实施了 TIG 处理。根据这种处理方式，使组织细微化和形成微小气孔，提高了机械特性和可靠性。

c. 活塞

为了满足柴油机低排放、低油耗、高功率等各种要求，开发了一体化球墨铸铁活塞（FCD 活塞）。图 4.3.71 所示是 PCD 活塞的形状。压缩高度大幅降低和薄壁化设计使活塞重量的增加受到了控制。另外，使第一环岸的位置尽可能提高，减小了第一环岸的多余容积，空气利用率提高，对抑制炭烟排放、提升燃油消耗率都是有利的。FCD 活塞还具有良好的隔热效果，如图 4.3.71 所示。基于此，当隔热性能在一定程度上提高时就可以实现燃油消耗的降低。但是，如果隔热率过高，会导致燃油消耗率恶化。除了热损失以外还包括燃料的变化。另外，相对于隔热率，还列出了冷却热损失率和发动机摩擦变化情况，当隔热率增加时，冷却热损失率以及摩擦降低。这是由于活塞周围的温度升高，使滑动抵抗力降低了。如上所述，在隔热率达到 20% ~30% 附近时能够得到最佳的燃油减少效果，隔热率过高反而会产生不利影响。减少发动机润滑油的消耗对于耐久寿命是非常重要的，另一方面，由于直接聚集成颗粒状物质中的润滑油 SOF 成分，因此降低它是非常重要的。FCD 活塞共有 4 组活塞环，对活塞运动、活塞环运动进行优化。通过以上措施实现了燃油消耗、润滑油消耗的改善和 PM 排放削减。

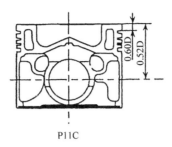

P11C

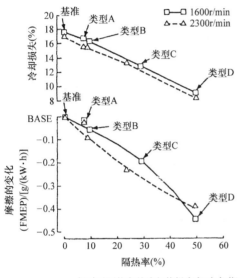

相对于隔热率的冷却热损失率(全负荷)
和摩擦(Willans法)的变化

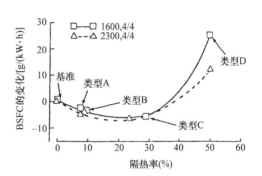

相对于隔热率的燃油消耗率的变化(全负荷)

图4.3.71 FCD 活塞的隔热效果

为了改善燃烧过程，以提高活塞的耐热性、降低热损失，有人发表了在活塞空腔部位采用铁基低膨胀合金进行氮化硅直接铸造的研究案例。试制活塞样件在实机上运转实验中没有出现异常，更高旋转速度、负荷工况下的耐久性还有待于验证，但是该铸造方法在活塞的制造过程中得到了确认。

不管是采用 EGR，还是减少多余的容积，都对活塞的要求变得越来越严厉，活塞销孔的裂纹、活塞燃烧室裂纹的整改措施也在不断进步中。对于前者，采取的措施如提高活塞销的刚度、增大活塞销的外径、缩短凸台间的距离、锥形活塞销孔的设计、活塞销孔衬套等。对于活塞燃烧室裂纹的整改措施，如硬质耐酸铝化、金属基复合材料（MMC）、在活塞上设计冷却空腔等。

d. 活塞环

组合应用前面介绍的激光淬火方法，开发出来了离子电镀活塞环。镀层较厚的 CrN 离子电镀具有很好的效果，厚度达 $50\mu m$，第一环岸的耐久可靠性大幅提高。第一环岸的磨损减少了约 90%，气缸壁的磨损减少了约 15%，这种低磨耗对油环也具有影响，油环的磨损降低了约 60%。

除此以外，活塞第一环岸滑动面型线对润滑油的消耗也具有一定的影响，进而影响着 PM 排放。

e. 其他

在排放、噪声、输出功率、燃油消耗率等要求的对应措施中，以提高进排气效率为目的的高气门升程化及气门开关时间的最佳化、多气门化等取得了显著的进展。根据这些成果，凸轮轴、摇臂之间的负荷增加，磨耗有变大的倾向，因此开发出了使用氮化陶瓷材料的低价格、高耐磨性的摇臂。图4.3.72 所示就是一款新型摇臂的耐磨损性能效果。在润滑条件恶劣的 EGR 发动机上，氮化陶瓷摇臂与锻造合金摇臂几乎具有相同的耐磨损性能，与铸铁摇臂相比耐磨损性能有大幅的提升。像这个不锈钢本体与陶瓷圆盘直接结合在一起，采用鼓形修整技术，不需要再加工，直接降低了加工成本。这种技术成果使低价格、高耐磨性的摇臂得以实现，使用陶瓷材料的凸轮轴摇臂开始广泛应用于量产发动机上。

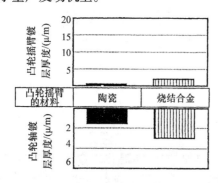

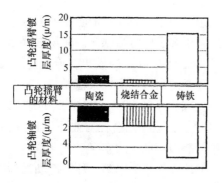

图 4.3.72　氮化陶瓷凸轮摇臂在有 EGR 时的耐磨性

［横田克彦］

参 考 文 献

[1] 宮島ほか：低騒音シリンダブロックの最適設計，いすゞ技報，84 号，p.53(1991)

[2] 前川ほか：小型トラック用低騒音ディーゼルエンジンに関する研究，自動車技術会講演集 932，9302583，p.191(1993)

[3] たとえば，吉田ほか：パイロット噴射装置付2L・T・Ⅱエンジンの開発，自動車技術，Vol.43，No.8，p.20(1989)

[4] 山本ほか：レーザ焼入れシリンダーおよびイオンプレーティングピストンリングの開発，自動車技術会講演会前刷集934，p.89(1993)

[5] 永吉ほか：シリンダヘッド熱疲労亀裂の解析，自動車技術会講演前刷集 921，921146，p.153(1992)

[6] 吉田ほか：低公害・高性能ターボディーゼルエンジンの開発，自動車技術，Vol.47，No.10，9307164，p.10(1993)

[7] 遠藤ほか：トラック用過給エンジンの効率向上と性能改善，自動車技術，Vol.47，No.10，9307173，p.17(1993)

[8] 宮入ほか：セラミックス鋳ぐるみピストンの開発，自動車技術会講演会前刷集 921，p.141(1992)

[9] 森田：ピストンの課題と対策方法，日本機械学会講演論文集，No.930-9-Ⅱ，p.650(1993)

[10] 井上ほか：ピストントップリングしゅう動面プロフィールがオイル消費に与える影響について，自動車技術会講演会前刷集 932，9302484，p.133(1993)

[11] 松本ほか：窒化ケイ素セラミックを用いた低価格，高耐摩耗性カムフォロワの開発，自動車技術会講演会前刷集 931，9301818，p.93(1993)

4.4　燃料

4.4.1　燃料特性和排放物

a. 喷射特性和燃料的物理性质

从下面的理论公式和实验公式中可以推测出，密度等燃料特性和喷雾分散特性显示出以下的倾向。当轻油的密度增加时，喷雾角度变小，容易与燃烧室壁产生冲突。另外，轻油密度增加后，空气则很难进入到喷雾内部，轻油的密度、运动黏度以及表面张力增加后油雾平均颗粒直径变大。由于日本的柴油轻油是通过对原油进行蒸馏和脱硫而生产出来的，适用于柴油车，如果轻油的密度相同，运动黏度和平均沸点必须限制在一定范围内（图 4.4.1）。因此，轻油的喷雾特性几乎是由密度和表面张力决定的。

到达距离：$f($密度$^{0.175})$　　和粟公式
　　　　　　$f(1/$密度$^{0.5})$　　广安公式

喷雾角度：$f(1/$密度$^{0.35})$　　和粟公式
　　　　　　$f(1/$密度$^{0.26})$　　广安公式

喷雾内的空气过剩率：

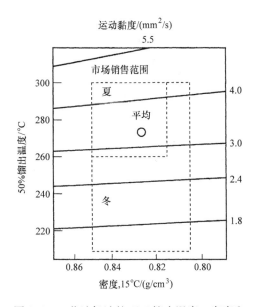

图 4.4.1　柴油轻油的 50% 馏出温度、密度和
运动黏度

$$f\left(1/密度^{0.85}\right) \quad 和粟公式$$

喷雾平均颗粒直径：

$$f\left(表面张力^{0.25} \times \left(1 + 3.31 \times Z^{0.5}\right)\right)$$

$$Z = 运动黏度^2 \times 密度 \times g / \left(表面张力 \times 喷孔直径\right) \quad 棚沢公式$$

$$f\left(运动黏度^{0.54} \times 密度^{0.72} \times 表面张力^{0.75}\right)$$

或者

$$f\left(运动黏度^{0.37} \times 密度^{0.1} \times 表面张力^{0.32}\right)$$
广安公式

另外，密度及表面张力与燃料温度成比例减少。

b. 蒸发特性和燃料特性

柴油轻油是由超过 200 种以上的碳氢化合物构成的，与纯碳氢那样达到固有沸点时所有的液体都会蒸发掉的概念是不一样的。加热能量会同时作用在气体和液体上，轻油即使是处于静止状态，当与达到沸点的碳氢以及沸点更高的碳氢蒸气混合在一起，产生蒸发现象。喷雾状态时轻油颗粒周围的碳氢蒸气会被吹走，颗粒周围气化的碳氢压力下降，沸点更高的碳氢就很容易蒸发。因此，根据喷雾的运动量，与静止状态相比沸点更

高的碳氢气化量更多，促进了轻油的蒸发。液滴直径越小、环境温度越高则液滴的表面温度越高。当温度进一步从沸点升高到临界温度后，燃料成分开始蒸发，当液滴直径较小时，在点火之前液滴会完全蒸发掉。像这种微粒化技术在柴油机的混合气形成过程中发挥了重要的作用。

c. 燃烧速度和燃料特性

发动机燃烧室内混合气的燃烧速度在空气涡流和燃料反应的作用下被加速。如果考虑到层流火焰速度，从预混合 1 次火焰的理论公式中可以知道，混合气的燃烧速度依赖于放热量以及隔热火焰温度，隔热火焰温度越高则预混合气的层流火焰速度越快（图 4.4.2）。另一方面，由碳氢燃料的总放热量和所生成的水蒸气、碳氢气体加热所需要的热量之间的平衡决定了隔热火焰温度，碳氢燃烧的总放热量被水蒸气和氧气生成摩尔数所分割的值越大，则隔热火焰温度越高（图 4.4.3）。这说明燃烧速度与碳氢构成元素的摩尔分割率之间的关系。但是，如图 4.4.3 所示，柴油轻油的分子构造参数约为 20.3，几乎是不变的，因此即使柴油轻油的制造方法有变化，隔热火焰温度和燃烧速度几乎是不变的。

d. 炭烟和燃料特性

从排放气体的测试方法来观察未燃烧碳氢及炭烟的产生和排放与燃料特性之间的关系。液化气打火点火以后，所产生的炭烟呈现出燃烧着的黄色光。这是由于从喷嘴喷射出来的 LP 气体与空气混合后开始燃烧，大部分的炭烟在火焰的前端燃烧。柴油燃烧也会经历类似的过程，产生炭烟，没有燃烧完全的炭烟被排放出去，所排放出来的废气是可以测试的。因此，混合气中的炭烟及燃烧中间产物（炭烟的前身为高分子未燃烧碳氢化合物）的形成和再燃烧速度会影响排放气体中的未燃烧碳氢化合物和炭烟浓度。另外，活塞和缸套之间的间隙处温度较低，

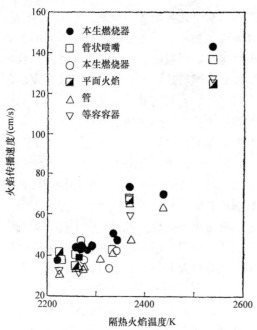

图 4.4.2　火焰传播速度和隔热火焰温度的关系

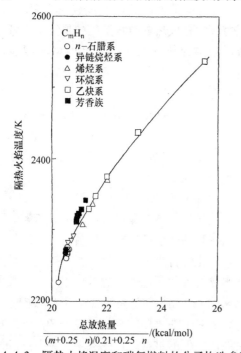

图 4.4.3　隔热火焰温度和碳氢燃料的分子构造参数

使活塞表面被冷却，燃料反应中断（熄灭、失火、反应冻结），炭烟形成的事实已经得到了证实。从这个实验中可以推测出炭烟的前身也会由于反应的中断而产生，与汽油发动机相同也会生成气体状态碳氢化合物和一—

氧化碳。即使燃烧反应突然中断，必须想办法促进其与空气的混合，控制反应过程中间产物的形成。降低密度对颗粒状物质排放浓度的削减是非常有效的（图 4.4.4）。除此以外，喷射结束时燃料的重质馏分也会对芳香族成分、50%馏出温度等燃料的平均物理特性产生影响。

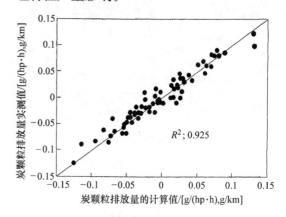

图 4.4.4　根据燃料性质对碳颗粒排放量的计算和实测值

e. NO_x 和燃料特性

NO_x 的形成与温度的关系非常大，燃烧温度越高则越容易生成 NO_x。由于燃料喷射量很容易控制，如图 4.4.5 所示，氧/氢比越低的燃料，单位容量放出的热量就越少，由于燃烧温度低，NO_x 的生成浓度就可以减小。但是，由于柴油轻油的氧/氢比约为 0.53～0.55 之间，平均燃料构成没有大幅变化的轻油，无法说明 NO_x 生成浓度的差异。当然，可以推测柴油燃烧后期与燃烧相关的燃料物理化学性质对 NO_x 的生成浓度有影响。另外，甲烷（压缩天然气）的氧/氢比约为 0.25，汽车汽油的氧/氢比约为 0.48。

f. 排放物控制对策和轻油的低硫化

根据轻油的低硫化调制，柴油车的炭颗粒排放得到了抑制。排气再循环（EGR）的采用推进了 NO_x 削减和气门系统的磨耗的降低，1992 年 10 月以后，法规规定硫成

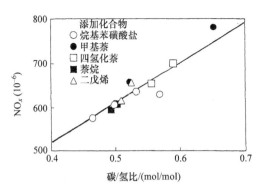

图 4.4.5 碳/氢比和 NO$_x$ 浓度

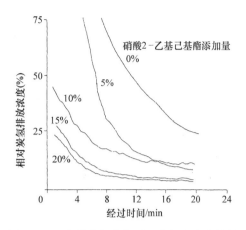

图 4.4.6 辛烷值提高相对于白烟浓度的效果
（−18℃，直喷式发动机）

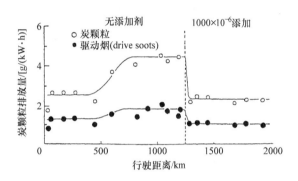

图 4.4.7 采用喷嘴清洗剂以防止排放恶化

分的含量限制在 0.2 质量% 以下。目前，实际生产中硫成分的含量被控制在 0.15 质量% 以下。另外，为了防止酸化催化剂的消声器性能恶化，到 1997 年 10 月份为止，轻油中的硫成分的含量被减小到 0.05 质量% 以下。

4.4.2 燃油添加剂

a. 辛烷值提升剂

根据下面的反应，硝酸烷基对燃烧初期反应的促进效果得到了确认。从危险品第 5 类到第 4 类法的修正，硝酸烷基可以作为商品使用。硝酸烷基 RONO$_2$ 是根据烷基与硝酸的酯化制造的，从烷基的供给量到硝酸戊基、硝酸己基、硝酸 2 − 己基的商品性发生了变化。

$$RONO_2 \rightarrow RO^\bullet + NO_2$$
$$RH + NO_2 \rightarrow R^\bullet + HNO_2$$
$$RNO_2 + O_2 \rightarrow HO_2^\bullet + NO_2$$
$$HNO_2 \rightarrow OH^\bullet + NO$$

启动时排放出来的白烟生成效果案例如图 4.4.6 所示。

b. 喷油器清洗剂

轻油长时间储存后会发生老化，产生的油渣会污染喷嘴，导致排放恶化。解决这个问题的方法是添加胺系活性剂。所添加的清洁剂能够有效防止喷嘴的污染，如图 4.4.7 中所示是碳颗粒排放减少的案例。

4.4.3 其他

与汽车用汽油相同，柴油轻油也需要从改善排放的角度来观察乙二醇类、乙醚类等含氧化合物的效果。图 4.4.8 所示是按照氧浓度标准，所增加的添加剂越多则炭颗粒物质的排量越少的研究结果。这些化合物的压缩点火性很差，因此必须根据混合比例来使用提高辛烷值的添加剂。在达到实用化水平之前还存在着价格高于柴油轻油问题。

如果能够减少发动机润滑油消耗量，炭颗粒排放也会随之减少。但是，发动机润滑油消耗量已经降低到约为燃料的 1/1000 ～ 1/1500。如果再进一步减少，为了确保燃烧室周围的润滑则必须使用合成润滑油。

在瑞典，使用含 0.01%（质量分数）

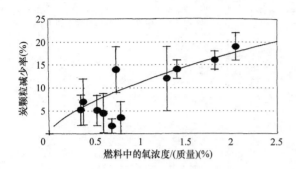

图 4.4.8　含氧化合物混合燃料的炭颗粒削减效果
（质量分数 1% ~ 5%）

辛烷值提升剂 800×10^{-6} 以下，辛烷值 42 ~ 45

的硫成分的轻油，发生了分配型燃油泵的异常磨损。此时，空转后的急速工况下，排放废气变浓。轻油的超硫化是世界范围内的发展方向，必须在早期阶段查明异常磨损的原因。

　　柴油轻油的硫成分来自于原油的硫成分，低温流动性取决于使用地区的气温，密度和沸点范围取决于汽车用汽油、飞机燃料、灯油等石油制品的需求情况，分析特性在世界各国之间存在着很大的差异。

［伊势一］

参 考 文 献

[1] H. Hiroyasu：Experimental and Theoretical Studies on the Structure of Fuel Sprays in Diesel Engines, 自動車技術会ディーゼル部門委員会資料(1992.7.29)
[2] 和栗雄太郎：高圧噴射と燃焼排気，三菱石油技術資料，No.73, p.66(1989)
[3] 塚本達郎ほか：第28 回燃焼シンポジウム講演論文集，p.173 (1990)；第29 回燃焼シンポジウム講演論文集，p.385(1991)
[4] J. B. Maxwell：Data Book on Hydrocarbons, D. Van Nostrand Co., Tronto, N. Y., London
[5] 伊勢　一：石油学会誌，Vol.12, No.7, p.519 (1969)
[6] 廣安博之ほか：自動車技術会学術講演会前刷集 912, p.3.29 (1991)
[7] 塩路昌宏ほか：同誌 924, p.41(1992)
[8] W. W. Lange：SAE Paper 912425(1991)
[9] N. Miyamoto, et al.：SAE Paper 940676(1994)
[10] M. M. Kamel：SAE Paper840109(1984)
[11] H. Nomura, et al. ：13th World Petroleum Congress, Proceeding, TOPICS 16, FORUM Fuels-Gas Oil (1991)
[12] F. J. Liotta, Jr., et al.：SAE Paper 932767(1993)
[13] 岸ほか：自動車技術，Vol.48, No.5, p.13(1994)

4.5　后处理技术

4.5.1　酸化催化剂

　　为了满足 1994 年北美非常严格的炭颗粒排放法规，货车用发动机制造商投入了大量精力进行高压喷射及润滑油损耗控制技术。但是，除了大型发动机以外，对于发动机本体的改进具有一定的限制，因此一些后处理技术逐渐受到了重视。当初，炭颗粒过滤器等技术虽然是被当作有力的替补方案，但是并没有实用化的规划，而是采用了更加实用的酸化催化剂。这些酸化催化剂，通过对柴油发动机中排放出来的炭颗粒物质中 SOF 成分进行酸化反应，来降低颗粒物质的排出量。

　　图 4.5.1 所示是满足北美 HDDE（Heavy – Duty Diesel Engine）排放法规值的发动机在安装酸化催化器之前的炭颗粒构成成分。从图中可以知道，如果不采用高压喷射等手段使炭烟排量彻底降低、SOF 构成比例不降到一半的话，酸化催化剂的效果将大幅缩减。

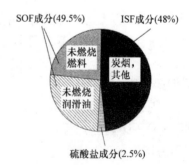

图 4.5.1　颗粒构成比例（无催化剂）

　　在德国，搭载柴油发动机的乘用车，都配置了酸化催化器。这是由于当时公众普遍认为柴油发动机是公害的源头，车辆的销售陷入了低谷，乘用车制造商在车上安装了酸化催化器，以环保汽车为主旨意图恢复购买者的意愿。

另一方面，日本的商用车、乘用车中的任意一个领域，除了进口乘用车以外，还没有在柴油发动机上安装酸化催化器的先例。但是，日本的准正常 13 工况排放测试法规中，由于低负荷工况时所产生的 SOF 成分的贡献较大，在某种程度上酸化催化器的效果是值得期待的。因此，为了满足日趋严厉的法规，将来将在无增压发动机上采用酸化催化器。

欧洲的 HDDE13 工况中高负荷的贡献较大，后面将要介绍到的硫酸盐问题可以忽视，可能不使用商用车柴油机上配置的酸化催化器。

图 4.5.2 所示是影响酸化催化器实用化的主要因素。原因虽然有很多，但其中最主要的如下所述。

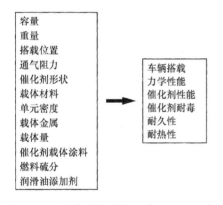

图 4.5.2 酸化催化剂实用化的影响因素

a. 技术课题

柴油发动机用酸化催化剂的基本构成与汽油发动机相同，蜂窝状陶瓷载体或者金属载体上承载着催化剂基材和催化剂活性成分。但是，在北美货车发动机上，由于发动机自身比乘用车汽油发动机大很多，催化器也很大。载体制造商取消了大型蜂窝状的开发，不再进行柴油发动机用酸化催化剂的开发。

EPA 瞬间工况中，TCA 发动机运转时的排气温度为 $100 \sim 450℃$。对于汽油发动机用催化剂 $450℃$ 属于较低的温度，但是对于柴油发动机来讲则是恶劣的。轻油中包含的微量硫成分在燃烧时以 SO_2/SO_3 的形式排出去。通过酸化催化剂以后，SO_2 被酸化，变成 SO_3，与排放气体中的水分子发生反应，生成称为硫酸盐的成分，使炭颗粒状物质增加。北美从 1993 年 10 月开始将燃料中的硫成分降低到了 $0.05wt\%$ 以下，酸化活性很高的铂金系催化剂中催化剂载体涂料增加了 $8 \sim 9$ 倍，抹杀了 SOF 成分的削减效果，结果炭颗粒状物质与没有催化剂时相比反而增加了。因此，必须寻求具有高 SOF 分解能力，而且在 $450℃$ 时能够抑制硫酸盐产生的酸化活性催化剂。

柴油发动机的排放气体中包含的高沸点 HC 及硫酸盐，在怠速工况等排气温度较低的催化剂活性不足时，会被吸附/黏附在催化剂表面。因此，随着温度的上升，虽然有一部分被催化剂分解，但是大部分仍然与催化剂脱离，以白烟的形式排放出去。它和所使用的硫酸盐及排放气体中的 HC 薄雾等的吸附/黏附相关，因此在选择催化剂载体涂料时要十分注意。

b. 催化剂设计

在北美，为了应对炭颗粒状物质排放法规，要求催化剂具有如下的功能：

① 较高的 SOF 分析酸化活性。

② 到 $500℃$ 为止对硫酸盐的生成有抑制作用。

③ 对 HC 等的低温吸附有抑制作用。

适应于北美排放法规而采用的酸化催化剂的一个案例中，酸化活性低于铂金、但硫酸盐排放少的钯被选为催化活性成分。载体为堇青石制蜂窝结构，吸附/脱离性优秀的催化剂载体涂料为涂层。另外，为了提高催化剂选择性，还添加了ⅠB族、ⅢA族辅助催化剂。

为了提高催化剂的性能，必须优化催化剂的流动，如根据 CFD 方法进行的内部流动模拟。图 4.5.3 所示计算结果在原始形状中，催化剂前部的外周由于气体的涡流而产生了逆流，对拐角结构加以变更，使流动情况得到了改善。

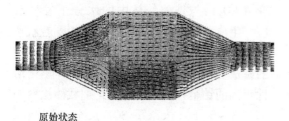

原始状态

对策状态

图4.5.3　催化器内气体流动比较（模拟结果）

c. 实用性

为了使催化剂达到实用化水平，需要满足以下几项要求：

① 耐久性。

② 维修便利性。

③ 抗毒性。

④ 耐热性。

1994年HDDE法规要求的耐久性为29万mile（46.4万km）。另外，在发动机售后服务中，对维修的耐久性也有一定的要求。

发动机润滑油添加剂及燃料中包含的硫成分在燃烧时所产生的磷、钙、硫化合物、炭烟等对催化剂的活性具有不利的影响，但是其损害程度较低。另外与汽油发动机相比，由于柴油机的排放温度低，在耐热性方面不会出现问题。

除了催化剂自身以外，有时还可能出现载体的耐久性问题。一般使用较多的载体为陶瓷（催化剂载体涂料），在壳体之间填充有耐热的缓冲材料，必须对其加以注意。另一方面，金属蜂窝状结构中，由于不需要缓冲材料，可以与壳体直接连接到一起。这种结构的催化器尺寸小，耐久性也较高。

d. 车辆搭载性

为了提升催化剂的性能，希望能降低流动速度。但是这样一来会使重量、容积增加，使在车辆上的搭载性变差。虽然可以设计更紧凑型的结构，但是如果气流阻抗增加，会给发动机的性能带来过大的损失，因此必须权衡考虑这些因素。图4.5.4所示结构是为了提升在车辆上的搭载性而设计的一体化消音器。

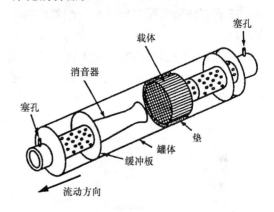

图4.5.4　消音器—体型催化器

［渡边慶人］

参 考 文 献

[1] 茂木浩伸ほか：ディーゼルエンジン用酸化触媒のパティキュレート低減に関する研究，自動車技術会学術講演会前刷集，9306363，pp.77-80（1993）

[2] 高橋洋次郎：ディーゼルエンジン用SOF触媒の開発，自動車技術，Vol.48，No.5，pp.24-28（1994）

[3] 原山直也：パティキュレート低減用の酸化触媒について，日産ディーゼル技報，No.54，pp.108-113（1992）

[4] 吉岡正憲：'94年米国排ガス規制適合エンジンの開発—中型（MHD）トラック用6HE 1-Xエンジン，自動車技術会「新開発エンジン」シンポジウム，No.9533271，pp.47-52（1995）

[5] M. G. Campbell, et al.：Substrate Selection for a Diesel Catalyst, SAE Paper 950372, SP-1073, pp.127-133（1995）

[6] R. K. Miller, et al.：System Design for Ceramic LFA Substrates for Diesel/Natural Gas Flow-Through Catalysts, SAE Paper 950150, SP-1073, pp.17-27（1995）

4.5.2　DPF

北美于1982年开始实行柴油发动机乘用车排放法规，并逐年强化。为了与该法规对应，奔驰公司于 1985 年面向加州，堇青石蜂窝型催化器 DPF（Diesel Particulate Filter）系统搭载在乘用车上，并在 1986 年以后普及到全美。但是，随着石油危机过后燃油价格下滑，实际上在美国的柴油机乘用车市场已经消失，DPF 也从市场上销声匿迹。

为了满足北美 1994 年大中型柴油商用车排放法规的要求，必须使用 DPF 系统，因此当时开发了很多种类型。但是，并没有开发出低价格、高耐久性和可靠性的实用化方案，并没有将该系统作为法规对应技术加以推广。

另一方面，DPF 在大城市环境保护政策方面受到了关注，搭载在一部分路线车及垃圾车上，在美国、欧洲进行了路试。从 1995 年 3 月开始，日本也在东京及横滨开展了路面测试。另外在地铁及隧道内的工程车、密闭空间内的叉车等设备中，装配了一部分 DPF 系统。

美国已经于 1994 年颁布了排放法规，要求城市巴士的炭颗粒排放值为货车的 70%，即 $0.07g/(bhp \cdot h)$，从 1996 年开始进一步降低到 $0.05g/(bhp \cdot h)$。以目前的技术水平除了 DPF 还无法满足该法规要求。DPF 系统的制造商中虽然有一些已经放弃了实用化开发，但是为了应对进一步强化的法规，或者城市环境保护政策，仍然继续多种系统的实用化开发。

DPF 如同德语 Rubfilter（炭烟过滤器）所代表的意义那样，其主要功能是捕集颗粒状物质中的炭烟颗粒，但同时会将黏附在炭烟上的 SOF 成分也一同捕集。当这些被捕集的颗粒堆积在过滤器内时，会使排气背压增加。排气背压增加会导致发动机性燃油消耗率恶化，因此必须通过燃烧等手段定期清除堆积颗粒，以确保过滤器的功效。

DPF 必须具备如下几方面的特性：

① 具有足够的捕集性能，且将发动机性能损失限制在允许的范围内。

② 安装到排气系统中后，针对机械负荷和振动，必须具有足够的耐久性。

③ 具有能搭载在车辆上的尺寸和重量。

④ 针对排放气体及燃烧再生时的温度变化，必须具有足够的耐久性。

⑤ 针对车辆的售后服务，必须具备充分的系统耐久性、可靠性，且价格较低。

目前的 DPF 技术还没有达到成熟阶段，还不能完全满足上述的所有要求，应该从系统、材料、构造、再生方法等方面进行多种改良和新技术尝试。下面将就到目前为止开发出来的 DPF 的构造、材料方面的特征及各种再生方法加以介绍。

a. 过滤器的材料和构造

（i）整体蜂窝式堇青石过滤器　它是多孔由堇青石挤压成型的、蜂窝隧道式入口和出口交互密封的壁流型过滤器，目前是最实用的结构。图 4.5.5 所示为过滤器的构造。

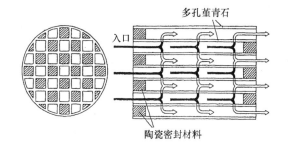

图 4.5.5　壁流蜂窝型 DPF 构造

这种过滤器由孔材质构成，因此具有高捕集效率和低压力损失这一对立的特性。由于是挤压一体成型件，因此结构紧凑，强度高，在种种系统开发中利用率最高。但是，由于形状大，整体式挤压成型困难，一般都是将形状分割开，然后再粘接到一起。挤压堇青石材料的热膨胀率低，具有较高的热冲击性，但是热传导率低，因此容易产生过大的热应力，燃烧再生时会有很多问题。为了进一步降低这种堇青石的压力损失，还在气孔直径分布改良、耐热冲击、捕集效率、压力损失特性改良等方面不断地努力中。

（ii）整体蜂窝式 SiC 过滤器　这是一种与图 4.5.5 所示构造几乎完全相同的壁流式过滤器。iBiden 公司开发了 SiC 烧结体结晶粒子大小范围的控制技术，与董青石相比气孔可以分布在非常狭小的范围内，如图 4.5.6 所示。这种过滤器在保证了较高的捕集效率的同时，与相同尺寸的董青石过滤器相比，压力损失降低了约一半。

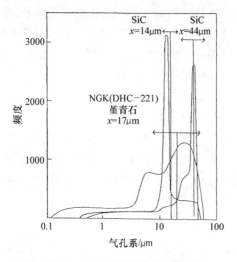

图 4.5.6　SiC 过滤器的气孔直径分布

SiC 具有 2200℃以上的耐热性，热传导率为董青石过滤器的数十倍，在热应力方面属于优秀的材料，但是热膨胀率较高，因此在再生时容易出现裂纹。为了解决这个问题，将其制成截面为 33mm × 33mm 的正方形、长为 150mm 的长方体，将数十个这样的结构组合在一起，通过这种结构设计有效地解决了热裂纹问题。

另外，如图 4.5.7 所示，开发出了过滤器入口、出口盖形覆盖物来代替原来的封口结构，增加了过滤器的面积。

（iii）陶瓷纤维积层过滤器　在不锈钢多孔管的外周缠绕多层陶瓷纤维的蜡烛形状过滤器（图 4.5.8），将多个组装在一起使用（图 4.5.9）。目前，由 3M 公司制造的

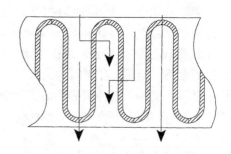

图 4.5.7　SiC 过滤器的密封新技术

整体蜂窝式董青石过滤器是具有实际应用经验的。为了提高陶瓷纤维的耐热性和车辆搭载性，面临着小型化等课题。

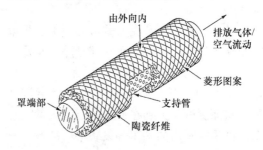

图 4.5.8　蜡烛形过滤器

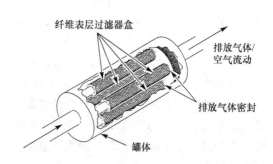

图 4.5.9　蜡烛形过滤器的组装图

（iv）陶瓷纤维纺织物过滤器　这是一种由 3M 公司生产、将陶瓷纤维纺织成布状（图 4.5.10）并卷在不锈钢多孔管上，代替原来直接缠绕的过滤器。由于它实现了小型化，在一些提案中将其组装在排气歧管上。目前这种过滤器还处于开发阶段，还有待于进一步改进。

（v）陶瓷型过滤器　将董青石做成陶瓷型块状的过滤器，初期的捕集效率较低，

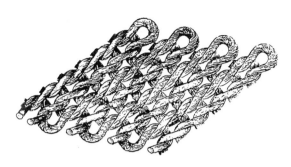

图 4.5.10　陶瓷纤维纺织物

能够将堆积的炭颗粒吹除，但是由于机械强度等方面的问题，目前没有推广使用。

（vi）多铝红柱石纤维过滤器　是将多铝红柱石纤维做成的蜂窝状结构，在隧道的入口和出口交互密封的壁流型过滤器（松下制造）。压力损失低、捕集效率高、重量轻。但是有压缩强度低，容易熔化，作为黏接剂使用的黏土的耐热性不足等缺点。

（vii）横流式积层过滤器　是由多孔董青石的挤压成型板堆积而成的壁流式过滤器（旭玻璃制造）。各层板上有椭圆形的小孔，从这些小孔中进入的排气从积层板之间的间

隙排放出去（图 4.5.11）。该种过滤器具有再生方法的特征。

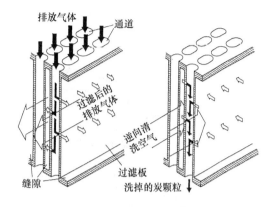

图 4.5.11　横流型积层过滤器

（viii）玻璃纤维棒过滤器　这是由 Pallflex 公司开发的，将高熔点、1mm 厚玻璃纤维制成的棒状结构，插到金属网中间，通过 1cm 厚的套筒组装到一起的过滤器（图 4.5.12）。排气通过套筒空的一侧进入，经过玻璃纤维棒过滤后再排放出去。它具有高过滤效率、低压力损失、高耐久性等特征，目前仍处于研究阶段，还有待于实用化改进。

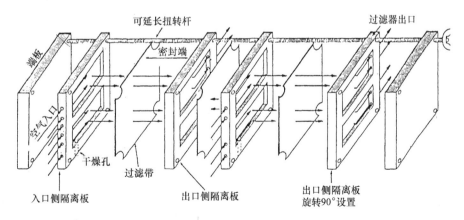

图 4.5.12　玻璃纤维带过滤器

（ix）金属线网过滤器　将不锈钢线网做成中空的圆筒状态结构的过滤器，排气从外侧向内侧流动。网格上载有重金属催化剂，一般用在公交车上，缺点是重量较大。

（x）烧结金属过滤器　由德国的 SHW 公司开发，将金属线和粉末金属（Cr、Ni 系）混合在一起，经过高温烧结而成的重叠板状过滤器（图 4.5.13）。捕集效率和压

力损失性能由细孔的尺寸决定，捕集效率比陶瓷壁流蜂窝结构稍低，由于是金属构造，所以重量很大，燃烧再生时容易出现热变形，制造商推荐了添加剂再生方式。

图 4.5.13 烧结金属过滤器（SHW 公司目录）

（xi）金属多孔体过滤器 这是由住友电工开发的、骨架像海绵那样由三维网状金属（Ni、Cr、Al）多孔体做成圆筒状，并多个同时使用称为 DPF 的过滤器（图 4.5.14）。虽然具有较高的耐热性、机械强度性能，但是和陶瓷型过滤器一样捕集效率较低。

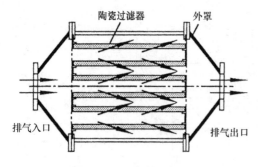

图 4.5.14 陶瓷过滤器

（xii）纤维过滤器 由金属短纤维堆积重叠，通过吸附将炭烟消除的过滤器（图 4.5.15）。具有成本低、压力损失低、耐热冲击性高等特征，但目前还处于研究阶段。

（xiii）一次性纸制过滤器 这是一种空气滤清器上使用的纸制过滤器（Deisel Con-

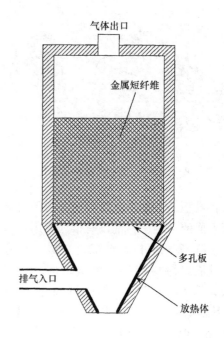

图 4.5.15 巢式纤维过滤器

trol 公司生产）。初期的捕集效率为 86%，随着炭颗粒的堆积达到 100%。但是，由于不具备耐热性，必须将过滤器前的排气温度冷却到 100～130℃左右。

b. 过滤器的再生方法

DPF 上堆积的炭颗粒的着火温度为 580℃左右。高负荷工况使用频繁的工程车辆上期待能够自然性再生，但是城市公交车在运行时的排放气体温度为 300℃以下，DPF 无法自然再生，必须采取一些辅助手段。以下是到目前为止所尝试的多种 DPF 再生方法。

（i）自然、催化剂再生系统 地下矿山或者隧道内作业车辆的高负荷工况使用频繁，能够自然再生、不需要特殊点火辅助手段的整体蜂窝状过滤器取得了实用化进展。如果使用催化剂，则点火温度可能下降到 450℃以下，催化剂依托在 DPF 上，自然再生更加容易。日本于 1988 年的隧道工程用圆盘电机上安装了承载催化剂的整体蜂窝式过滤器，并开始销售。另外，该系统为了利用进气节流来提高排气温度，具有自动/手动并用的控制方式。

（ii）外部电源加热器再生系统 这是对于夜间休息中的车辆，利用商用电源（200～220V）将长时间捕集的炭颗粒通过燃烧再生的方式。它是由 Volvo 公司研制的，在承载催化剂的董青石蜂窝型过滤器前端放置螺旋形电加热器（图4.5.16），经过3h 左右的加热使催化剂再生。日产柴油机公司在董青石蜂窝型过滤器的外周和前端配置加热器（图4.5.17），经过4.5h 左右的加热使对催化剂再生。该种方式由于再生时间长，董青石蜂窝型过滤器再生时容易出现熔化或者裂纹等问题。并且电源及助燃空气的连接等具有一定的复杂性，因此该种方式并没有得到普及。

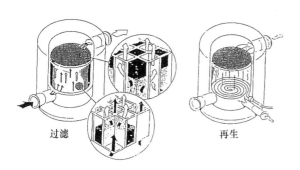

图4.5.16 Volvo City 过滤器

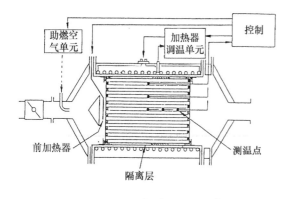

图4.5.17 电加热器再生系统

（iii）电加热再生系统 将螺旋形的电加热器安装在承载催化剂的整体蜂窝型过滤

器的前端，以全自动电加热的方式进行再生的系统。纽约市将搭载该系统的400辆公交车实施了路面测试，由于过滤器的裂纹、熔化等问题没有得到很好的解决，因此该公司中断了 DPF 的商品化开发。

德国的 FEV 发动机技术研究所在整体蜂窝式过滤器入口处的每个单元上布置了6mm 深的电线，通过这种方式进行加热再生（图4.5.18）。将电线中通过50s 左右的电流，使电线附近的炭颗粒着火，根据火焰传播，经过约60～120s 后再生结束。由于通电时间短，电能消耗低，用在乘用车上只需要 200～500W。大型商用车则为 1～2kW。还有的提案中提出，将过滤器分割为多个区域，按照顺序进行加热再生。Voest – Alpine Automotive 公司以商品化为目标进行了开发，但是该公司被其他公司收购后，该项目中断了。

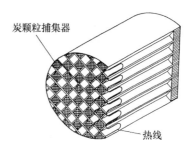

图4.5.18 FEV 热线点火系统

陶瓷纤维积层过滤器用一体型电加热器再生方式正在开发当中。在铬镍铁合金上打孔，形成图4.5.19 所示的形状，将其做成圆筒形，并在 V 形沟槽的连接部位焊接，两端布置电极，成为加热器。它代替了不锈钢多孔管，将陶瓷纤维过滤器直接卷到圆筒加热器上，为了降低电力消耗和再生的可行性，使气流从内侧向外侧流动。

除此以外还研制了多种电加热器，如在 SiC 过滤材料上直接安装电极的自发热体、在电灶上使用微波的再生方式。但是由于必

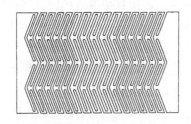

图 4.5.19　加热器形状（将其卷成筒状）

须加大起动机或者电池的容量，因此难度非常大。

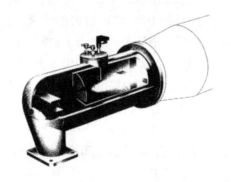

图 4.5.20　Zeuna Starker 公司的 O 型燃烧器
（根据该公司目录）

（iv）燃烧器再生方式　在德国以轻油

为燃料的车上经常使用加热器，作为加热器燃烧技术的延伸，Webasto 公司、Zeuna Starker 公司、J. Eberspacher 公司等开发了 DPF 再生用的燃烧器。包括旁通管再生方式和全流再生方式两种。

旁通管再生方式是将两个过滤器并列排布，通过再生和捕集的切换来进行再生的方式。由于具有车辆搭载性和切换阀门的耐久性、可靠性等问题，全流再生方式成为目前的主流。

Zeuna Starker 公司的 O 型全流再生方式中不需要助燃空气，利用排气中的氧气使碳颗粒燃烧，如图 4.5.20 所示。适用于氧气残留浓度高的发动机低负荷工况运转的城市公交车上。

另一方面，该公司的 M 型和燃烧器（图 4.5.21）使用助燃空气，在所有的运行工况下都可以再生。这些燃烧器是在过滤器的前端布置温度传感器，根据温度信号来调节燃料供给，将再生用的气体温度控制在 700℃ 左右。这种燃烧器的再生方式，包括维修方便的车载型和连接到停止状态车辆的排气系统进行再生的定置型两种。

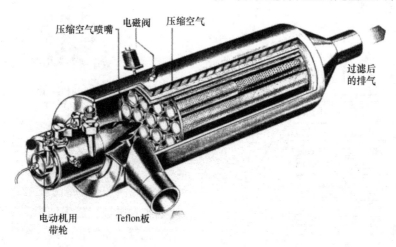

压缩空气喷嘴　电磁阀　压缩空气

过滤后的排气

电动机用带轮　　Teflon板

图 4.5.21　旋转式捕集·部分逆向清洗式 DPF

这种温度信号反馈燃烧器再生方式具有非常突出的优点，但是由于系统复杂，因此价格较高。

（v）脉冲空气逆向清洗再生系统　是由旭玻璃开发的利用气流下流 0.7MPa 的脉冲空气对过滤器内堆积的炭颗粒进行逆向清

洗的方式。经过清洗的炭颗粒在设置于下部的加热器内燃烧。根据这种方式，过滤器内部不发生燃烧，如果没有自然再生，过滤器就不会因热应力而产生裂纹或者熔化现象。这种再生系统应用于横流积层型过滤器内，由于过滤器的截面是四边形形状，脉冲空气工作时壳体的法兰边处会出现密封困难的问题。

日本 GAIMI 在壁流蜂窝型过滤器中使用了逆向清洗再生方式。由于其截面为圆形，没有密封上的问题。除此以外，还包括设置真空罐、在过滤器的上流负压脉冲以数十米每秒的速度进行逆向清洗的 BREHK 公司方式；使整体蜂窝型过滤器旋转，对每一部分利用压缩空气进行逐一清洗（图4.5.22）的 Northeastern 大学设计的方式等。

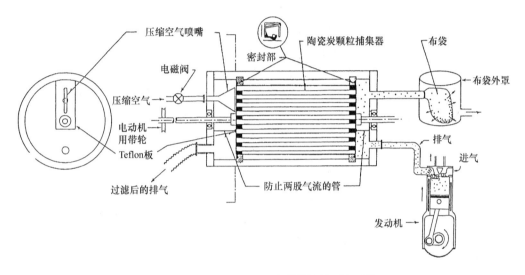

图 4.5.22　Northeastern 大学设计的再生系统

（vi）槽形环/燃料添加剂再生系统　希腊的某大学开发了一种在排气口设置槽形环来提高排气温度、并组合应用铈化合物燃料添加剂的再生系统，以雅典市为中心进行了城区范围内的实路测试。

所使用的燃料添加剂除了铈以外，还包括铜、铁、锰等，由于铜系材料容易出现堵塞和锰系材料具有一定的毒性，有人建议不使用这两种材料。根据燃料添加剂的使用，炭颗粒的点火温度虽然下降了，但是在常用工况时排气温度还不够充分，因此又出现了多种提案，如 AVL 提高背压的方案、TCA给发动机上设计后冷旁通管来提高进气温度的方案、延长喷射时间，再加上进气节流控制来提高部分负荷工况时的排气温度的方案等。

在每次加油时都要将燃料添加剂添加到燃料中，由于这种方式很麻烦，用户一般不会接受。如果能够实现燃料、添加剂自动调节，在每年的车检时对添加剂进行补充，这种方式或许能够更加容易被接受。这是成本最低的一种再生系统，很有市场应用前景。

（vii）振动筛落再生系统　对于多铝红柱石纤维过滤器或者陶瓷颗粒填充层过滤器，由于只有细小的过滤材料重叠在一起，使之振动后，黏附着的炭颗粒会因振动而脱落。脱落下来的炭颗粒在电加热器中燃烧、聚集在口袋中丢弃。

c. 炭颗粒堆积检测系统
过滤器内部堆积的炭颗粒燃烧再生时，

堆积量增加会导致背压上升，使燃油消耗率恶化。另外，堆积的炭颗粒在燃烧过程中产生的热量如果过多，会出现过滤材料的裂纹及熔化等问题。因此，从背压极限和安全再生界限这两个角度来讲，必须通过某些手段来检测炭颗粒的堆积量。目前所使用的方法如下所述。

（i）压力检测方式 压力损失量是堆积量和排气流量的函数。排气流量随着发动机转速、负荷、爆发压力而变化。因此，对过滤器前后的压力、发动机转速、入口处的排气温度等参数进行测试，利用事先通过实验方法获得的公式或者图谱来推测捕集量。IVECO 在过滤器的后端设计了文丘里管流量计，测试过滤器前后的压力差和文丘里管的前后压力差，根据两者关系来求得捕集量的界限。

（ii）根据发动机运转条件的推测方式
由于炭颗粒的排出量是由发动机的运转条件决定的，监测发动机旋转速度和负荷（喷油器的柱塞位置），来推测炭颗粒的堆积量。由于容易受发动机性能恶化、个体差异等的影响，因此精度较差，可以将其作为备选方案。而作为更加简易的备选方案，是以运转时间来决定再生开始时间的方法。

（iii）微波检测方式 这是由加拿大 AECL 研究所开发的一种方法，利用堆积的炭颗粒对微波具有吸收效应的特征来进行检测的方法。在 DPF 内部设置发送信号和接收信号的两根天线（图 4.5.23），根据接收信号一侧的电压来推测碳颗粒的堆积量。这种方式对堇青石那种非导电体有效，而 SiC 及金属系物质由于具有导电性，因此无法使用。

[渡边庆人]

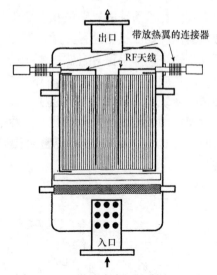

图 4.5.23 微波式炭烟捕集检测系统

参 考 文 献

[1] J. Abthof, et al：The Regenerable Trap-Oxidizer for Diesel Engines, SAE Paper 850015 (1985)

[2] M. Hori, et al. ： Evaluation of Diesel Particulate Filter Systems for City Buses, SAE Paper 910334 (1991)

[3] K. Ha, et al. ： Particulate Trap Technology Demonstration at New York City Transit Authority, SAE Paper 910331 (1991)

[4] J. S. Howitt, et al.：Cellular Ceramic Diesel Particulate Filter, SAE Paper 810144 (1981)

[5] J. Kitagawa, et al.：Improvement of Pore Size Distribution of Wall Flow Type Diesel Particulate Filter, SAE Paper 920144, SP-896, pp.81-87 (1992)

[6] M. J. Muratagh：Development of a Diesel Particulate Filter Composition and its Effect on Thermal Durability and Filtration Performance, SAE Paper 940235, SP-1020, pp.43-53 (1994)

[7] 伊藤ほか：SiC ハニカムを用いたディーゼルパティキュレートフィルタ（DPF）の開発（第1報），自動車技術会春期学術講演会前刷集 9301863 (1993)

[8] 岡添ほか：SiC ハニカムを用いたディーゼルパティキュレートフィルタ（DPF）の開発（第2報），自動車技術会春期学術講演会前刷集，9301872 (1993)

[9] J. W. Høj, et al：Thermal Loading in SiC Particulate Filters, SAE Paper 950151, SP-1073, pp.29-36 (1995)

[10] R. Bloom：The Development of Fiber Wound Diesel Particulate Filter Cartridges, SAE Paper 950152, SP-1073, pp.37-46 (1995)

[11] R. Shirk, et al.：Fiber Wound Electronically Regenerated Diesel Particulate Filter Cartridge for Small Diesel Engines, SAE Paper 950153, SP-1073, pp.47-58 (1995)

[12] A. Mayer, et al.：The Knitted Particulate Trap ： Field Experience and Development Progress, SAE Paper 930362, SP-943, pp.129-141 (1993)

[13] A. Mayer, et al.：Pre-Turbo Application of the Knitted Diesel Particulated Trap, SAE Paper 940459, SP-1020. pp.213-224 (1994)

[14] Y. Kiyota, et al.：Development of Diesel Particulate Trap Oxidizer System, SAE Paper 860294 (1986)

[15] T. Mihara, et al.：Diesel Particulate Trap of Corrugated Honeycomb Fabricated with Mulite Fiber Ceramics, SAE Paper 860010 (1986)

4 压缩点火式发动机

[16] K. Takesa, et al.：Development of Particulate Trap System with Cross Flow Ceramic Filter and Reverse Cleaning Regeneration, SAE Paper 910326(1991)

[17] S. Mehta, et al. : A Thermally Regenerated Diesel Particulate Trap Using High-Temperature Glass-Fiber Filters, SAE Paper 950737, SP-1073, pp.175-186 (1995)

[18] B. E. Enga, et al. : Catalytic Control of Diesel Particulate, SAE Paper 870015(1987)

[19] Neuer Rußfilter von SHW, MTZ, Vol.52, p.555 (1991)

[20] 松沼ほか：金属多孔体ディーゼルパティキュレートフィルタの開発，自動車技術会春期学術講演会前刷集 9634522, pp.241-244(1995)

[21] Nested-Fiber Filter for Diesel Particulate, The Battelle Perspective

[22] 塩路ほか：粒体充塡層ディーゼル微粒子トラップの性能，第11回内燃機関シンポジウム講演論文集, pp.339-344(1993)

[23] W. A. Majewski, et al.：Diesel Particulate Filter with a Disposable Pleated Media Paper Element. SAE Paper 930370, SP-943, pp.221-225(1993)

[24] R. W. McCabe, et al.：Oxidation of Diesel Particulate by Catalyzed Wall-Flow Monolith Filters, SAE Paper 870009 (1987)

[25] B. E. Enga：Off-Highway Application of Ceramic Filters, SAE Paper 890398(1989)

[26] トンネル工事機械用セラミック式排気浄化装置, 内燃機関, Vol.27, No.5, p.70(1988)

[27] Proposed Europian Emission Standards for Particulates Force, The Pace of Filter Development, HIGH SPEED DIESEL & DRIVES, pp.10-24(1990)

[28] 新村ほか：都市バス用パティキュレートトラップシステムについて, 日産ディーゼル技報, No.53, pp.2-7(1991)

[29] M. A. Barris, et al.：Development of Automatic Trap Oxidizer Muffler Systems, SAE Paper 890400 (1989)

[30] F. Pischinger, et al.：Modular Trap and Regeneration System for Buses, Truck and Other Applications, SAE Paper 900325(1990)

[31] T. Yamada, et al.：Development of Wall-Flow Type Diesel Particulate Filter System with Reverse Pulse Air Regeneration, SAE Paper 940237, SP-1020, pp.67-74(1994)

[32] A. .Yannis, et al.：Evaluation of a Self-Cleaning Particulate Control System for Diesel Engines, SAE Paper 910333, SP-240, pp.183-193(1991)

[33] K. Patts, et al.：On-Road Experience with Trap Oxidizer Systems Installed on Urban Buses, SAE Paper 900109(1990)

[34] J. Lemaire, et al.：Fuel Additive Supported Trap Regenaration Possibilities by Engine Management System Measures, SAE Paper 942069(1994)

[35] D. T. Daly, et al.：A Diesel Particulate Regeneration System Using a Copper Fuel Additive, SAE Paper 930131, SP-943, pp.71-77(1994)

[36] G. Lepperhoff, et al. : Mechanismen zur Regeneration von Dieselpartikelfiltern durch Kraftstoffadditive, MTZ, Vol.56, pp.28-32(1995)

[37] G. M. Cornetti, et al.：Development of a Ceramic Particulate Trap for Urban Buses, SAE Paper 890170(1989)

[38] F. B. Walton, et al.：On-line Measurement of Diesel Soot Loading in Ceramic Filters, SAE Paper 910324(1991)

4.5.3　NO_x 还原催化剂

a. 开发流程

柴油车用的 NO_x 还原催化剂还没有达到实用水平。虽然三元催化剂及酸化催化剂已经实用，但柴油车的 NO_x 还原催化剂开发面对的问题，主要包括以下几个方面。

① 在氧气过剩的排气中，必须使 NO_x 还原。

② NO_x 还原反应必须在包含低温在内的温度领域内实现。

③ SO_x 及炭颗粒等对催化剂有毒的物质大量存在。

另外，如表 4.5.1 所示，汽油车用的三元催化剂，柴油车用的 NO_x 还原催化剂，各自的催化剂性能因使用条件不同而有着较大的差异。汽油车用的三元催化剂中的妨碍 NO_x 还原反应的氧含量很少，HC、CO、H_2 等还原物质在燃烧后排放的气体中大量存在，在称为窗口的理论空燃比附近实现了不苛求最佳反应条件。与此相对应柴油车的排放条件对于 NO_x 还原催化剂来说是最恶劣的条件。妨碍 NO_x 还原反应的氧气含量约为汽油车排气的 30 倍，另一方面，还反物质只有 1/10 的含量。基于以上原因，不易受氧气影响的 NO_x 还原催化剂的开发、向排放气体中添加外来 HC 等还原物质的方法都在研讨之中。

表 4.5.1　催化剂功能条件比较和系统概念

催化剂类型	燃烧排放物的构成（%）				
	NO_x	O_2	HC	CO	H_2
汽油车用催化剂	0.05 ~ 0.15	0.2 ~ 0.5	0.03 ~ 0.08	0.3 ~ 1.0	0.1 ~ 0.2
柴油车用NO_x还原催化剂	0.04 ~ 0.08	6 ~ 15	0.01 ~ 0.05	0.01 ~ 0.08	0.01 ~ 0.05

NO_x 还原系统的概念

1 倍　　1 倍

$$\begin{array}{c} H_2O \\ CO_2 \end{array} \xrightarrow{\text{酸化}} O_2 + (HC, CO, H_2) + NO_x \xrightarrow{\text{还原}} N_2 + \begin{array}{c} H_2O \\ CO_2 \end{array}$$

30 倍　1/10 倍

在欧洲，与汽油车相比，由于燃油消耗率高、对环境保护有利（CO_2排量少）等原因，人们对柴油车的评价很高，NO_x还原催化剂的发展最快。因此主要的汽车制造商及催化剂制造商组成了 EC 共同研究项目，其开发目标见表4.5.2。其中最受瞩目的内容当属根据发动机的形式及大小不同，对催化剂的性能及温度要求的不同。另外对于NO_x还原反应所必需的还原剂，谋求大范围的可选择性。例如，对于大型卡车，将氨作为还原剂。

表 4.5.2　欧洲共同开发研究项目的目标

发动机类型	减少方式	要求的平均转化率（%）	工作范围/℃	温度稳定性/℃
直喷柴油机（乘用车）	·柴油 ·其他碳氢化合物	40	200～500	600
直喷柴油机（乘用车）	·柴油 ·其他碳氢化合物	50	150～500	550
直喷柴油机（重型货车）	·柴油 ·氨或氨基甲酰胺	50	150～500	550
稀燃汽油机	·排气产生的 HC ·附加喷油	40	350～650	750

在日本虽然开发了各种各样的催化剂技术，但其中多数是从外部向排气中添加还原剂的方式，属于NO_x还原催化剂。

下面首先以添加的还原剂为例，对最新的NO_x还原催化剂加以概述，另外，为了实现NO_x还原催化剂系统，对一些关联技术也加以介绍。

b. NO_x还原催化剂技术

作为NO_x还原催化剂，提出了以下的物质或者方法：

① 添加轻油。

② 增加排气中的 HC。

③ 添加乙醇。

④ 添加锰等。

以其中实用性最高的技术，或者已经在其他领域实现实用化的技术为中心进行具体的说明。

（i）根据轻油和 HC 等的选择性还原

根据轻油和 HC 等的选择性还原是非常复杂、包含多种要因的反应，这也是高效 NO_x 还原技术没有达到实用的理由。必须考虑催化剂的金属种类、催化剂的载体种类、最佳的 HC 种类以及活性温度等四个方面的因素来进行开发活动。

	氧化铝系载体	沸石系载体
重金属催化剂	·低温时工作，温度域窄 ·芳香族 HC 效果好	·低温时工作，温度域窄 ·芳香族 HC 效果好
轻金属催化剂	·高温时工作，温度域宽； ·直锁族 HC 效果好	·高温时工作，温度域宽； ·芳香族 HC 效果好

表 4.5.3 中显示的是将轻油及 HC 作为 NO_x 还原催化剂进行添加的发动机测试数据结果。所使用的催化剂根据载体的种类大致可以分为氧化铝系和沸石系两种，另外根据金属的种类还可以分为重金属系和轻金属系。实用催化剂的耐热性方面，目前的氧化

铝系为 750℃ 左右，沸石系为 600℃ 左右。另外，NO_x 还原特性根据金属的种类不同具有较大的差异，Pt 等重金属在 200℃ 之间活性最高，Cu 及 Ag 等轻金属系则在 400～500℃ 之间活性最高。

催化剂的种类、HC 种类和反应温度的关系，虽然催化剂的样式没有详细的说明，但是根据表 4.5.3 大致可以总结如下。

在表 4.5.3 中，对于两种催化剂系统虽然有所限定，但是已经与实用非常接近。Johnson Matthey 公司的 Pt/Al_2O_3 催化剂能够满足从 1996 年开始实行的欧洲乘用车法规/STEP Ⅱ 的标准。日本的 13 种工况中虽然可以达到与 EGR 几乎相同的 NO_x 削减，但是由于燃油消耗率恶化了约 7%，在实用化之前还存在很多课题有待研究。

表 4.5.3　轻油及 HC 添加发动机测试数据

催化系统	减少方式	燃油中的硫	测试发动机	SV (h^{-1})	催化器入口温度	NO_x 转化率	老化	测试模式	注意	参考
Pt/基础金属氧化物/Al_2O_3	柴油 HC(3)/NO_x =2/1	0.05% S	12L TDI	max 30000	170～250℃ 195℃	20%～42% max 42%	750℃	静态	· 催化器完全转化	Johnson Mattey SAE 950750
	无添加 HC/NO_x (mol) =0.3	0.05% S	2LTD ICI 转化器容积 2.47L		—	15%	—	欧洲 ECER15 + EUDC	· 排放减少：HC 87%　CO 95% PM 35%	
Cu/Al_2O_3 Ag/Al_2O_3 化合物	柴油 7%	0.2% S	4L DI	20000～30000	300～600℃ 400℃	27%～29% max 50%	—	日本 13 - mode	· NO_x 监测 $HCC_{16}H_{34} \gg C_7H_{16}$，燃油 $\gg C_3H_8$	Riken JSAE 9439384
基础金属类型混合	柴油 3%	—	CAT 3116 6.6L ICT	转化器尺寸 $\phi7.5''7''$ ～2 个	200～400℃ 375℃	12% max 20% (9% 燃油)	—	美国重型货车运输循环	· 排放减少：PM 25%	ICT SAE 950154
LNX3 - 催化器无沸石贵金属基础	稀释（2%）C_3H_6 in N_2 C/NO_x =2/1	—	轻型货车直喷涡轮增压	2000～25000	(ECE) 150℃ (EUDC) 200℃ 250℃	30%～35% max 40% (C/NO_x=3)	365℃ ～24h	欧洲 ECE + EUDC light - duty	· 排放减少：CO 90%，HC 80%，PM 30%，SOF 96% 即所谓的"4 - way"催化器	Allied Signal SAE 950751
Pt/沸石	800×10^{-6} （体积分数）C_4H_8/C_4H_{10} =2/1 连续	—	车辆 A 车辆 B	max 50000	200～300℃ 180～200℃	19% 1%	100h 发	欧洲 MVEG - A	· 排放减少：CO 40%～50% PM 40～60% · NO_x 监测 HC 芳烃>烯烃>石蜡	Degussa SAE 930735
A - 金属/沸石	柴油 燃油（Cl）/NO_x =10/1	—	2.5L	36000	350～500℃ 400℃	12% 40% max 40%	500℃ ～500h	静态	· NO_x 监测 HC 芳烃 $\gg$ 石蜡	Engehard SAE 950747

（ii）乙醇选择还原法　日本开发了把甲醇或者乙醇作为还原剂使 NO_x 还原的技术。对于氧化铝系催化剂，即使是在氧和水蒸气共存的燃烧排放气体中，如果使用乙醇作为还原剂，能够实现显著的 NO_x 削减效果。乙醇具有亲水性，和水蒸气有相似的性质，因此乙醇和氧化铝具有促进 NO_x 还原反应的优良性质。

将甲醇作为还原剂添加到氧化铝系催化剂的试验中。虽然催化剂样式、发动机条件、SO_x 等排放物性状等因素还未明了，但是在超过 2000h 的耐久实验中验证了其可靠性。

图 4.5.24 及图 4.5.25 所示是将乙醇作为还原剂添加到氧化铝银催化剂中的测试数据。在 $370 \sim 530 ℃$ 的温度范围内、实现了 80% 以上的 NO_x 还原率，如果在车辆上能够搭载乙醇罐，这就是一种几近完成的实用化技术。该 NO_x 还原系统是作为发电机用柴油机排放物后处理而开发的，于 1995 年开始实际应用。

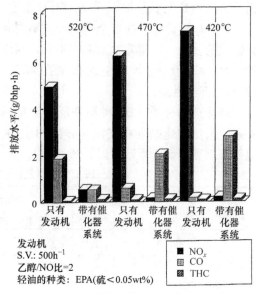

图 4.5.25　氧化铝银催化器系统的净化性能

也开始使用。其原理是向排放气体中导入锰元素，与以金属酯化物为主要成分的固体催化剂在 $200 \sim 400 ℃$ 的温度下接触，使 NO_x 还原。反应方程式如下所示。

$$4NO + 4NH_3 + O_2 \rightarrow 4N_2 + 6H_2O$$
$$NO + NO_2 + 2NH_3 \rightarrow 2N_2 + 3H_2O$$

从反应方程式中可以知道，该反应的进行必须有氧气存在，当然残留的氧气会很多，对于难以应用三元催化剂的柴油机排放物处理，从原理上来讲非常适用。

图 4.5.26 所示是 VW 公司的实验结果，在实验中锰元素在处理臭氧时有很多的问题，虽然还没有达到实用化水平，但是从原理上来讲它仍然是一种可以搭载在车辆上的系统。

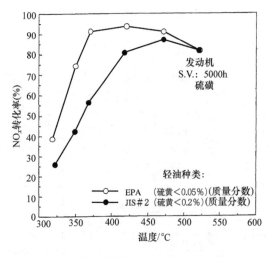

图 4.5.24　添加氧化铝银催化剂/乙醇的还原性能

（iii）锰选择还原法（$NH_3 - SCR$ 法）

将锰元素作为还原剂来还原 NO_x 的方法是日本开发的技术，最先应用于发电锅炉上，最近在大型柴油发电机的排放物处理中

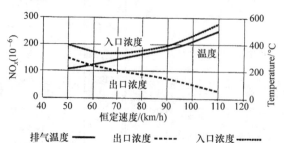

图 4.5.26　添加 SCR 催化剂/尿素后的还原性能

c. NO$_x$ 还原催化剂系统的实现

柴油机的排气成分因燃烧状态不同而有着很大的变化。与预混合燃烧汽油机相比其性质的变化非常大。为了降低 NO$_x$ 排放量，如果延长喷射时间，IIC、CO 急剧增加，臭味成分也增加。为了发挥柴油的最大特征，能够将排气中的炭烟及微小颗粒的固体成分和气体状态的 NO$_x$、HC、CO 共计 4 种成分同时削减的催化剂，柴油车用四元催化剂的实用非常值得期待。接下来将就实现柴油车用四元催化剂之前的过渡性 NO$_x$ 还原催化剂技术、排气 HC 增加系统和轻油添加系统为例，对其可能性加以叙述。

（i）影响 NO$_x$ 还原的因素　当以 HC 为还原剂时，根据 HC 的种类不同 NO$_x$ 还原特性展现出较大的差别。图 4.5.27 所示是铂金沸石系催化剂、图 4.5.28 所示是氧化铝银系催化剂，任何一种催化剂都可以根据最佳的 HC 种类的选择而实现最高的 NO$_x$ 还原率。因此将轻油精心分解，将其转变为最佳的 HC，如果添加到 NO$_x$ 还原催化剂中，就可以实现 NO$_x$ 还原率的大幅提升。

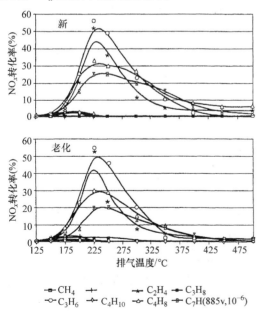

图 4.5.27　各种 HC 和铂金沸石催化剂的还原性能

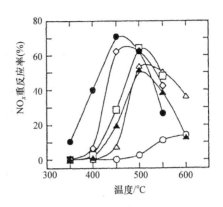

AG(质量分数)(2%)/Al$_2$O$_3$(微粒)催化剂
HC=1500$\times10^{-6}$
○CH$_4$，△C$_2$H$_6$，□n-C$_4$H$_{10}$，◇C$_2$H$_4$，▲C$_2$H$_4$，●C$_3$H$_6$

图 4.5.28　各种 HC 和氧化铝银催化剂的还原性能

但是，不管是将排气中的 HC 作为还原剂，还是从外部向排气中添加轻油，在实用中都会与柴油机的系统条件紧密相关，为了发挥 NO$_x$ 还原催化技术优良特性，在柴油机各种各样的工况中，必须进行精心的优化调整。表 4.5.4 中对影响 NO$_x$ 还原的因素、柴油机相关技术的趋势进行了总结。

表 4.5.4　影响 NO$_x$ 还原的因素

相关技术的平衡		对 NO$_x$ 还原催化系统的影响
燃料	低硫成分	对 NO$_x$ 还原特性、耐久性等有利
	低芳香族成分	石蜡成分等较多，对轻金属/氧化铝催化剂有利
本体	增压 & 中冷	排气温度变低，要求使用低温活性好的催化剂，催化剂的应用难
	EGR	根据 EGR（低速、低负荷）和 NO$_x$ 还原催化剂（高速、高负荷）的组合应用，能够大幅削减 NO
	喷油时刻电子控制	能够调整 NO$_x$ 还原剂和残留的 HC
	运行模式	欧美工况（高速、高负荷比率大）比日本工况在高温时的 NO$_x$ 量大，对催化剂有利

（ii）基于排气 HC 增量的 NO_x 还原催化剂系统　根据 HC 的种类不同 NO_x 的还原特性有着很大的差别。因此，控制排气中的 HC 种类，如果能够增加 HC 含量则可以使 NO_x 的还原特性大幅度改善。通过调整燃烧时刻、调整整体式喷嘴的袋腔容积等的技术改良，在没有添加外部轻油的情况下，实现排放 HC 控制的系统开发。

（iii）基于添加轻油的 NO_x 转换系统 Licon 公司提出了添加轻油的柴油车用 NO_x 转换系统方案。为了测试燃料产物中的 NO_x 含量，没有采用 NO_x 传感器，将表示发动机运行条件和 NO_x 排量关系的发动机固有图谱事先记录在 CPU 中，根据发动机的运转状态来推导出 NO_x 排放量。因此转换器控制系统经过与该图谱的对照，根据 NO_x 排量来推算轻油的添加量，然后对油泵进行控制以调整喷油量。

[小笠原弘三]

参 考 文 献

[1] G.Smedler, et al. : High Performance Diesel Catalysts for Europe Beyond 1996, SAE Paper 950750 (1995)

[2] K.Ogasawara, et al. : De-NO_x Converter of Diesel Engine Vehicle for Practical Use, JSAE Paper 9433056/9439384 (1994)

[3] M.Kawanami, et al. : Advanced Catalyst Studies of Diesel NO_x Reduction for On-Highway Trucks, SAE Paper 950154 (1995)

[4] K.C.C. Kharas, et al. : Performance Demonstration of a Precious Metal Lean NO_x Catalysts in Native Diesel Exhaust, SAE Paper 950751 (1995)

[5] B.H.Engler, et al. : Catalytic Reduction of NO_x with Hydrocarbons Under Lean Diesel Exhaust Gas Conditions, SAE Paper 930735 (1993)

[6] J.S.Feeley, et al.: Abatement of NO_x from Diesel Engines: Status and Technical Challenges, SAE Paper 950747 (1995)

[7] H.Tsuchida, et al. : Catalytic Performance of Alumina for NO_x Control in Diesel Exhaust, SAE Paper 940242 (1994)

[8] リケン（未発表）

[9] W.Held, et al. : Catalytic NO_x Reduction in Net Oxidizing Exhaust Gas, SAE Paper 900496 (1990)

[10] 屋宜盛康，辻村欣司：自動車用ディーゼルエンジンの排気浄化触媒，新エィシーイー技術論文集，No.1 (1994)

[11] 柳原弘道：ディーゼルエンジンの排気浄化と触媒への期待，TOYOTA Technical Review (Nov.1994)

[12] 宮寺達雄：担체付き銀触媒を用いた炭化水素による NO_x の選択還元，日本エネルギー学会誌，11号 (1994)

[13] H.S.Ford, et al. : Fuel Injector Design Reduces Hydrocarbons in Diesel Exhaust, Diesel & Gas Turbine Progress, Jan. (1971)

4.6　柴油机技术的发展

目前，柴油机排放削减面临着非常严峻的局面，以低排放特别是 NO_x 的削减技术为中心的各种各样的研究正在进行之中。这方面的大部分内容在本文中已经介绍过，除此以外还有一些在汽车上实用化技术，因为无法判断其可能性，所以本文事先没有收录。例如，以扩散燃烧为根本的柴油机燃烧中全面采取预混合研究，已经发表在一些报告中。另一方面，对于采取预混合燃烧的汽油机，以低于柴油机的燃油消耗率为中心，对混合气实行分层控制的新燃烧系统正在逐步细化中。这些同时从低排放、低燃油消耗两个不同渠道进行的研究，虽然其根本思想有着很大的差异，但是从所配置的硬件上来讲是相近的。

以前，小型柴油发动机是以分割式燃烧方式、特别是涡流室方式为主流，在 4.3.2 小节 b 项中已经介绍过对涡流室的各种改良，通过参考效率提升显著的汽油机，逐渐采取了燃油消耗优秀的直接喷射燃烧方式和多气门化。欧洲在这个方面走在了前面，我们必须全力以赴追赶。

灵活应用在汽车上非常有效果的预燃烧室方式，将其应用于大型、固定位置发动机上的多种效率提升技术也在研究当中。

今后，各种燃烧方式的柴油机及新的高效汽油机还会在各自的用途上开展竞争性的发展，一定会带来更大的进步。

作为以上技术进步基础的燃烧分析技术，特别是计算预测技术发挥了非常重要的作用。在 4.2 节中叙述的排放物预测，必须搭建燃烧过程的物理、化学过程分析模型，目前，概率过程论模型已经能够应用于类似的分析，对低公害燃烧发展方向的基本理解奠定了良好的基础。但是，该模型没有考虑喷雾和流动，因此无法预测实际的燃烧室及喷雾系统对排放的影响。目前进展很快的

CFD 分析技术以网格平均值为基本参数，对各种依赖于温度的紊流状态下的化学反应无法求解。紊流混合状态模型化还在试验当中，根据这种模型与化学反应模型的结合应该能够高精度地预测排放。虽然目前 CFD 分析技术在流动分析方面取得了很大的进展，在根据燃烧室形状来进行的低公害化研究、了解燃烧室内的气体流动、理解实验结果、寻找正确的实验方向等方面发挥了重要的作用。关于柴油机喷雾模型，虽然是以 Diserete Drolet Model 为主流开展研究的，但是目前仍然处于分裂、蒸发、热分解、紊流混合过程的子模型研究阶段，而实验分析模型却取得了较大的进展。这两方面的成果今后将在柴油机喷雾模型的实用化、搭建低公害柴油机燃烧模型方面提供重要的支持。

［迁村钦司］

参 考 文 献

[1] 青山ほか：ガソリン予混合圧縮点火エンジンの研究，自動車技術会講演会前刷集 951，p.309（1995-5）
[2] 古谷ほか：超希薄予混合圧縮自着火機関試案，第 12 回内燃機関シンポジウム講演論文集，p.259（1995-7）
[3] 柳原弘道：新しい混合気形成法によるディーゼルの NO_x・煤同時低減，日本機械学会全国大会講演論文集 VI，p.45（1995-9）
[4] 武田ほか：早期燃料噴射による希薄予混合ディーゼル燃焼の排出物特性，日本機械学会全国大会講演論文集 III，p.188（1995-9）
[5] 井元ほか：新中央副室式低 NO_x ディーゼル機関の研究開発，日本機械学会全国大会講演論文集 VI，p.48（1995-9）
[6] 松岡ほか：遮熱形ガスエンジンの構造と性能，自動車技術会講演会前刷集 955，p.153（1995-9）

5 新能源及新发动机系统

5.1 导言

汽车社会需要解决以下三个主要的问题：臭氧、NO_2 和 SPM 相关的地域或城市环境问题；石油危机、输入原油削减、汽油或石脑油等的替代燃料和节能问题；与 CO_2 相关的地球温暖化问题等。

对于以上所述的三个问题，第一，进一步促进柴油发动机的低排放污染化，实现长期排放法规的目标，尽快引入新的车辆等为先决条件。第二，现行车辆的节能化、低排放化（LEV、ULEV）等是非常重要的。

但是，对于目前在用的柴油发动机、汽油发动机的改善，还有三个技术难题未能有效解决。之所以这样讲，是因为目前的往复式发动机还完全依赖于石油产品。另外，仅仅依靠对现行发动机的改善，还无法快速解决类似洛杉矶那样的区域性环境污染问题。

而作为一种补偿、对应措施，在汽车社会中开发导入代用燃料发动机、电动车、混合动力汽车以及陶瓷燃气轮机等新能源、新发动机系统是不可或缺的课题。

在甲醇/乙醇发动机的应用方面，1973年石油危机以后，在约二十几年间，美国、德国、瑞典、中国、日本等国家，都开展了以甲醇为重点的 R&D 可行性研究（FS），每个国家都是以国家级课题在开展。虽然在美国的加州迎来了数千台规模的大量用户群阶段，但是还没有达到完全实用化、商业化阶段。

在电动汽车方面也完全是一样的，美国、英国、法国、德国以及日本，从第1次石油危机到现在，虽然每个国家都将其作为国家层面的政策，但是目前还停留在小规模用户群阶段。

造成无法完全导入的主要原因包括 EV 的电池技术和成本、甲醇发动机的燃料技术、耐久可靠性等，对其进行汇总的话，大概包括以下多个方面。

- 新能源、新发动机系统的市场还没有形成。

- 从另外一个角度来看，还存在其他的市场。即，现行的往复式发动机的综合特性、能力（性能、成本、耐久性、可靠性、便利性等）还处于优势地位。

- 新能源汽车的普及离不开新能源的供给设备、基础设施建设等。在设施不完善的状态下很难普及新能源汽车的使用。

基础设施的建设，必须取得政府、用户的理解和支持。为了得到政府、用户满意的评价，不仅仅是从性能方面，还要在耐久性、可靠性、成本等方面付出可持续、实实在在的努力。

［金　荣吉］

参 考 文 献

[1] 金　荣吉：米国における代替燃料車（AFV）に係わる最近の動向，自動車研究，Vol.17, No.3, p.1（1995）

5.2 各种能源的展望

5.2.1 世界能源概况

经济增长率是决定能源消费的主要因素。1990 年到 2000 年的世界经济增长率约为 2.4%，对世界范围内的能源消费进行预测的话，如图 5.2.1 所示。

各地区的能源消费反映出经济增长率的差异，西欧各国约为 1.4%/年，远东各国

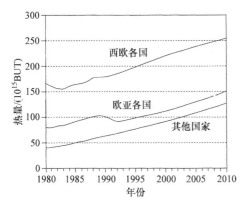

图 5.2.1　世界各国能源消耗一览

BTU = British thermal unit（英国热力单位）= 1lb（磅）

水温度升高 1℃ 所需要的能量 = 1.1×10^3 J（焦耳）

（中国、原苏联、东欧）约为 1.3%/年，其他国家以约为 2.4%/年的速率在逐年增加。其他国家的消费量正在以 2 倍于西欧各国及远东国家的速度增加。

从种类上来看，石油仍然是主要的能源，它在全部能源消费量中所占据的比例，1990 年约为 39%，到 2000 年预计将达到 37%，可以看出石油的重要性正在不断地降低。

从替代燃料的多样化和环境问题的角度来看，天然气的交易量正在急速增长，特别是西欧各国和具有大量储藏的中东、俄罗斯之间，2000 年以后的交易量必将急速增加（图 5.2.2）。另外，发展中国家及原苏联的矿石开采和开发技术的转移，国际资金协助政策等，必将在新能源的发展中发挥更大的作用。

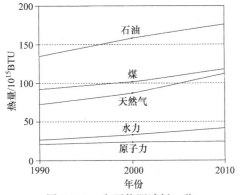

图 5.2.2　主要能源消耗一览

5.2.2　世界石油概况

a. 世界石油储量

1968 年的世界石油储量约为 730 亿 kL，在此之后，虽然每年都在生产、消费，世界范围内的石油储量随着新油田的发现，如表 5.2.1 所示到 1993 年年末约为 1590 亿 kL，可采年数（储藏量/1993 年的产量）超过 40 年。但是新发现的油田都位于更深层，开采条件严苛，探查、开采的成本也会随之增加。因此，从长远角度来讲原油价格上升，过去因成本过高而停产的油田又会重新启动，因此可开采储藏量还会不断增加。

表 5.2.1　世界原油储藏量（1993 年末）

	储藏量 /亿 kL	地区 （%）	可开采年数
北美	46	2.9	9
中南美	199	12.5	47
西欧	26	1.7	10
东欧、原苏联	94	5.9	20
中东	1054	66.3	99
非洲	99	6.2	28
远东、大洋洲	71	4.5	19
全世界	1589	100.0	46

b. 石油价格

从供给和需求的角度来讲，到 2010 年为止石油价格处于稳定上升的状态。从供给一侧来看 OPEC 的动向是决定世界石油价格和市场平衡的关键因素。1994 年 OPEC 提供了全部石油量的 1/3 以上，对 OPEC 的依赖程度必将会越来越高（图 5.2.3）。

随着对 OPEC（Organization of Petroleum Exporting Countries，石油输出国组织）依赖程度的不断加大，石油价格也必将不断提高。

成员国包括沙特阿拉伯、阿拉伯联合酋长国、科威特、伊朗、伊拉克、委内瑞拉、利比亚、卡塔尔、印度尼西亚、阿尔及利

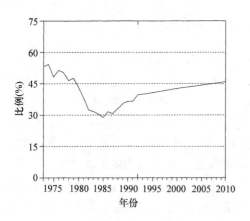

图 5.2.3　石油消耗中 OPEC 的占比

亚、加蓬、尼日利亚等 12 个国家。

c. 石油消费

世界石油消费量到 2010 年为止以 1.3% 的速度逐年增加。不同地域的快速增长的发展中国家最高达 2.3%，因此今后石油的消费必将是越来越多。

特别是随着中国经济活动的快速发展，其能源的消耗也在快速地增加，在不久的将来，必将成为纯石油进口国。石油的便利性和有效性使其有很多的用途，特别是汽车运输行业，即使是在西欧诸国它也是重要的能源，日本和意大利在 2010 年以前对石油的依赖程度虽然会有所下降，但是预计石油仍将占据所有能源的一半以上（图 5.2.4）。

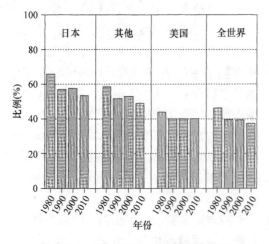

图 5.2.4　石油消耗占全体能源的比例

d. OPEC 的石油生产能力

海湾危机刺激了 OPEC 的石油生产能力扩张计划，已经公开发表的生产计划，包括伊拉克的重建回归，从 1992 年到 2000 年 OPEC 最近的储藏量的增加及石油需求的中长期增长，正在以 1000 万桶/天的速度增加（表 5.2.2）。

表 5.2.2　石油生产能力估计（单位：百万桶/日）

	项目	1990	2000	2005	2010
OPEC	沙特阿拉伯	8.5	11.0	13.1	13.9
	伊朗	3.2	4.6	5.1	5.5
	伊拉克	2.2	4.7	5.5	6.7
	UAE	2.2	3.2	4.3	6.4
	委内瑞拉	2.6	3.4	4.0	4.2
	印度尼西亚	1.5	1.4	1.2	1.1
	其他各国	7.6	10.1	10.9	11.8
OPEC 合计		27.8	38.4	44.1	47.8
非 OPEC	美国	9.7	8.0	7.8	8.1
	北海	4.2	5.9	4.9	4.4
	加拿大	2.0	2.2	2.5	2.5
	中国	2.8	3.5	3.5	3.5
	苏联	11.5	8.2	9.6	11.1
	中南美	5.2	6.4	6.1	6.0
	其他各国	6.4	7.7	7.1	6.8
非 OPEC 合计		41.8	41.9	41.5	42.4
全世界合计		69.6	80.3	85.6	90.2

e. 非 OPEC 的石油生产能力

从整体上看，除了远东国家，到 2000 年为止非 OPEC 国家的石油产量正在平稳增加，在那之后逐年减少。

另外，巴西、墨西哥等国家虽然有着丰富的资源储备，但是由于资金不足以及政府的扶持力度不足等问题，还无法期待这些地区有超越现状的举动。

北美的石油产量正在持续减少。

5.2.3　世界天然气概况

1990 年到 2010 年之间世界范围内的天

然气消费量，约以 56% 的速度在增长。

a. 储藏量

世界上 40% 的天然气储藏在苏联，30% 以上储藏在中东地区，合计共占全部储藏量的 3/4（图 5.2.5）。

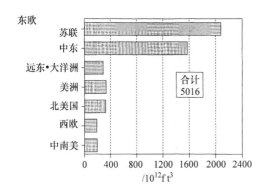

图 5.2.5　天然气储藏量（1993 年末）

b. 输送管线和液化交易

国际之间进行天然气交易时，一般是通过管线或者液化（LNG）船运输。但是从天然气产地到用户手里的管线铺设、运营需要庞大的资金。另外，即使是使用 LNG 船运输，从天然气向 LNG 的转换过程，以及运输船本身、储藏用的罐体等，都需要大量的成本。天然气价格还与石油价格密切相关，石油价格降低时，天然气价格也会随之下降。

基于以上事实，对于距离远的用户来讲，天然气与石油、煤炭等相比，在经济性上并没有太大的优势。

目前天然气交易的现状是 3/4 为管线运输，1/4 为 LNG 船运输。

c. 地域展望

北美对天然气的需求急速增加，今后还将继续增多，环境保护方面的压力、能源安全保障、在整个大陆上实行全线管道化的低成本化，使北美的天然气消费量急剧增加。

欧洲的天然气储藏量虽然非常小，但是其周边有苏联、中东各国、挪威等稳定的供气源，因此欧洲的天然气消耗量大幅增加，从 1990 年的 16% 到 2010 年增加到了 25% 以上。

从西伯利亚到欧洲的天然气长期管道化输送项目是值得期待的。

亚洲、太平洋地区拥有丰富天然气储藏量的国家有印度尼西亚、马来西亚、澳大利亚等，在国内使用和向国外出口两方面做出了很大的努力。

日本、韩国等国家和中国的台湾等地区主要是依靠进口，LNG 交易将在日本不断增加。期待着从天然气产地到日本的长期、稳定 LNG 运输。

［横井征一郎］

参考文献

[1] 1993 年度版オイル・アンド・ガスジャーナル誌
[2] 米国エネルギー情報局発行「Internal Energy Outlook 1994」
[3] ブリティッシュ・ペトローリアム社 1993 年度版「世界エネルギー統計」

5.3　石油生产技术的进步

关于汽车燃料的汽油和柴油的生产方法，介绍一下最近的技术动向。

5.3.1　美国的生产技术

如表 5.3.1 所示，根据汽油产品基本特性要求中辛烷值、蒸馏特性、蒸气压等的规定值，汽油由各种基础材料调制而成。最主要的汽油基材，包括催化改良装置得到的催化改良汽油、流动催化分解装置得到的催化分解汽油、烷化装置得到的烷基化合物、石脑油氧化精炼装置得到的轻质直馏石脑油、异构化装置得到的异构化汽油，以及 MTBE 装置得到的 MTBE 等。这些基材的生产装置之间的关系如图 5.3.1 所示。

表 5.3.1 汽油基材的种类和特征

组成及特性		轻质直馏石脑油	催化重整汽油	催化裂化汽油	烷基化物	异构化汽油	MTBE
沸点范围/℃		40~100	30~180	30~180	50~150	30~90	55
辛烷值 RON		65~70	95~102	90~93	94~96	82~90	118
101	MON		63~68	84~89	78~80	90~94	80~88
碳氢组成（体积分数）	饱和成分	95~98	30~50	25~40	100	100	0
	烃基成分	0	0	40~50	0	0	0
	芳香族成分	2~5	50~70	20~25	0	0	0
汽油基材的特征		· 由于辛烷值低的成分存在，轻质馏分成分的混合比例受到限制	· 芳香族成分多、辛烷值高 · 重质成分比轻质成分的辛烷值高，有时分离使用	· 烃基成分多 · 轻质成分比重质成分的辛烷值高，有时分离使用	· 中质馏分成分为饱和成分主体，敏感度低	· 轻质馏分成分的辛烷值不高	· 虽然是轻质，但辛烷值非常高 · 氧成分约占18wt%

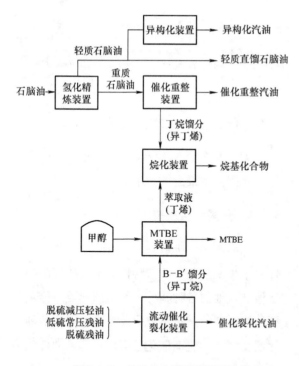

图 5.3.1 汽油生产装置关联图

a. 催化改良汽油

催化改良法是以氧化精馏直馏重质石脑油为原料，使用铂金系催化剂，在高压氧的条件下生产高辛烷值的改良汽油（refor-

mate，重整油）的方法。所使用的催化剂包括烷基环乙烷的脱氢化合物、烷基环戊烷的异构化脱氢化合物、石蜡的环化脱氢化合物、石蜡的异构化、氢分解等，都能够引起向辛烷值较高的成分转换反应。在这些基材当中，脱氢反应是最重要的，在生成能够提高辛烷值的芳香族成分的同时，还会产生脱硫转变等过程必需的氢气。催化改良法所使用的催化剂，初期为铂金、钯－氧化铝系，现在则以能够防止铂金颗粒的凝集，长期维持催化剂活性的第二类金属（铼、锗等）并用的双金属催化剂为主流。

反应温度通常在470~540℃的范围内。反应压力以前为2.9~4.9MPa，随着双金属催化剂的开发，已经能够在0.3~1.5MPa的低压环境下发生反应了。该低压反应与以前的高压反应相比，能够得到辛烷值更高的改良汽油以及氢气。一般来讲，改良汽油的目标辛烷值为RON95~102，汽油的收获率为60%~80%（体积分数），副产品LPG的收获率为5%~15%（体积分数）。

根据催化改良过程中催化剂的再生方式，包括半再生式、循环再生式以及连续再生式等几种。前两者是在固定床式反应塔、后者是在移动床式反应塔中进行的。最近，即使是在低压环境下也能够保持催化剂的稳定性，移动式连续再生式成了主流。图5.3.2是连续再生式（Continuous Catalyst Regeneration，CCR）铂再生装置的系统图。该反应塔呈重叠烟囱装，从第3层反应塔的塔底到催化剂再生塔有微量的催化剂流动、再生，再生的催化剂返回到第1层反应塔塔顶。

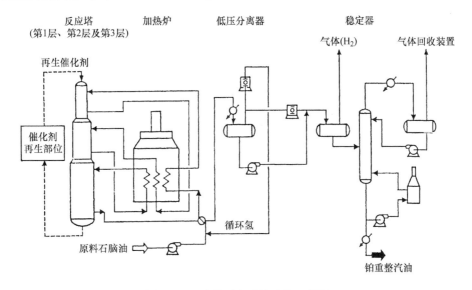

图5.3.2　连续再生式铂重整工程图

b. 流化床催化裂化汽油

流化床催化裂化法（Fluid Catalytic Cracking，FCC）是以轻质油或者常压渣油等重质馏分油为原料，使用微粒状的固体酸性催化剂有选择地进行裂化反应，与前面介绍的催化改良法同样是主流的汽油生产方法。所使用的催化剂能够促进第1次反应，即切断氧－氧结合的裂化反应，接下来还有第2次反应，即氢转移、异构化、环化、综合等复杂的副反应。

工作条件为反应温度470～570℃，再生温度620～5760℃。成品油的产率根据原料性质及工作条件的选择不同而有很大的变动幅度，一般来讲裂化汽油40%～70%（体积分数）；裂化轻油（LCO）15%～45%（体积分数）；丁烷、丁烯馏分5%～15%（体积分数）；丙烷、丙烯5%～10%（体积分数）；焦炭5%～10%（质量分数）。催化裂化汽油的辛烷值约为RON90～

93，低沸点馏分多是具有侧链的烯类、异链烷烃类，高沸点馏分则以芳香族成分居多。LPG成分富含烯类物质，是烷基化合物、MTBE等高辛烷值汽油基材的原料，因此十分重要。在反应塔中生成的焦炭会黏附在催化剂上，使催化剂失去活性，将催化剂送回到反应塔中通过燃烧的方法除去焦炭，使催化剂恢复活性。因燃烧而温度升高的催化剂返回到反应塔中循环利用。该反应塔和再生塔的催化剂循环始终处于流动状态。

FCC催化剂具有良好的流动特性，裂化反应的活性和产品的可选择性高，原料中的金属成分沉积造成的活性降低少，再生时的耐高温性等，目前被当作硅酸盐类固体酸化催化剂而广泛应用。

FCC装置根据原料油大致可以分为减压轻油FCC和渣油FCC。以前，将渣油作为FCC的原料油被认为是不合适的，从重质油的剩余和轻质油的不足等近期的实况来看，以渣油的轻质化为目的而导入的渣油FCC装置正在进展当中。当渣油进行FCC处理时最大的问题是原料中的沥青烯成分和金属成分（Ni、V、Fe）等的影响。包含大量沥青烯成分的渣油与减压轻油相比，由于焦炭的产量非常多，如图5.3.3所示，在如同渣油FCC装置那种再生塔中产生蒸气来进行冷却，或者使用两级式再生塔等新技术。另外，如果原料中的金属成分过多，为了维持催化剂的活性，就需要补充大量的催化剂，渣油的前处理过程中，通过预置高压诉直接脱硫装置进行金属脱离工序，能够在很大程度上缓解原料的限制。为了提升反应性能、产品品质以及排放废气净化率，我们国家内几乎所有的FCC装置中，都对原料油进行氢化精炼前处理。

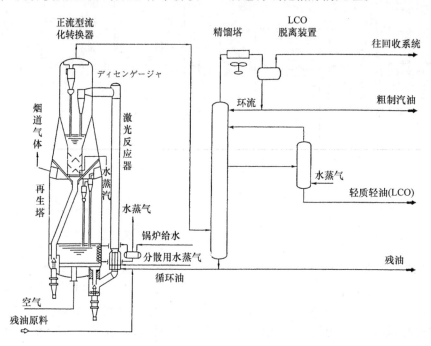

图5.3.3　残油FCC（HOC法）工程图

c. MTBE

MTBE（Methyl Tertiary – Butyl Ether）具有不包含芳香族成分及烯类物质、氧成分约占18%（质量分数）、沸点为55℃、辛烷值高达RON118、MON101的特征。我国从1991年开始确认了MTBE向汽油的调制到7%（体积分数）为止，50%以上的无铅汽油中使用高辛烷值原材料。在美国，为了防止大气污染，广泛使用含氧原材料的MTBE。

MTBE的合成反应具有非常严格的选择，只包含异丁烯和甲醇的反应如下所示，从FCC装置中得到的丁烷、丁烯馏分混合物原状提供给MTBE装置。

$$
\begin{array}{ccc}
CH_3 & & CH_3 \\
| & & | \\
C = CH_2 + CH_3OH \longrightarrow & CH_3 - O - C - CH_3 \\
| & & | \\
CH_3 & & CH_3 \\
(异丁烯)(甲醇) & & (MTBE)
\end{array}
$$

MTBE装置的系统图如图5.3.4所示。催化剂使用的是强酸性离子交换树脂，原料中如果含有氨、胺等不纯洁物质，则会使其活性显著下降，因此原料中的丁烷、丁烯馏分首先在水洗塔中排除杂质。接下来与甲醇混合，进入固定床式第1反应塔，接着进入

反应蒸馏塔,在反应温度为 50～70℃、反应压力为 0.9～1.1MPa 的条件下发生反应

和蒸馏,最终转化为含异丁烯约 96%% 的 MTBE,以成品形式从塔底获得。

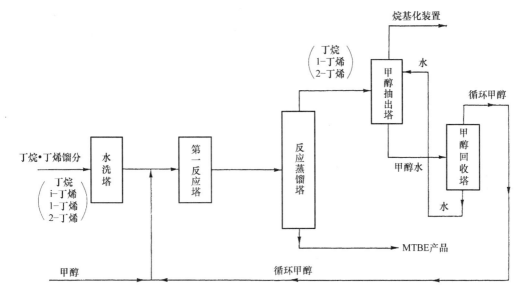

图 5.3.4　MTBE 制造方法(CDTEC 法)的系统图

d. 烷基化合物

烷基化合物是以 FCC 装置中生成的轻质烯类物质与催化裂化装置或者常压蒸馏装置中生成的异丁烯为原料生成的。其成分以 C_7 或者 C_8 的异链烷烃为主体,再加上不含有芳香族成分或者烯类物质,辛烷值达 RON94～96,MON90～94,具有敏感度(RON 与 MON 的差)小的特征。酸性催化剂使用的是 96%～98% 的硫酸或者 85%～90% 的氟化氢,硫酸在安全性方面具有一定的优势,因此国内建设的烷化装置中全部采用硫酸法。

e. 异构化汽油

异构化法是以氢化精炼的直馏轻质石脑油(C_5、C_6 为主成分)为原材料,将直锁石蜡转变为具有侧锁的异构体的方法。反应过程中使用铂金催化剂,在氢加压条件下进行,分 100～200℃ 的低温法和 200～500℃ 的高温法两种。异构化汽油是不包含芳香族成分、烯类成分的汽油原材料,辛烷值较低,约为 RON82～90。

5.3.2 深度脱硫轻油的生产

轻油脱硫是在氢加压下,使用 Co－Mo、Ni－Mo 系催化剂进行的,轻油成分中包含图 5.3.5 所示的各种类型的硫成分,每种成分的氢化脱硫反应性都是不同的。脱硫反应的难度按照化合物的顺序如下所示。

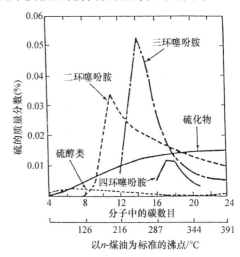

图 5.3.5　原油中的硫分布

● 硫醇类＜硫化物＜噻吩胺类

● 二环噻吩胺类＜三环噻吩胺类＜四环噻吩胺类（反应性能最低）

一般来讲越是重质馏分则难以脱硫的硫成分越多，另外脱硫的程度越深则难以脱硫的硫成分残留的越多。

因此，为了使轻油中的硫成分降低到0.05%，以0.5%规格的硫成分为基础而设计的2.0～3.9MPa低氢分压脱硫装置是无法完成任务的，必须对现存的脱硫装置进行加强，建设高压型的脱硫装置。

图5.3.6所示是具有代表性的0.2%硫成分的轻油制造方法。主要的轻油基材包括原油蒸馏得到的含0.8%～1.6%硫成分的氢化脱硫直馏轻油、含0.1%～0.3%硫成分的直馏脱硫轻油、减压轻油进行氢化裂化而得到的含0.0%～0.1%硫成分的氢化裂化轻油，以及为了确保低温性能而必需的粗灯油等。与此相对应，如图5.3.7所示是含0.05%硫成分的轻油制造过程，基材的大部分为深度脱硫的直馏轻油以及氢化脱硫的灯油基材。

为了有效地实现深度脱硫，应该从流程以及催化剂两方面同时进行改良。图5.3.8所示就是其中的一个案例。在这个装置中经过降低硫含量的第1高温反应塔后，为了改善外观色泽，又设置了低温的第2反应塔，通过功能区分以达到催化效率和运转灵活性的提升目的。

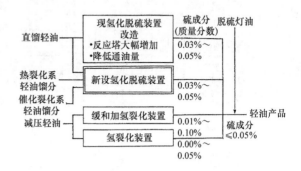

图5.3.7　0.05%硫成分轻油的制造方法

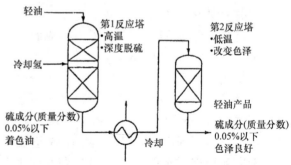

图5.3.8　轻油的2段式深度脱硫法系统图

［小俣達雄］

参 考 文 献

[1] 石川典明：ガソリン製造装置，日石レビュー，Vol.36，No.1，p.21(1994)
[2] 石油学会編：新石油精製プロセス，p.93，幸書房(1986)
[3] 石油学会編：新石油精製プロセス，p.76，幸書房(1986)
[4] 古沢貴和：MTBE装置，日石レビュー，Vol.35，No.1，p.63(1993)
[5] R.L.Martin, et al.：Anal. Chem.，Vol.37，p.644(1965)
[6] 畑山　実：二段深度脱硫法による軽油の品質改善，第20回石油製品討論会（石油学会），p.99(1993)
[7] 牛尾　賢ほか：軽油の二段深度脱硫法，ペトロテック，Vol.17，No.8，p.63(1994)

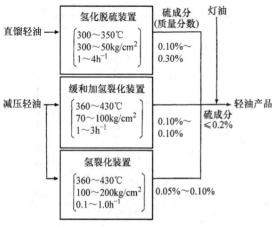

图5.3.6　0.2%硫成分轻油的制造方法

5.4　代用燃料发动机

5.4.1　天然气发动机

a. 性质和特征

天然气的性质见表5.4.1。从在发动机上的使用情况来看，其性质总结如下。

表5.4.1　天然气的性质

	天然气 CH$_4$	汽油 （平均值）
密度（气体)/(kg/m^3)	0.718	5.093[1]
密度（液体)/(kg/L)	0.425	0.74
低放热量	49.8 {11900}	44.4 {10600}
同上，与汽油相比	1.12	1.100
低放热量（液体)/(MJ/L){kcal/L}	21.2 {5060}	32.7 {7800}
同上，与汽油相比	0.65	1.00
理论空燃比（重量）	17.2	14.9
理论空燃比（气体体积）	9.55	59
理论混合气的放热量	3.39 {810}	3.77 {900}
同上，与汽油相比	0.90	1.00
单位理论空气量的放热量	3.74 {894}	3.83 {916}
同上，与汽油相比	0.98	1.00
沸点（0℃，1个大气压)/℃	-162	100[1]
汽化热（沸点)/(MJ/kg){kcal/kg}	0.51 {122}	0.28 {68[1]}
汽化热/(MJ/kg){kcal/放热量10^{-3}}	0.04 {10.3}	0.03 {6.4}
自点火温度（大气中)/℃	650	500
		（轻油340）
点火极限燃料体积比（%）	5.3 ~ 15	1.2 ~ 6
点火极限当量比（%）	0.65 ~ 1.6	0.7 ~ 3.5
辛烷值（RON）	120 ~ 136	90 ~ 100

① isocctane 异辛烷。

• 天然气是主要成分为甲烷（CH4）、碳元素含量极少的碳氢燃料。

• 甲烷的沸点为 -162℃，常温下呈气体状态。与常温下呈液体状态的汽油等燃料具有运输性方面的差异。

• 辛烷值较高（RON：120 ~ 136），十六烷值低（大约为零）。

• 碳含量的比例低，单位放热量的 CO_2 的排量少。

• 与排放气体中的臭氧生成相关的光化学反应性低。

• 对燃料系统零部件的腐蚀性、劣化性等的材料特性与汽油相当。

b. 使用技术的种类和特征

天然气的使用技术 CNG（压缩天然气：气体）与 LNG（液体）有很大区别，每种利用方法的概要见表5.4.2。

表 5.4.2　天然气的利用技术

燃料的利用方法	利用技术分类		特　征		
	基础发动机（循环）	方式	混合气特性	燃料供给方式	点火·燃烧方式
CNG	○ 汽油机基础，自动循环	1. 双燃料（CNG/汽油）	预混合气	由泵、减压阀、混合器等向进气歧管供给	火花点火
		2. 专用方式（CNG）	同上	同上，由喷嘴向进气歧管供给	同上
	○ 柴油机基础，自动循环	3. 专用、预混合、火花点火方式 ○ 三元催化器方式 ○ 稀薄燃烧方式	理论混合比的预混合气（λ=1）	同上	同上
			稀薄预混合气（λ=1.4～1.6）	同上	同上
		4. 专用、DI·火花点火方式	气状喷雾，不均匀混合气	由泵、减压阀、气体喷射阀向气缸内直接喷射	同上
	○ 柴油机循环	5. 双燃料 CNG/轻油、烟熏方式	CNG 预混合气+轻油喷雾	预混合气：与1～3相同 轻油：直接喷射	压缩点火
		6. 同双燃料、DI	气状喷雾+轻油喷雾	CNG：与4相同	轻油：直接喷射
		7. 专用、DI、压缩·热面点火（柱塞）	气状喷雾，不均匀混合气	与4相同，由泵、减压阀、气体喷射阀直接喷射	压缩、热面点火
LNG		8. 专用、预混合、火花点火	预混合气	由 LNG 罐、热交换器、吸脱离装置、低压喷嘴向进气歧管喷射	火花点火
		9. 专用、DI	气状喷雾	由 LNG 罐、热交换器、吸脱离装置、高压喷嘴直接喷射	火花点火+压缩、热面点火

c. CNG 发动机

（i）微型车用 CNG/汽油的混合方式
这种方式是以市场上现有的汽油车为基础，换装 CNG 发动机，改造成 CNG 车的方法。这种方法具有能够使用 CNG 或者汽油任意一种燃料的特征，汽油机的燃料供给系统保留，增加 CNG 泵、减压阀、混合器、空燃比控制装置等 CNG 供给系统。

意大利、新西兰、阿根廷等国家目前约有 100 万辆 CNG 车，但其中大多数为双燃料车。

（ii）微型车用 CNG 专用法　这种方式用的是发挥天然气性质的优势，对燃料系统、排气系统进行优化的发动机。双燃料法的压缩比、催化器等未作变更，按照汽油机的原状态使用。由于天然气的辛烷值很高，如果压缩比很大的话，不仅仅是热效率，输出功率也能得到改善。催化器也与汽油车上

的排气系统不同，必须开发对甲烷具有最佳净化性能的催化器。图 5.4.2 所示是 LD 专用车的开发案例、排放特性等。

本田、大宇以美国加州、洛杉矶（LIV）等地区为目标进行了开发。

（iii）重型车用 CNG 双燃料法　双燃料法是以市场上现存的大量柴油车为对象，进行结构改造翻新型的利用技术。炭烟颗粒的削减、轻油燃料的节约是其最大的优势。由于发动机的改造是在小规模范围内进行的，改造、制造成本较低，这也是它的一个优点。但是，NOₓ、CO、HC 的排放清洁性、与后面将要介绍到的三元催化器（TWC）方式、稀薄燃烧方式相比处于劣势。TNO，M. Benz 公司、Caterpillar 公司、Ortech/DDC 公司、GAFCOR 公司等对这种方法进行了开发尝试。

（iv）重型车用 CNG 预混合、火花点

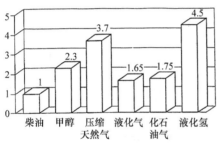

a) 天然气的可运输性(单位能量的燃料容积比较)

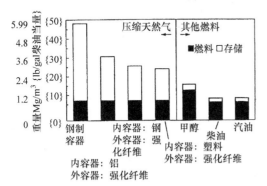

b) 天然气的可运输性(与1加仑<3.78×10⁻³m³>柴油
相当的CNG重量和容器重量)

图　5.4.1

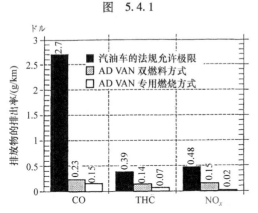

图 5.4.2　LDCNG 专用车排放的
初期特性（东京燃气/日产）

火、三元催化器（TWC）法　以柴油车 HD
领域为对象的 CNG 专用技术，包括预混合、
火花点火、三元催化器和稀薄燃烧等。这两
种技术的应用范围最广。

　　TWC 具有最高的排放气体净化率，特
别是 NO_x 的净化的优势。成本性能、热效
率（燃油消耗率）以及耐久性则不如稀薄
燃料法。

　　TWC 的气体供应方法包括模拟法和数

字法两种，前者又可以分为混合器方式和机
械方式（节气阀）。混合器方式就是所说的
化油器方式，根据文丘里管内的空气流量增
减、负压的变化，对气体流量进行模拟式调
整的方法。机械方式是通过节气阀型的流量
调整阀对空气和气体，使之产生机械式的联
动，以一定的流量比、空燃比进行控制的方
法。数字方式是与汽油机的喷射方式相同，
对喷嘴的喷射期间进行电子控制，调整燃气
流量，使其接近于理论空燃比附近。

　　机械方式是由奥兰多的燃气从业者燃气
UNI 公司开发的，喷射方式则是 Ortech 公
司、Auckland/UNI Service 公司、Volvo 公司
和 JARI 公司开发的。目前完成实用化的方
法以混合器方式居多。混合器方式相对于设
定的空燃比，进行微量的调节，根据氧传感
器和微型处理器的反馈信息进行控制。图
5.4.3 所示是 TWC 混合器方式的案例。

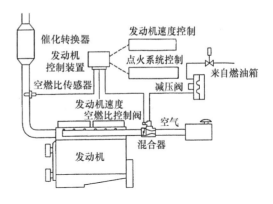

图 5.4.3　HD、CNG 预混合、火花点火、混合器、
TWC 方式的开发案例（TNO/Deltec 公司）

　　M. Benz 公司、Ricardo、Saab - Scania
公司、JGA/JARI 公司、五十铃/东京燃气公
司、马自达汽车公司、Iceco 公司/TNO 公司
等，都进行了 TWC 方式的开发实验。

　　（v）重型车用 CNG 预混合、火花点
火、稀薄燃烧法　由于天然气常温下呈气体
状态，因此容易形成混合气，一直到极稀薄
领域都可以实现稀薄燃烧。根据稀薄燃烧，
能够实现热效率的改善、NO_x 排放的减少、
热负荷的降低以及耐久性的提升。这些是该

167

方法的第 1 个优点。第 2 个优点是可以实现系统的简易化，在成本性能的改善方面非常有利。高度的电子控制系统、催化器等则不是必需的。NO_x 排放净化性能不如 TWC 方法。只有这一点是它的劣势。

燃料供给装置基本上是与 TWC 方法一样，使用相同的系统。即使是稀薄燃烧方式方面，也以混合器方式居多。图 5.4.4 所示是发动机系统的一般构造。

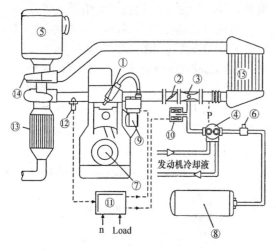

图 5.4.4　稀薄燃烧方式发动机系统结构
1—火花塞　2—节气门　3—混合器　4—减压阀
5—空气滤清器　6—气体切断阀　7—燃气发动机
8—气罐　9—点火系统　10—λ 阀　11—电子控制
12—氧传感器装置　13—酸化催化剂　14—涡轮增压器
15—空气式空调

稀薄燃烧的目的是热效率的提升、NO_x 排放净化性能提升、燃烧循环变动的控制、车辆的驾驶性能确保、热负荷减轻，耐久性提高和成本降低等。

TNO/Deltec 公司、SWRI、Ricardo Cummins 公司、M. Benz 公司、Caterpillar 公司、Volvo 公司、GACOF 公司、日产汽车、JGA/JARI 公司、AVL 公司等都对稀薄燃料技术进行了研究实验。

（vi）重型车用 CNG、直接喷射（DI）法　高压缸内填充的压缩天然气保持高压状态，如果直接供给气缸，燃气容积过大引起的容积效率、进气效率降低很少，使输出功率得以改善。另外，如果能够形成比 DI

发动机好的分层进气（火花塞附近饱和，并逐渐稀薄），与均质稀薄燃烧相比，火花塞附近的局部混合比处于饱和状态，有助于改善火焰核的初期发展。因此，强烈依赖于火焰核初期好坏的发动机全体火焰传播特性能够得到大幅的提升。其结果是循环的定容性改善，最终使热效率得以提升。

池上等人（京都大学）使用油压驱动燃气喷射阀的 DI 发动机，进行了火花塞热面点火方式实验，展示了 DI 方式的可能性（燃烧稳定性）和燃油消耗率改善的成果（与柴油机相比）。

除此以外，SWRI、DDC、JARI 以及福谷等人（职业开发大学）、T. Krepec 等人（Concordia 大学）也进行了类似的研究。

图 5.4.5 所示为 DDC 公司的高压燃气喷射阀的开发案例。

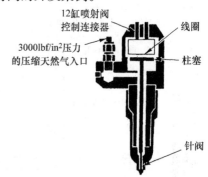

图 5.4.5　DDC 公司的高压燃气喷射阀

d. LNG 发动机

LNG 发动机大致可以分为两类。一种是不配置 LNG 进给泵的自然进气式，另一种是配置了进给泵强制性的供给燃料的强制供给式。前者主要用于 LD，后者主要用于 HD。自然进气方式是根据从 LNG 绝热容器的外部流入的热量，使箱体内部的 LNG 一部分气化，压力增加，根据自然生成压力差，向发动机提供燃气的方法。强制供给方式是在 LNG 内部安装 LNG 进给泵，根据负荷控制 LNG 量，给发动机供气的方法。除了以上燃料供给方式以外，还有与 VNG 发动机类似的排气系统、燃烧系统。

（i）轻型车用 LNG 发动机　图 5.4.6 所示是 JARI 的开发案例。它满足汽油车的法规值，与汽油车相比，其燃油消耗率大约有 30% 的提升，但是 LNG 箱体的性能损失率较大，每日达 5% ~ 7.8%，是今后有待于解决的课题。

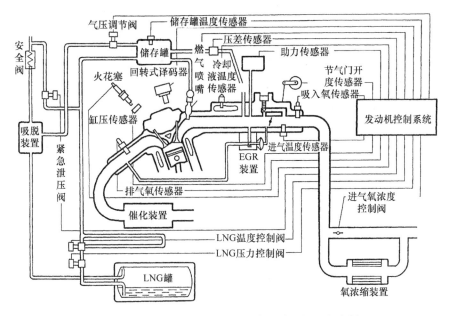

图 5.4.6　LD LNG 进气管喷射火花点火式发动机的开发案例（JARI）

（ii）HD LNG 发动机　HD LNG 发动机是 HD CNG 发动机续航距离短这一缺点的补偿方案之一，是美国及澳大利亚等国比较关心的方式。

HD LNG 发动机分为 LNG 专用方式和 LNG/轻油双燃料供给方式两种。目前，已经或者正在实施的各种 R&D、展示计划以及行驶实验等，总结如下。

·休斯敦交通管理局巴士展示（双燃料、专用）。

·马里兰交通管理局巴士展示。

·加州 SCAQMD HD 卡车展示。

·洛杉矶机场项目。

·奥兰多 BFI 垃圾收集卡车展示。

·澳大利亚 APPIN HD 石灰运输卡车展示（双燃料）。

1994 年 10 月，加拿大多伦多市召开了与天然气汽车相关的第 4 次国际会议。在该会议上发表了大量的研究成果，对 NGV 发动机技术的动向汇总见表 5.4.3。

5.4.2　含氧燃料发动机

a. 甲醇、乙醇发动机

（i）性质和特征　甲醇、乙醇发动机值得期待的理由如下所述。

· 作为汽车用燃料的第一个条件是具有可运输性。

· 由于在常温时为液态，能够更多使用传统的往复式发动机的成熟技术。

· 甲醇是天然气体，来自石灰岩，乙醇可以从甘蔗、玉米等农作物中制造提炼，作为将来的汽油代用燃料，具有非常丰富的资源。

· 燃料过程中不产生炭烟，是非常清洁的燃料。

从表 5.4.4 中显示的性质可以推测出它的特征。

表 5.4.3　NGV1994 会议开发成果的发表和 NGV 发动机技术动向

燃料	基础发动机(循环)	利用技术的种类 方　　式	I. 基础研究(单缸测试)	II. 应用、开发、研究(发动机系统、车辆系统) R & D, FS 的步骤	III. 车队测试管理下(自用)、用户测试	IV. 商业化
C	· 自动循环	1. 双燃料(CNG/汽油)		Ⓕ	Ⓒ12, Ⓐ, Ⓕ, Ⓒ35, Ⓒ13, Ⓗ3, Ⓒ100, Ⓢ70, △378, ○, Ⓑ2, Ⓒ2	Ⓑ4 000Ⓒ, Ⓦ, Ⓒ1000, Ⓑ
		2. 专用方式(CNG) TLEV 同等规格 ULEV 规格	Ⓦ	⊗, Ⓕ, Ⓝ, Ⓦ, Ⓗ, ⊙, Ⓒ, Ⓦ, Ⓦ	Ⓑ, Ⓕ, Ⓐ11, ③	Ⓗ108, Ⓗ70, ⊙, Ⓗ35, Ⓗ5, Ⓗ	Ⓦ, Ⓒ, Ⓑ, Ⓒ,
N	· 柴油机基础(自动循环)	3. 预混合火花点火 — TWC —混合器规格/喷射规格 — Lean.B —混合器规格/喷射规格 — 副燃烧室/单一	Ⓦ	⊗, ⑤, ·, ⊗, Ⓒ, Ⓒ, Ⓦ, Ⓦ	Ⓢ, Ⓐ	△84, ◇, Ⓣ16, Ⓦ16, Ⓦ75, Ⓦ5, Ⓒ10, Ⓦ, Ⓗ3, Ⓦ27, 8, Ⓦ75, Ⓒ13, Ⓒ, Ⓑ, ◇10, ▽, Ⓗ40, Ⓒ25, Ⓒ7, Ⓦ62, Ⓒ100	
G	· 柴油机循环	4. DI 火花点火(DISC) 5. 双燃料、PI 轻油压缩点火 6. 双燃料、DI 轻油压缩点火 7. DI、NG 压缩·热面点火	Ⓕ, Ⓐ	⊗, Ⓦ, Ⓒ, Ⓒ, Ⓦ, ⊠, Ⓦ, Ⓦ	◑, ◐	·6, Ⓦ12, Ⓦ11, ▷20, Ⓡ, Ⓒ2, Ⓒ8	Ⓡ20, Ⓦ7, Ⓒ, Ⓒ
L	· 自动循环	8. 专用方式	Ⓦ	Ⓦ, ⊗		Ⓒ	
N G	· 柴油机	9. 专用方式 双燃料方式	Ⓦ		Ⓦ	Ⓒ, ⊙1), Ⓒ, Ⓦ(TNO), Ⓦ	

注:

Ⓢ : SNAM, Ⓦ : M.Benz, Ⓐ : Atlanta Gas, △ : Consumers Gas, Ⓒ : CHRYSLER, Ⓒ : GM, Ⓑ : BHP Engr, Ⓦ : IVECO, Ⓒ : GDC(NZ, Gas Development Center), Ⓦ : Yellow Bus Co.,

Ⓒ : 奥克兰大学, Ⓦ : TFS 社, Ⓦ : GDF, Ⓦ : 日产, Ⓦ : 丰田, Ⓦ : 三菱自工, Ⓦ : 本田, Ⓦ : 马自达, Ⓦ : 五十铃, Ⓦ : 日产柴油机, ⊙ : 铃木, Ⓑ : British Gas,

Ⓦ : FORD, Ⓦ : JARI, Ⓦ : STEWART&STEVENSON, ⊗ : JGA/JARI, Ⓦ : ORTECH/GFI, Ⓦ : SAGASCO, Ⓐ : AGL, ⊗ : Cummins/LIO ▽ : Ricardo/Scania ▽ : Volvo Ⓒ : Gas Uni

Ⓦ : SWRI/Cummins · : Hercules ◐ : TNO ⊠ : Ortech ⊙ : SWRI/Cummins Ⓒ : GM Ⓒ : DDC Ⓦ : Cummins/LIO ▽ : Ricardo/Navista ▷ : Volvo

1) : 铁道用。注 : 记号表示上述的 R&D、FS 场所。数字表示生产合数。

Ⓦ表示 NGV 的车队测试与生产合数。

表 5.4.4　甲烷燃料性质

性质	单位	甲醇	乙醇	辛烷（汽油）
分子式		CH_3OH	C_2H_5OH	C_8H_{18}
摩尔质量	g/mol	32	46	114
密度（20℃）	kg/l	0.795	0.790	0.692
碳（质量）	%	37.5	52.0	84.0
氢（质量）	%	12.5	13.0	16.0
氧（质量）	%	50.5	35.0	0
理论空燃比（空气/燃料）	kg/kg	6.45	9.0	15.1
低位放热量	kJ/kg〔kcal/kg〕	20092〔4800〕	26791〔6400〕	44372〔10600〕
放热量（空气）	kJ/kg〔kcal/kg〕	3114〔744〕	2976〔711〕	2939〔702〕
放热量（混合气）	kJ/kg〔kcal/kg〕	2696〔644〕	2679〔640〕	2754〔658〕
汽化热（燃料）	kJ/kg〔kcal/kg〕	1101〔263〕	862〔206〕	297〔71〕
研究法辛烷值		106	106	100（84~94）
马达法辛烷值		92	89	100（76~83）
辛烷值		3	8	12
沸点	℃	64.7	78.3	125.7
凝固点	℃	-97.8	-144	-57
蒸汽压（Reid，37.8℃）	bar	0.37	0.20	0.155（0.6~0.9）
点火温度	℃	470	420	240（456）
燃烧下限（体积）	%	6.7	4.3	（1.4）
燃烧上限（体积）	%	36	19	（7.4）
层流燃烧速度（大气压、常温）	cm/s	52		（38）

- 是包含 C_1、C_2 单一成分的含氧燃料。
- 辛烷值高，十六烷值低。
- 气化潜能较大。
- 燃烧性好（燃烧速度）。
- 不包含低沸点成分，因此低温时起动困难。
- O_2 的含量比例低（50wt%），单位重量的放热量低，续航里程减小一半。
- 甲醇对金属、树脂、橡胶类零部件具有很强的腐蚀性、膨胀性、老化性等，乙醇要弱一些。

（ii）利用技术种类和 R&D、FS 结果

为了灵活使用上述燃料的特性，研究开发了各种各样的技术。对这些技术加以整理、分类，对于甲醇燃料，分别对 R&D、FS（feasibility study，可行性研究）的现状加以概括，见表 5.4.5。

第 1 次石油危机以后，到现在为止已经过去了 20 多年，国内外的 R&D、FS 结果，在表 5.4.5 的基础上宏观来看，特别是对于甲醇发动机的优点、缺点如下所述。

- 第 1 个优点，是对目前汽车社会常常提起的三种技术问题：地域及城市的环境问题、代用能源问题、地球温暖化问题，具有良好的对应潜能。
- 第 2 个优点，由于在常温下呈液态，对于汽车用燃料来讲，具有良好的可运输性。对于一般的用户、需求者、汽车公司来讲，能够提供充足的动力性能，从 0.5L 的小排量到 20L 的大排量，从乘用车到货物运输车，即对于几乎所有的汽车都可以使用，用途非常广。

表 5.4.5　甲醇燃料的利用技术的 R&D、FS 现状

主要目的	利用技术		I. 基础研究（发动机对标实验）	II. 应用研究（发动机台架测试）	III. 开发研究（转鼓台架测试）	IV. 样车、行驶测试
汽油代用燃料	纯净、高浓度利用法	预混合、火花点火（均质）法				BMFT（VW, M. Benz: 425 台），MITI/PEC/JARI（8：32 台），DOE（20），BOA（300），MFV（159），Ford（506），GM（11）
		分层进气法（PI、DI）	Hokkaido U., Ford, Porsch	JARI	FEV/VW, AVL	
		重整法	Waseda U., RIT, Toyota, U. of Wisconsin, U. of Texas, Tokyo U. of A & T – Fuji Heavy Industrie	Nissan, SERI, JARI, VW		
	其他	FFV 法				Ford, GM, VW, Volvo, Nissan, Toyota, MMC（数千台）
柴油代用燃料	烟熏法	化油器规格 喷射规格	Nihon U., U. of Wisconsin, Richardo, SWRI M. Benz, Volvo, Cummins, Hokkaido U.			
	纯净、高浓度利用法（双燃料喷射法）	双泵、双喷嘴法 {涡流室 预混室 单一室	Hokkaido U, JARI, SWRI, Aachen TH		MWM	JARI Volvo Aachen TH – KHD
		双泵·双喷嘴法		Isuzu		MITI/PEC/JARI（Toyota）
	纯净、高浓度强制点火法	直喷火花点火（火花辅助）法、直喷柱塞热面点火（柱塞辅助）法 直喷压缩点火法	KAST			Caterpillar, Navistar, KHD, MAN（12），MFV/Komatsu（40），JARI, MITI/PEC/JARI M. Benz（10），DDC（477）
	重整法	纯净法 烟熏法		JARI Kogakuin U – Komatsu		
	其他	辛烷值提升添加剂法	Shell, M. Benz（Brazil），Volvo			MILC（Cummins），CEC（DDC）

● 缺点之一是运输方式要求高，需要保证耐久性、可靠性。也就是说，目前的利用技术虽然因各类而略有差异，但是总体来说，还没有达到完全成熟，还不能充分保证运输的耐久性、可靠性。甲醇燃料车的燃料系统、燃烧系统等的零部件必须进行耐甲醇材料的全面变更，而完成这一步需要大范围、长时间的准备。

● 甲醇燃料汽车向汽车社会的引入速度，不仅仅依赖于上述利用技术层面的可行性研究，燃料价格、基础设施建设等都是不可缺少的。

（iii）面向 21 世纪的未来型可利用技术

未来型代用能源发动机必须满足下面的条件：

● 具有针对地区、城市环境问题的解决措施。

● 可用于解决能源问题、代用能源问题。

● 可用于解决地球规模的环境问题、CO_2 等的温暖化问题。

● 对于一般的需求者，应该具备作为车辆所需要的基本功能、动力性能、运输性能、燃油经济性、耐久可靠性等。

● LD 车辆。到目前为止所开发的 LD 自动型发动机，为了满足上述的条件①确保 −30℃的低温起动性；②达到加州、超低排放车辆（ULEV）同等级别的排放气体净化性能；③柴油机同等级别的放热率。

满足上述条件的概念设计（图 5.4.7）的甲醇直接喷射燃烧辅助的方法，已经由 FEV/VW、AVL 等开发试制出来。

● HD 车辆。满足 1998 年美国的排放法规、与柴油机具有同等级别的热效率的方法，有 4 循环自动点火方式。该种方式与火花点火方式、燃料辅助方式相比，热效率有所改善，达到了与柴油机相同的水平。另外由于辅助燃烧（起动时）的使用频率低，火花塞的耐久可靠性也很高。

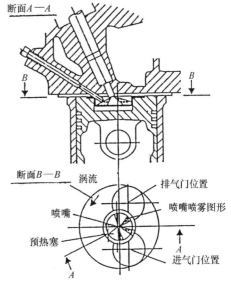

图 5.4.7　LD 直喷压缩点火甲醇发动机的开发案例（AVL）

b. 植物油发动机

作为柴油发动机的石油代用燃料，含有 10% 左右氧含量的植物油是一种替代产品。值得期待的优点如下所述：

● 辛烷值较高。

● 是一种生物燃料，具有再生利用性，对防止地球温暖化具有积极的作用。

● 作为一种可利用技术，如果对其动态黏度加以调整，所带来的其他技术问题很少。

● 根据脂肪化、加热、混合使用等方法，可以很容易调节其运动黏度。

● 它是一种食用油的回收再利用，从防止水资源污染、资源循环的角度来讲，具有很好的优势。

可以使用的植物油，还包括棕榈油、菜籽油、大豆油、红花油、葵花籽油、花生油、棉花籽油等。

表 5.4.6 中显示的是以植物油为对象，如果对运动黏度按照轻油的标准进行调整（加热），虽然输出功率和燃油消耗没有太大的差异，但是对于长时间使用性能方面，还是有很大的差别，如图 5.4.8 所示。

表 5.4.6　植物油（棉花油、花生油、大豆油、向日葵油）**的运动黏度**

植物油[①]	运动黏度 C/cSt			动力黏度（CH₂O　15.6℃）		
	20	40	100	20	40	100
C/CSO	76.44	34.89	8.03	0.92204	0.90889	0.86992
R/CSO	70.38	32.56	7.65	0.92286	0.91001	0.87154
RBD/CSO	75.23	34.25	7.91	0.92419	0.91040	0.87199
C/PNO	80.02	36.33	8.20	0.92363	0.90591	0.86872
R/PNO	82.27	37.16	8.37	0.91962	0.91292	0.87340
RBD/PNO	82.79	37.38	8.43	0.91450	0.90159	0.87256
C/SBO	65.80	32.23	7.66	0.91546	0.90198	0.86658
DG/SBO	66.46	31.28	7.57	0.91469	0.90182	0.86355
R/SBO	64.26	30.55	7.47	0.92054	0.90878	0.86842
H/SBO	–[②]	37.54	8.38	0.91671	0.90288	0.86803
C/SNO	65.70	30.96	7.55	0.92545	0.90867	0.86974
R/SNO	64.66	30.69	7.52	0.92078	0.90785	0.86935
DW/SNO	64.78	30.61	7.53	0.92230	0.90747	0.87042
RBD/SNO	67.08	31.67	7.67	0.92165	0.90747	0.86902

①　C＝原油：R＝精炼；RBD＝精炼、漂白并除臭；DG＝脱胶；H＝氢化的；DW＝脱蜡；CSO＝棉籽油；PNO＝花生油；SBO＝大豆油；SNO＝向日葵油。

②　低于浊点。

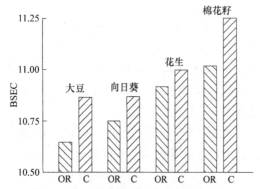

图 5.4.8　植物油精炼与否对 DI 发动机
能量消耗和耐久性能的影响

　　为了在很长时期内确保发动机的性能，有待于进一步推广植物油的应用，因为植物油在防止喷油器堵塞、活塞和活塞环积炭等方面具有很好的效果。

　　植物油的性质当中与发动机耐久性相关的因素，并不仅仅是动态黏度等物理特性，还包括与胶质物形成相关的化学特性。

　　植物油与轻油相比主要的差异是植物油

的不饱和度。植物油具有高度的不饱和度、酸化、形成自由基，容易发生感应胶质成分形成的酸化重合反应。这些胶质成为认为是燃烧室、喷油器等部位积炭的主要形成原因。因此需要采取特殊的方法去除胶质成分。

5.4.3　氢发动机

a. 性质和特性

　　表 5.4.7 中显示的是氢燃料的性质。从性质的角度对特征进行整理如下：

　　● 沸点为 –252.8℃，常温下为气体，运输困难。传统的往复式发动机技术，无法按照原样使用。

　　● 为了确保运输性，必须开发氢发动机独有的技术、燃料供给系统等。

　　● 单位重量的放热量为汽油的 2.7 倍，单位体积的放热率约为汽油的 1/20，与汽油发动机有非常大的差异，必须开发独自的燃料技术。

表 5.4.7 氢燃料的性质

	氢气 H_2	近似汽油 C_8H_{18}	比 H_2/H_{18}
相对密度：气体（293K，大气压）	0.0838×10^{-3}	4.74×10^{-3}	0.018
液体（20K，大气压）	0.071	0.702	0.10
理论混合气的燃烧浓度（体积）	0.296	0.0165	17.9
（质量）	0.0284	0.06	0.45
低位放热量/（MJ/kg）	120	44.6	2.69
理论混合气的放热量/（MJ/kmol）	71.6	83.9	0.85
单位理论混合气的放热量/（MJ/kmol）	101.7	85.3	1.19
点火稀薄极限浓度（体积,%）	4	1.2	3.3
点火稀薄极限浓度 λ	10	1.33	7.5
最小点火能量/MJ	0.02	0.25	0.08
自发点火温度（大气压）/K	850	770，轻油 620	1.19
扩散系数/（cm²/s）	0.63	0.08	8

- 点火能量约为汽油的 1/13，容易点火。即火焰传播性能优良，对于火花点火式发动机，能够实现稀薄燃烧。另一方面，自身的点火温度高，不适用压缩点火发动机。

- 即使是极稀薄的混合气，由于最小点火能量低，只要存在任何火源，就很容易发生异常燃烧。

- 是不含 C 的理想清洁燃料。

- 对金属材料的影响，与碳氢燃料不同。

b. 利用技术的种类和 R&D 状况

氢发动机成功的关键是弥补运输性的储藏运输技术，即燃料供给系统的技术开发。为了解决这个问题，国内外进行了大量的研究实验。

- 金属氢化物法（MH 法）。

- 液态氢（LH_2）法。

- 高压瓶装法。

（i）MH 法　这是一种利用 MgNI、La-Ni5、TiFe 等的氢吸收合金，用化学方法吸附氢气储藏的方法。储藏能力（密度，质量）为 1.86% ~ 0.82%。加压、冷却后即可以吸附、储藏，当向发动机供给时，再减压、加热。这种方法可以确保系统整体的安全性，具有优良的特点。其缺点是 100kg 的

金属只能储藏不足 2kg 的氢，储藏密度小（图 5.4.9）。

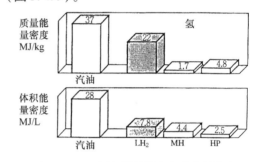

图 5.4.9　不同氢燃料储存方法能量密度

M. Benz 公司、BROOK – HEVEN 公司、BILLINGS 公司、工业技术大学机械技术研究所以及马自达汽车公司等都曾经进行过 MH 法的研究开发。

（ii）LH_2 法　这种方法不进行氢气的气化，保持液态状态储藏在隔热容器内。这种特征与 MH 法相比，重量负担小，能量密度较高，如图 5.4.9 所示。

液态的氢能够直接灌装到 LNG 箱中，在高压状态下直接向气缸内喷射，比输出功率特性的改善值得期待。但是还存在以下两点较大的技术难题。

- 由于必须使用隔热容器，确保 – 258℃ 的隔热性具有很高的难度。

● 从 −258℃ 的隔热容器中泵吸上来，需要高度的低温工艺技术。

UCLA 研究所、德国的航空宇宙研究所、BMW 公司以及武藏工业大学等对 LH₂ 法进行了开发研究。武藏工业大学从 1975 年开始，到现在研究开发了一直到武藏 9 号为止各种 LH₂ 车。图 5.4.10 所示就是武藏 8 号开发案例。

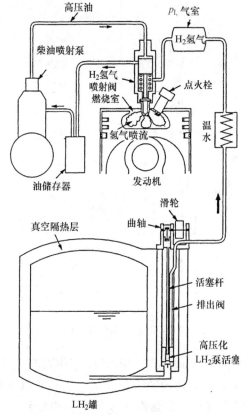

图 5.4.10　液氢发动机的开发案例
（武藏工大/日产：武藏 8 号）

（iii）高压瓶装法　与 MH 法相同，由于高压瓶的重量负担很大，如图 5.4.9 所示，储藏能量密度较大。到现在为止，系统性的开发还没有过尝试。今后，如果 FRP 等轻量化高压瓶的开发取得了进展，这种方法还是很有前途的。

5.4.4　LPG 发动机

从很早以前，国内外就将 LPG 发动机

在出租车等领域进行了大范围的推广使用。

以前，美国将其作为解决臭氧等对城市环境污染问题的对策，它和甲醇、天然气等相同，是一种清洁燃料。在日本，能源部门将 HD LPG 发动机车视为解决大城市 NO_x、颗粒状物质等改善对策。

目前，很多公司都在这方面投入力量进行了研究开发，并已经引入到市场中。

[金荣吉]

参 考 文 献

[1] 金　栄吉：21世紀に疾駆する新型原動機車，自動車技術，Vol.49，No.1(1995)
[2] 遠藤，金，古浜，金山：新エネルギー自動車，p.59-151，東京，山海堂(1995)
[3] 金　栄吉：クリーン代替燃料エンジン・車の開発動向，機械の研究，Vol.45，No.8，p.7(1993.8)
[4] Proc. of 4th International Symposium on NGV & Exhibitions, Tront(1993.10)
[5] 石見治美ほか：マツダ技報，No.13，p.53(1995)

5.5　电动汽车

5.5.1　电动汽车概要

电动汽车的能源为电力，由搭载在车辆上的电池提供电动能源，驱动电机工作，在该驱动力的作用下，使车辆前行。

电动车属于低公害车，在行驶过程中完全没有气体排放，但是到目前为止还没有完全普及。

影响电动车普及的主要原因是性能和价格。

从性能方面来讲，特别是一次充电后的行驶距离是最大的限制条件，因此电动车被限制在特殊的用途上。日本的电动汽车是以轻型汽车为主流，普及台数约为 2000 辆，从价格方面来考虑，主要是从汽油车通过结构改造而来的。

电动汽车的价格约为汽油车的 2～3 倍，一次充电后在市区内约行驶 60～200km。表 5.5.1 为实用电动汽车的各参数。

表 5.5.1 实用电动汽车的参数例

		丰田 RAV4L EV ECA10G	三菱 LIBERO R-CD2VLNJ7 (改)	日产 Prairie Joy EV E-PM11 (改)	铃木 ALTO EV V-HC11V (改)	大发 HIJET VAN V-S140V (改)	SUBARU Sambar-EV Classic V-KV3 (改)
车名·型式		小型乘用车	小型乘用车	小型 BonnetVan	BonnetVan	轻型 CAB Van	轻型 CAB Van
主要尺寸	全长/m	3565	4270	4545	3295	3295	3295
	全宽/m	1695	1680	1690	1395	1395	1395
	全高/m	1620	1460	1695	1400	1855	1885
质量	空车重量/kg	1460	1710	1690	845	1320	1350
	最大装载量/kg	—	—	100	100 (0)	200 (100)	200 (100)
	乘车人员/人	4	4	4	2 (4)	2 (4)	2 (4)
	车辆总重量/kg	1680	1930	2010	1105 (1115)	1630 (1640)	1660 (1670)
性能	最高车速/(km/h)	125	130	120	105	85	90
	爬坡能力 $\tan\theta$/(°)	0.25	0.38	0.38	0.35 (19°17')	0.32 (17°44')	0.41 (24°46')
	最小旋转半径/m	5.2	5.1	5.6	4.4	3.8	3.9
	一次充电行驶距离/km 40km/h 匀速行驶时	—	165	—	90	130	150
	平均市区内行驶时	215	75	(10·15工况) 200以上	(10·15工况) 55		约50%
发动机	额定功率·电压·时间/(kW·V·h)	20·288·1	20·240·1	62·345·1	15·120·1	14·112·1	14.66·120·1
	控制方式						
轮胎	前轮	195/80R16 97S	165R14-6PRLT	195/65R15	145R12-6PRLT	145R12-8PRLT	145R12-6PRLT
	后轮	195/80R16 97S	165R14-6PRLT	1985/65R15	145R%12-6PRLT	145R12-8PRLT	145R12-6PRLT
电池	主电池 种类·型式					·ED150A	·SEV150
	电压·容量 (Ah/HR·V)(个)	95/5·12	75/5·12	100/3·28.8	30/3·12	150/5·12	150/5·12
	搭载数量 (V)	24	20	12 (96)	10	10	10
	总电压 (V)	288	240	345	120	120	120
	辅助电池 型式·电压/V	46B24R·12	34B19R·12	80D26·12	28B17L·12	YT60-S4NL·12	26B17·12
充电装置	设置方式 充电方式 充电控制方式 交流输入电源相数·电压·电流 (φ·V·A)	1·200·30	1·200·30	1·200·30	1·200·20	1·200·60 / 1·200·30	1·200·30
	电长充电时间 (急速充电)/h	8	8	5	8	8 (1)	8

另一方面，美国制定了新的大气清洁法，特别是对于汽车及燃料有非常严格的法规限制。加州从 2003 年开始，要求汽车制造商必须生产销售 10% 的 ZEV（零排放汽车），同时还给予各种优惠政策，鼓励电动汽车的生产、销售和购买。

在欧洲，以法国为中心也制定了电动汽车普及的政策，对于电动汽车的开发都投入了大量的力量。

5.5.2 电动汽车用电池

电动汽车一次充电后能够行驶的距离主要依赖于电池的性能。电动汽车电池概要见表 5.5.2。

目前，电动汽车上搭载的电池多数是铅电池。铅电池有能量密度低的缺点，但是从

成本、可靠性、安全性等方面综合比较，到目前为止仍然是最实用的电池，能够代替铅电池的新型电源暂时还没有开发出来。

最具代表性的电池性能开发项目是美国的 BIGU3、电力公司、联邦政府共同出资，于 1991 年设立的美国 USABC（US Advanced Battery Consortium）。

以中、长期为目标，投入了大量的资金开发镍、氢电池等多种高性能电池。

在日本，在通产省工业技术学院的指导下，于 1992 年设立了锂电池电力储藏技术研究组合（LIBES），进行电力储藏用的长寿命型和电动汽车用的高能量密度电池的开发。

表 5.5.3 是显示的是 USABC、LIBES 电池开发的主要目标。

表 5.5.2　电动汽车电池概要

电池的种类		构成 +/电解液/− 电压	开发状况								开发课题
			理论/ (W·h/kg)	能量密度 实用/(W·h/kg, W·h/L)		输出密度 实用/(W·h/kg, W·h/L)		寿命（循环）			
				现状	将来	现状	将来	现状	将来		
铅	开放	PbO₂/H₂SO₄/Pb 2.0V	170	38, 70	40, 80	150, 280	200, 400	500~ 1000	500~ 1000		• 能量密度提升 • 长寿命化 • 低成本
	密闭			35, 65	38, 75	300, 750	300, 750	350	500~ 800		
镍·镉		NiOOH/KOH/Cd 1.2V	240	55, 110	60, 130	220, 370	250, 380	500	1000<		• 低成本 • 高温性能提升
镍·氢		NiOOH/KOH/ M·H 1.2V	280	60, 150	70, 160	240, 430	280, 450	1000	1000<		• 低成本 • 大型密闭型
常温锂		例如 3.7V LiCoO₂/ 有机液/Li	410	—	120, 240	—	100, 200	—	500<		• 安全性 • 大型化
锂离子		例如 3.7V LiCoO₂/ 有机液/C LiCoO₂	580	100, 200	150, 230	300, 360	300<, 360<	500	1000		• 安全性 • 低成本
氯化钠·硫		S/β 氧化铝/Na 1.8V	780	100, 140	120, 170	120, 170	200, 300	500	1000<		• 低成本 • β 氧化铝改善 • 隔热性能提升 • 安全性确立

表 5.5.3　USABC、LIBES 电池开发的主要性能指标

	USABC		LIBES	
	中期	长期	长寿命型	高能量密度型
重量能量密度/(W·h/kg)	80 ~ 100	200	120	180
体积能量密度/(W·h/L)	135	300	240	360
重量功率密度/(W/kg)	150 ~ 200	400	—	—
体积功率密度/(W/L)	250	600	—	—
寿命（循环）	600	1000	3500	500
目标价格/[美元/(kW·h)]	150 以下	100 以下	—	—
能量转变效率（%）	—	—	90 以上	85 以上

a. 铅电池

目前铅电池虽然使用最多，其中的大多数为开放型（液体式）。频繁的补水工作增加了使用者的负担，另外还导致电池损坏，因此采取密闭化（密封型电池）成为各家公司优先考虑的技术课题，目前已经在一部分电动汽车上达成了实用化。

密封型电池的基本构造虽然与流动液体开放型电池相同，但是为了能够在负极板上的氧吸收反应平顺地进行，以有效地防止水分流失而付出了很大的努力。

这种电池的课题在于比开放型电池更低的能量密度、寿命。

b. 镍镉电池

电池的正极使用羟基氧化镍，负极使用镉（Cd），电解液使用氧化镍水溶液，是一种具有 90 年发明历史的电池。它的高效充放电特性良好，还是密闭型，使用容易，是一种多用途电池。

① 比铅电池的能量密度更高。

② 低温时的大电流放电特性。

③ 放电状态下，能够长期放置，容量恢复容易。

由于它有这些良好的特性，在欧洲等低温地区用得非常多。

消存的课题是内存容量的降低、高温时充电效率提升、自动放电、循环系统的确立等。

c. 镍氢电池

电池的正极使用羟基氧化镍，负极使用氢储藏合金中储藏的氢，作为一种便携式电源近年来得到了大范围的实用推广。它具有如下特征：

① 比镍镉电池的能量密度更高。

② 循环使用寿命长。

③ 不含镉。

对于电动汽车来说是当前最值得期待的一种电池。

正极和负极的碱性电解液中的充放电反应，充电时氢从正极流向负极，放电时按照相反的方向流动，因此电解液的容量不会产生变化。

电池采取密封化设计后，负极的容量要大于正级，当过充电时在正极产生的氧气会被电极板吸收。

工作原理如图 5.5.1 所示。

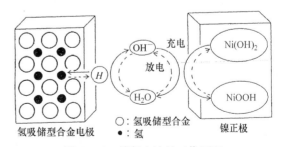

图 5.5.1　镍氢电池的工作原理

d. 氯化钠硫电池

它是在 300 ~ 350℃ 时开始动作的高温

型2次电池，熔融状态的氯化钠作为负极活性物质，熔融状态的硫作为正极活性物质，具有氯化钠离子传导性的β-氧化铝作为固体电解质。

放电时产生放热反应，充电时产生吸热反应。放电过程中与内部抵抗产生的焦耳热量汇合在一起，因此放热量很多，实际上为了保持电池的温度，电池会被封装在隔热结构里，因此大电流时必须采取必要的降温措施。

以电动汽车为目标开发出来的氯化钠硫电池的能量密度约为铅电池的2.5倍。

另外，由于没有电池内部的氯化钠离子移动以外的电气反应，效率很高，没有材料资源上的问题。但是由于它是在高温时动作，必需一定的高温控制能量，以及包含隔热及危险物质，出现破损时的安全措施、热应力相关的固体电解质寿命等问题，都需要加以关注。

e. 锂电池

除了作为高性能1次电池被广泛使用的锂电池以外，最近被用在相机等电子器材上的锂离子2次电池也进入了市场。

锂离子电池是以碳素材料为负极、以非质子型有机溶液（锂离子导电体）为电解液和以锂离子可嵌入、脱嵌型活性物质为正极构成的。

由于这种电池的能量密度高，在电动汽车、电力储藏等的电源领域开展了大量的研究开发。

在日本，适用于电动汽车的假想锂离子2次电池的研究开发，LIBES于1992年开始真正地着手研究，计划于2001年生产出20～30kWh级别、成为铅电池4倍能量密度的新型电池。

为了实现锂离子的开发、实用化，必须在电池的正极、负极、电解液材料等高容量化、长寿命化以及安全性等方面开展进一步的研究。

锂离子工作原理如图5.5.2所示。

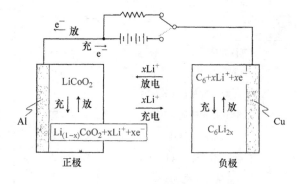

图5.5.2 锂电池工作原理

f. 燃料电池

燃料电池是通过天然气、甲醇等改质而得到的氢和空气中的氧来获得能量、反应产物只有水的能量转换装置。

燃料电池根据所使用的电解液可以分为磷酸型（PAFC）、熔融碳酸盐型（MCFC）、固有电解质型（SOFC）、固体高分子型（PEMFC）、强碱型（AFC）等多种类型。

作为电动汽车的动力，开展了动作温度较低的PAFC、AFC、PEMFC等输出功率达5～80kW·h级别系统的开发。

不管是哪一种类型的电池，都还有经济性、可靠性等方面的课题。

PEMFC是一种由具有离子导电性的某种高分子膜为电解质的单一固体构成的燃料电池，它具有能量密度高、动作温度低等特征，到目前为止虽然因成本等因素还限制在一定使用范围内，但是最近随着使用离子交换膜的燃料电池的出现，输出能量密度大幅提升，另外铂金催化剂的用量也进一步减少。

随着上述这些技术上的突破性进展，不仅在发电领域，同时也期待着作为可移动电源在电动汽车上的灵活使用。

由于燃料电池的能量密度低，当将其搭载在电动汽车上时，还可以考虑与其他类型组合应用的混合动力电池。

g. 其他类型电池

其他类型的电池，如氯化钠金属盐化合物电池、铝镍空气电池等高能量密度电池也正在研究开发当中。不管是哪一种电池，都需要解决效率提升、成本降低、车辆搭载可靠性以及使用便利性等问题。

另外，与实用化的电动汽车电池不同的太阳能电池等，作为太阳能汽车的电源相关的话题也时常被提起。

如表 5.5.4 所示，太阳能电池根据使用的半导体材料的不同，可以分为硅太阳能电池和化合物半导体太阳能电池。

表 5.5.4 太阳能电池的种类

太阳能电池的种类		构成元素	转变效率
硅太阳能电池	结晶系	单结晶 Si	18～23
		多结晶 Si	15～17
	非结晶系	a－Si, a－SiC	11～13
化合物半导体太阳能电池	Ⅲ－Ⅴ族系	GaAs, InP	18～24
	Ⅱ－Ⅵ族系	CdS, CdTe	10～15
	Ⅰ－Ⅲ－Ⅵ2 族系	CuInSe$_2$	11～16

不管是哪一种电池，都存在着转换效率提升和成本降低的课题。

每平方米的输出能量具有一定的限制，作为电动汽车的实用化电源还有待时日，但是可以考虑当作充电补充电源使用。

5.5.3 电动汽车用电机

a. 电机的分类

电动汽车上使用的电机分类如图 5.5.3 所示。

直流电机根据所使用的励磁线圈的连接方式，可以分为直卷型和分卷型两种。

交流电机分为感应型（异步型）和同步型两种，都被大量应用于近期开发的电动汽车上。同步型电机包括最近受到大量关注的 DC 无刷式（永久磁铁式同步电机）电机。

b. 直流电机

直流电机可以直接使用直流电流，转矩

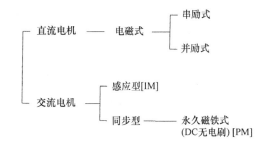

图 5.5.3 电动车用电机分类

控制容易，以极少数的电力单元构成，因此成本低，目前在实用电动汽车上大量使用。

电机本体已经是成熟的技术，最近技术改造方面的报告很少。

电动汽车上使用的直流电机包括串励电机和并励电机两种。

● 直流并励电机：负荷变化引起的电枢电流变化对励磁电流的影响很小，不容易发生旋转速度变动。另外，改变励磁电流可以扩大旋转速度范围，具有速度控制容易的特征。

● 直流串励电机：虽然起动时的转矩很大，但是随着电枢的旋转速度上升，转矩会下降。

另外，由于电枢电流以原状态通过励磁线圈，如果电流降低则励磁磁通量变小，旋转速度上升，因此不适用于无负荷运转。

c. 交流电机

（i）感应电机　随着高速运算因子（微型电脑）及大电力开关元件的实用化，速度控制及低负荷领域内的效率提升成为可能，因此人们又重新评估了电机在电动车上的应用。

特别是随着电机价格的下降，使得变压器用电元件的价格快速下降，今后必将有更大范围的普及。

交流电机所产生的转矩，与旋转导体的感应电流与磁通量的乘积成比例，而感应电流与磁通量成比例，因此转矩与磁通量的平方成正比，这是它非常容易地应用于电动汽车上的最大特征。

输出特性如图5.5.4所示。

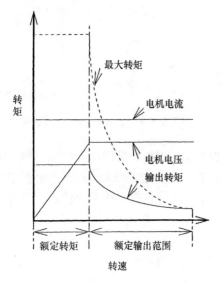

图5.5.4　感应电机的输出特性

技术动向　电机本体虽然也有改善，但是随着微型电脑的高速化和使用电器元件的高速开关元件的矢量控制应用，低速、低负荷领域内的效率提升相关的研究报告大量发表。感应电机的最大效率控制如图5.5.5所示。

在高速化发展方面，电机本体的速度已经达到15000r/min水平，有待于解决的课题是旋转传感器的高速化及与车载环境的对应。另外，还在进行无传感器式电机的研制。

（ii）DC无电刷式电机　随着超过以往磁铁能量积10倍的高性能稀土类磁铁进入到实用领域，小型且高效电动汽车用电机非常值得期待。

特别是超小型、轻量型电机已经指日可待，组装到车轮上直接驱动轮胎的新型驱动电动汽车也会很快出现。

构造、特性　DC无电刷式电机的构造如图5.5.6所示。

由于转子是由永久磁铁构成的，因此不需要直流电机上那种提供电源的电刷和整

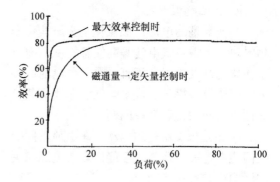

图5.5.5　感应电机的最大效率控制

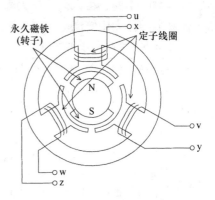

图5.5.6　DC无电刷电机的构造

流器。

但是，因为转子是按照一定的方向旋转，与转子磁极对应位置的定子线圈必须加以励磁，所以需要检测转子的磁极位置。

与直流电机相同，它所发出的转矩与电流和磁通量的乘积成正比，因为磁通量由永久磁铁提供，为一定值，所以它与电流的大小成正比。

由于不需要励磁电流和转子的电流不流动，该种电机的输出特性良好。但是在确定的转矩输出范围内电压一定的条件下，磁通量为固定的，随着旋转速度的上升反电动势电压成比例增加，在高转速范围内无法得到充足的输出，这一点将成为它应用于电动汽车上时需要面对的难题。

为了确保高转速范围内的输出转矩特性，必须配置电源电压升压装置，或者减弱磁铁的磁通量的减磁机构。

当使用减磁电流时，其特性如图5.5.7所示，如方案（1）那样在高转速范围内的减磁电流增加，因此电机电流增加。

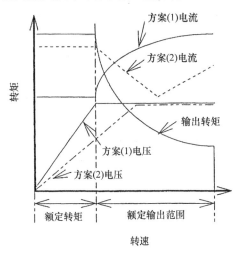

图 5.5.7　DC 无电刷电机的输出特性

为了避免高转速范围内电流的增加，方案（2）中对低转速范围时电压加以控制，使之降低，结果使低转速范围内的电流增大。

为了改善高转速范围内的转矩输出特性，以降低磁力抵抗为目的，利用电机凸极性的磁阻型电机，以及像永久磁铁励磁和直流励磁线圈组合而成的直流并励电机那样，根据励磁线圈对励磁进行调整的混合方式正在研讨之中。

技术动向　电机本体已经取得了飞速的进展，特别是使用稀土类磁铁的小型轻量化、高效化的开发正在进展当中。

在高速化发展方面，通过采用轻量且最大能量积的永久磁铁转子，电机转动惯量可以设计得很低，与感应电机相比转速上升率有了很大的改善，但是关于转子磁铁的固定方法仍然需要精心设计。

d. 电机的特征

各种电机的特征见表5.5.5。

表 5.5.5　电机的特征

	特征		
	直流电机	感应电机	DC 无刷式电机
电机构造	复杂	简单	稍复杂
驱动电源	直流	交流	交流
传感器类型	无可	必须检测转速	必须检测磁极
整流器、电刷	必要	不要	不要
寿命	电刷寿命	轴颈寿命	轴颈寿命
额定功率特性	容易获得	较易获得	高转速域较难
高速化	如有整流机构，不适合	容易获得	转子磁铁固定难
小型化	不适合	不适合	多极化后容易
高效率化	良	转子铜破损、励磁电流易损	良
大容量化	不适合	容易	稍难
控制性	简单、容易	复杂	稍易
可靠性	电刷必须维护 结构密闭难	结构坚固 转速传感器易损坏	转子磁铁固定和位置检测难

5.5.4　电机控制装置

a. 控制装置使用的电器元件

电动汽车用电机控制装置很大程度上依赖于以微型电脑为代表的高速运算因子和大电力高速开关元件的开发、发展。

特别是电器元件发展方面，虽然晶体管的发明起到了重大的作用，但是 SCR

（Thysistor 晶闸管）的出现也非常关键，与电阻器的阻抗值缓慢下降、以阻抗型为主流的初期电动汽车用电机相比，它没有热损失，转换为电力可以即时开、关控制的晶闸管控制，这一步进展具有划时代意义。

目前所使用的电器元件主要是晶闸管、GTO（Gate Turn – off Thyristor）、晶体管（Biopolar Transistor，BPT）、MOS FET（Metal Oxide Semiconductor Field Effect Transistor）、IGBT（Insulated Gate Bipolar Transistor）等五种。

当初，电动汽车用的脉冲控制虽然使用的是晶闸管，但是渐渐转移到具有自身消弧能力的 GTO 上，近年来动作频率高的 BIP 及 MOS FET 用的也很多。

最近，与价格还较高的 MOS FET 相比，使用得较多的是具有高电流密度且易于驱动的 IGBT。

b. 直流电机的控制装置

直流电机的控制，除去在一部分车辆上采用的阻抗型以外，目前大多是脉冲回路控制。

基本电路如图 5.5.8 所示，使用晶闸管或者晶体管等电器元件的直流开关回路，根据开、关来进行直流电机的控制。

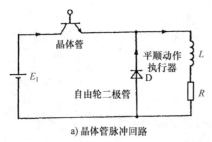

a) 晶体管脉冲回路

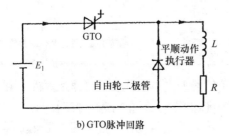

b) GTO脉冲回路

图 5.5.8　直流脉冲回路

根据所使用的电器元件，称为晶闸管脉冲、晶体管脉冲。

直流电流的切断虽然会产生电流流动上很大的问题，但是随着具备自身消弧能力且开关迅速的电器元件及高速运算因子的出现，可靠性较高的控制得以实现。

关于直流脉冲，一般使用两种脉冲的输出方法。

● 电流滞后控制：由电机和执行器直列配置的感应型负荷电路构成，利用脉冲的开、关使负荷电流波形向具有时间常数的三角波近似波形变换，确保滞后幅度为事先设定的电流瞬态上限值和下限值，通过电器元件的开关进行控制方法，具有以几乎恒定的电流向电机供电的优点。

高速运算处理器出现之前，电动汽车上的主流控制方式是根据节气门的开度动态设定滞后幅度，进而对转矩加以控制。

● PWM（Pulse Width Modulation）控制：它是周期 T 为一定值，开关时间随节气门开度而变化的电机控制脉冲调幅方式，随着以微型电脑为代表的高速运算处理器的出现，目前是电动汽车上所使用的主流控制方式。

c. 交流电机的控制装置

交流电机上必不可少的装置是变压器。

变压器是将直流电流转变为交流电流的机器，特别是随着基于电压和频率输入信号可以自由转换的 VVVF（Viariable Voltage Variable Frequency）变压器的实用化，以前困难重重的速度控制型感应电机或者 DC 无刷式电机，已经实现了与直流电机同等水平的可变速驱动高性能控制。

变压器的基本电路如图 5.5.9 所示。

这种由于采用了晶体管及晶闸管电器元件，通过将直流电流转变为交流电流的频率变换电路，根据与直流脉冲电路中使用的同样电器元件，称为晶闸管变压器、GTO 变压器、晶体管变压器。

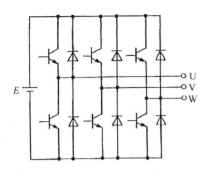

图 5.5.9　变压器电路示例

为了确保组装在一起的电机能够输出最大限度的转矩，对变压器输出波形进行了各种各样的改进，已经取得了显著的改善效果。

根据输出转矩波形的差异，可以分为方形波和 PWM 波。目前，随着高速运算处理器和高速开关电器元件的价格下降，PWM 方式渐渐成了主流。

PWM 方式包括单一脉冲调幅方式、多脉冲调幅方式和高频脉冲调幅方式等多种。

其中通过使用高频脉冲调幅方式，可能将电压、电流波形转变为近似等价的正弦波，对交流电机的转矩脉动改善及损失的降低发挥了重要的作用。

[川腾史郎]

参 考 文 献

[1] 平成 9 年度電気自動車購入補助案内，（財）電動車両協会資料
[2] FC NEWS LETTER，Vol.7，No.4（1995）
[3] 川内晶介ほか：新しい電池技術のはなし，工業調査会（1993）
[4] 永山和俊ほか：ベクトル制御インバータによる誘導電動機最大効率制御の一方法，平成5年電気学会半導体電力研究会（1993）
[5] W. L. Soong, et al.：Design of New Axilly-Laminated Interior Parmanent Magnet MOTOR
[6] 森田茂樹ほか：2000年へ向けての半導体技術，平成 6 年パワーエレクトロニクス研究会，Vol.20，No.1（1994）

5.6　混合动力汽车

一般来讲，混合动力汽车上包含两种动作原理不同的动力系统，根据不同的工况单独或者同时驱动汽车，但是并没有明确的定义。

因此，从广义的角度来解释，它包括通过排气涡轮回收发动机的排气能量、返回到曲轴的废气涡轮增压发动机，近年来，发动机 - 电机的混合动力汽车虽然还算不上低公害汽车，但是实用性确实很高，在世界范围内受到了关注，本文将以其为中心加以介绍。近年来由于日本是从大型公交车的油压再生系统的开始实用化，最后将对其概要加以介绍。

5.6.1　发动机 - 电机混合动力汽车的历史

发动机和电机的混合动力汽车历史悠久，在汽车被发明出来的初期，由于发动机技术还不成熟，制造高性能的发动机非常困难，就有人考虑过用电机来弥补发动机动力不足的混合动力汽车，并且非常普遍地开始使用。但是在那之后，发动机技术取得了显著的进步，那种必要性越来越小，并逐渐消失。进入20世纪70年代，出现了大气污染问题以及石油危机，排放废气对策和节能的需求高涨。不仅仅是欧美，即使是在日本也开始研究开发混合动力汽车。但是从1985年以后，随着石油危机好转以及排放废气解决技术的进步，关于混合动力汽车的研究又陷入了低谷。

虽然经过多轮次混合动力汽车的研究开发，但是由于它包含多个动力系统，重量增加和成本上升是不可避免的，最后不得不面对衰退的局面。但是，混合动力汽车本身在排放和燃油消耗率改善等方面具有天然的优势，近年来随着功率电子学的进步，一种崭新的思路在混合动力汽车的世界中又开始活跃起来。

5.6.2　种类和特征

根据发动机 - 电机的混合动力汽车的动力分配公式，以及发动机及电机的安装位置，其分类情况见表 5.6.1。

a. 连续方式

一个动力源驱动车轮，另外一个动力源不驱动的方式称为连续方式。通常情况下，如表5.6.1中的连续方式①、②所表示的那样，在发动机上安装发电机（即发电单元），以较高的效率旋转发电，所得到的电能储藏在蓄电池中，该电能能够驱动电机，使汽车前行。这种方式虽然具有控制简单的特点，但是系统整体的重量和尺寸过大，其缺点是效率低。最近，为了克服这个缺点，以电机或者燃气轮机作为发动机的案例不断增加。另外，如表5.6.1中的②那样，将电机安装在车轮上，没有驱动系统零部件的方案，实现了轻量化目的。减速时将电机当作发电机来控制，将制动时产生的能量储存在蓄电池中。

b. 并行方式

多个动力源驱动车轮的驱动方式称为并行方式，根据发动机和电机的安装位置又包括很多种。一般情况下，这种方式的重量、效率虽然优于连续方式，但是其缺点是难以控制。近年来，随着功率电子学的进步，这个问题已经逐渐得到了解决。

表5.6.1中的并行方式①中，一边的车轮通过电机驱动，另外一边的车轮通过发动机驱动。另外发动机还能驱动发电机，给蓄电池充电，当电机减速时刹车能量被回收，也可以对蓄电池充电。

表 5.6.1　发动机 – 电机的混合动力车分类

方式	总布置图	应用案例
连续方式	①	• Volvo：小型乘用车 • GM：小型 VAN • 三菱：小型乘用车 • 丰田：小型客车 • IVECO：小型客车、大型客车 • MAN：大型客车
	②	• GM：小型乘用车 • Unique Mobility：中型客车 • Chrysler：赛车（patriot）
并行方式	①	• Audi：小型乘用车
	②	• 日野：HIMR 大型客车 • 日野：HIMR 中型货车
	③	• VW：小型乘用车 • Clean Air：小型乘用车
	④	• Benz：大型货车 • FIAT：大型货车

D：差速器齿轮（Differential Gear）　　G：发电机（Generator）　　M：电动机（Traction Motor）　　ICE：内燃机用离合器（Internal Combustion Engine Clutch）　　MG：电动机 – 发电机（Traction Motor – Generator）　　GB：齿轮箱（Gear Box）

表 5.6.1 中的②是在驱动轴上放置电机和发动机，通过变速器对车轮进行驱动。使电机空转，仅依靠发动机也可以实现驱动。和①相同，将电机当作发电机进行控制，给蓄电池充电。

表 5.6.1 中③的发动机及电机的配置和②相同，但是②中在电机和齿轮箱之间只有一个离合器，而③中在电机和发动机之间还配有一个离合器，电机可以单独驱动车轮，使车辆前行。

表 5.6.1 中的④为发动机和电机并行配置，可以分别单独驱动车轮。由于可以使用大功率电机，因此适用于大型车。另外在市区行驶时使发动机停止工作，电机通过电线获得电能来驱动车轮，即通常所说的无轨电车。

5.6.3　混合动力汽车的案例和参数

表 5.6.2 中显示的是发表的发动机 - 电机的混合动力汽车及其性能参数。车型种类从小型乘用车到大型货车、客车。混合动力方式包括连续方式、并行方式，并未特殊明确。另外与电机组合在一起的发动机包括以汽油、柴油、天然气等为燃料的活塞式发动机、燃气轮机、转子发动机等多种多样。显示出各方为了研制出更低公害、更加轻量的高性能混合动力汽车，都在不断地努力当中。

表 5.6.2　混合动力车主要参数

No.	制造商（形式）	车型	混合动力 连续方式	混合动力 并行方式	发动机类型（功率等）	电机类型（功率等）	电池类型（容量等）	备注	引用文献
1	GM（XREV G VAN）	小型 VAN	○		汽油机（7kW 发电机）	DC（45kW）	Lead - Acid（216V 1170kg）（35.1kW·h）	110km（Batt.）6V - 162.5Ahr × 20 个	[1][2]
2	GM（HX3）	小型乘用车	○		汽油机（906cc L3cyl）（40kW 发电机）	AC - Induction（45kW × 2）	Lead - Acid（320V 380kg）（13.2kW·h）	700km（Hybrid）10V - 41Ahr × 32 个	[2]
3	GM CHEVROLET（XA - 100）	小型乘用车	○		汽油机（电机 30kW）	DC（18.7～56kW）	Lead - Acid（120V 164kg）（120V 298kg）	32km（Batt.）570km（Hybrid）12V - Ahr × 10 个	[2][3]
4	VOLVO（ECC）	小型乘用车	○		燃气轮机（轻油）（41kW 功率）（38kW 发电机）	AC - Induction（70kW）	Ni - Cd（120V 350kg）（16.8kW·h）	146km（Batt.）670km（Hybrid）6V - 140Ahr × 20 个	[4]
5	VW（GOLF）	小型乘用车		○	柴油机（1600cc55kW 功率）	AC - Induction（6kW）	Ni - CD（60V 215kg）		[5]
6	VW（Chico）	小型乘用车		○	汽油机（25kW 功率）	AC - Induction（6kW）	Lead - Acid（205kg）	56km（Batt.）400km（Hybrid）	[2][6]
7	AUDI（100 DUO ESTATE）	小型乘用车		○	（80kW 出力）（2300cc L5cyl）	DC（9.3kW）	Ni - Cd（64.8V 200kg）	80km（Batt.）560km（Hybrid）1.2V - Ahr × 54 个	[7]
8	AUDI（100 DUO AVANT）	小型乘用车		○	汽油机（86kW 功率）	AC - Syncronus（21kW）	Na - S（252V 224kg）	80km（Batt.）	[8]

（续）

No.	制造商（形式）	车型	混合动力 连续 方式	混合动力 并行 方式	发动机类型（功率等）	电机类型（功率等）	电池类型（容量等）	备注	引用文献
9	ALFA ROMEO（alfa 33）	小型乘用车		○	汽油机（1500cc）	DC（6kW）（AC 规格?）	Lead – Acid		
10	PEUGEOT（405 BREAK）	小型乘用车	○		柴油机（30 ~40kVA 发电机）	（20kW×2 个）	Ni – Cd（230V）（5. 3kW · h）	72km（Batt.）750km（Hybrid）	[6]
11	CLEAN AIR TRANSPORT/IAD（LA301）	小型乘用车		○	汽油机（658cc 77ps）（25kW 发电机）	DC（42kW）	Lead – Acid（261V 540kg）	80km（Batt.）	[2][10]
12		小型乘用车	○		汽油机（660cc L3cyl）（8kW 发电机）		Ni – MH（120V 220kg）（13. 2kW · h）	450km（Hybrid）12V – 110Ahr×10 个	[11]
13	三菱（ESR）	小型乘用车	○		汽油机（1500cc）	AC（70kW）	Ni – Cd		[12]
14	CHRYSLER（PATRIOT）	赛车	○		燃气轮机（液化天然气 700HP）（185kW 发电机）	AC – Induction（370kW）	Flywheel Batt.（22. 2kW · h）	预定 1995 年出席勒芒赛	[13]
15	丰田（Coaster SAURUS）	小型客车	○		汽油机（1300cc L4cyl）（20kW 发电机）	AC – Induction（70kW）	Lead – Acid（288V 580kg）（18. 7kW · h）	12V – 65Ahr×24 个	[14]
16	UNIQUE MOBILITY（OBI ORION Ⅱ）	中型客车	○		压缩天然气（4300cc V6cyl）（63kW 发电机）	DC（70kW×2 个）	Lead – Acid（180V 1920kg）（57. 6kW · h）		
17	日野（集装车）	中型货车		○	柴油机 TI（3839cc 110kW 功率）	AC – Induction（22kW）	Lead – Acid（300V 380kg）（10. 5kW · h）	12V – 35Ahr×25 个	[16]
18	日野（垃圾车）	中型货车		○	柴油机 TI（3839cc 110kW 功率）	AC – Induction（22kW）	Ni – Cd（228V 128kg）（2. 9kW · h）	7. 2V – 10AHr×40 个	[17]
19	BENZ（1117L）	大型货车		○	柴油机（125kW）	AC – Induction（46kW）	Ni – Cd or Lead gel（1200kg or 2000kg）	11 – ton Truck	[18]
20	IVECO	大型客车	○		柴油机 TI（2500cc 4cyl）（30kW 发电机）	（128 ~143kW）	Lead – Acid（596V）（59. 6kW · h）	Ni – Cd 100Ahr	
21	IVECO FORD TRUCK（AltroBus – TurboCity）	大型客车	○		柴油机 TI（2000cc）	DC（22kW）	Lead – Acid	12 – meter Bus	[19]

（续）

No.	制造商（形式）	车型	混合动力 连续方式	混合动力 并行方式	发动机类型（功率等）	电机类型（功率等）	电池类型（容量等）	备注	引用文献
22	Blue Bird/WEC	大型客车	○		压缩天然气（60HP）	AC（150kW）	Lead – Acid	35 – feet Bus	[20]
23	MAN	大型客车	○		柴油机 TI（110kW 功率）（85kW 发电机）	AC – Syncronus（150kW）	Flywheel Batt.（140kW 550kg）（1.3kW·h）		
24	日野（HIMR 客车）	大型客车		○	柴油机（9882cc 147kW 功率）	AC – Induction（30kW）	Lead – Acid（300V 600kg）（19.5kW·h）	12V – 65Ahr×25	[22]

　　蓄电池大多为酸化铅制的，还有如镍 – 铬、钠 – 硫等蓄电池，作为今后的技术动向受到了众多的关注。以下对代表性的混合动力汽车加以概述。

　　图 5.6.1 所示是通用汽车开发的连续方式混合动力汽车 HX3（5 人座 FF 车）。在 906mL 的小型 3 缸发动机上，安装了发电机，它能对蓄电池（铅 – 320V）充电，通过 AC 电机（45kW，2 个）驱动车辆前行。

42.5 42.5
kW　kW

图 5.6.1　GM 连续方式小型乘用车（HX3）

　　图 5.6.2 所示是丰田汽车开发的连续方式的小型混合动力汽车（COSTA HV）。带有 1331mL 三元催化器的汽油机，驱动 20kW 的发电机运转（1000 ~ 3000r/min），通过 70kW 的电机驱动车辆行进。蓄电池为密封型铅电池（288V），最高车速达 80km/h，实现了大幅的排放改善。

　　图 5.6.3 所示是奥迪的并行试（2 根驱动轴）的小型乘用车 Duo。前轮由发动机驱

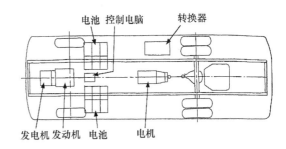

图 5.6.2　丰田连续方式小型客车

动，后轮由电机（9.3kW、直流）驱动。市区内行驶时由电机驱动，郊外行驶时由发动机驱动。原有的 4 驱系统可以直接使用，在成本方面具有很大的优势。

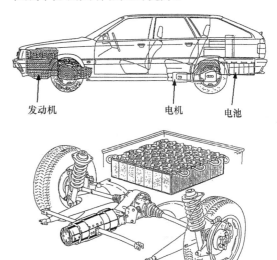

图 5.6.3　Audi 并行式小型乘用车（Duo）

图 5.6.4 所示是 VW 开发的并行方式（单一驱动轴）的小型乘用车 GOLF。电机（6kW、交流）布置在发动机（1600mL 柴油机、55kW）的后面，前后都设有离合器，市区内行驶时发动机侧的离合器处于关闭状态，发动机停止工作，变速器侧的离合器处于接合状态，以电动汽车的形式行驶。当有需要时还可以辅以发动机的动力驱动。蓄电池（Ni－Cd、60V）通过家庭用电即可以充电，非常方便。

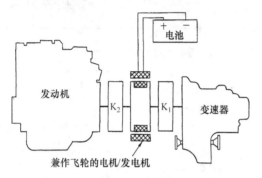

图 5.6.4 VW 并行式混合动力系统
（小型乘用车 GOLF）

图 5.6.5 所示是日野自工的大型客车及中型货车上已经实用化的并行方式（单一驱动轴）混合动力系统 HIMR（Hybrid Inverter Controlled Motor & Retarder）。在现在的柴油机飞轮罩内内藏超薄型三相交流发电机，通过带计算机的转换器控制，发挥起动、电动机、发电、再起动、能量回收等五种功能。三相交流发电机由飞轮外周安装的电机和飞轮罩内部组装的起动机构成，是外径与宽度的比约为 10∶1 的超薄型，发动机的长度与以前相同。该三相交流发电机起动时，接受起动机开关的信号，起动机开始工作，因此不需要以前的起动机。另外接收到车辆前进、加速时加速踏板上安装的加速传感器信号以后，根据加速踏板的踩入量来调节发动机的转矩。车辆制动时接收到起动机调整杆的信号以后，电气刹车系统开始起动，此时的制动能量以电能的形式输出，通过给蓄电池充电进行回收。因此，不需要以前的起动机。在因该系统中的采用而降低排放的中型货车上，NO_x 约降低了 40%，炭烟浓度约降低了 70%，行驶过程中的炭烟达到肉眼看不见的水平。另外，燃油消耗率约有 10%～20% 的改善。除此以外，还包括如发动机制动性能的提升，辅助制动系统的使用频率大幅减少，制动系统的使用寿命得以大幅增加（图 5.6.6）。

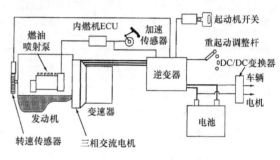

图 5.6.5 日野 HIMR 系统

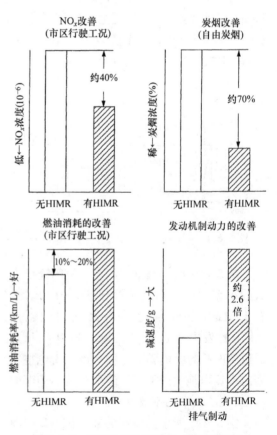

图 5.6.6 HIMR 的改善效果（中型货车）

图5.6.7所示是MAN开发的连续方式的大型公交车系统概要。受到关注的点是图5.6.8所示称为飞轮蓄电池的特殊能量回收储藏器。把带永久磁铁的飞轮置于真空容器中的电兼具发电机的功能。其尺寸为直径66cm、高度58cm、重量500kg，今后必将越来越受到关注。

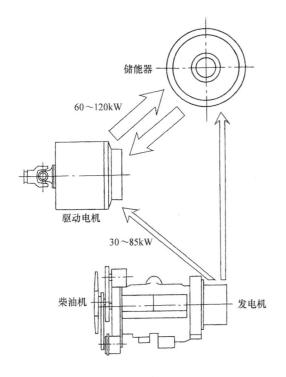

图5.6.7　MAN连续方式混合动力
系统（大型公交车）

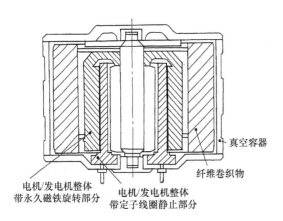

图5.6.8　MAN的飞轮电池

图5.6.9所示是Benz开发的并行方式（2根驱动轴）的大型货车。在变速器的后端安装变速器，电机通过驱动轴安装。控制系统虽然不详，但是与其他的并行方式相同，具有单独驱动、制动能量回收等功能。

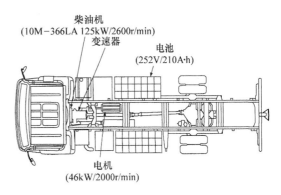

图5.6.9　Benz并行方式大型货车

菲亚特等也在大型货车上开发了类似的系统，今后其动向也会受到关注。

以上所介绍的发动机-电机的混合动力汽车种类，虽然就其中的代表性案例进行了介绍，但是世界上有非常多的混合动力形式，现状是还没有明确的统一样式。今后，为了发挥发动机、电机双方的优点、克服双方的缺点，研制出更加理想的混合动力系统，众多研究人员正在不断努力当中。

虽然主要的课题是减轻重量和控制成本，但是对电机和蓄电池的进步也寄予了厚望。

5.6.4　大型公交车用油压再生系统案例

油压再生系统是从很早以前由欧洲的MAN及Volvo等公司以大型公交车的燃油消耗率改善为目的而开发的。

近年来，三菱汽车、五十铃、日产柴油机等家公司也在大型公交车上进行了开发，图5.6.10所示是由三菱汽车开发的公交车（MBECS），并且已经在东京等大城市内进行了路面测试。该公交车为并行方式，发动机、驱动系统的布置沿用传统车方式，在客舱地板下面布置油压泵/电机和活塞式储能器，驱动轮（后轮）和油压泵/电机通过变速器用专用的传动轴连接。制动时制动能量通过油压泵再生，储藏在储能器中，这些储藏起来的能量能够在前进、加速时驱动油压电机，提供辅助转矩。根据这种方式在市区内行驶，气体排放、燃油消耗率约有20%的改善，炭烟的排放也大幅削减。由于系统是由高压泵来驱动的，其可靠性、耐久性的确保及维修的便利性为最大的亮点。

[铃木孝幸]

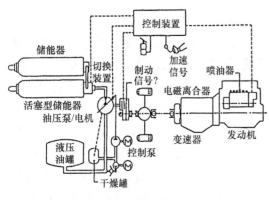

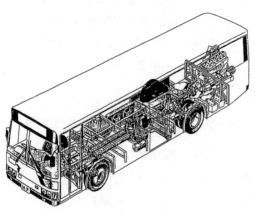

图5.6.10　三菱油压再生式大型公交车

参 考 文 献

[1] A.S.Keller, et al.：Performance Testing of a Extended-Range (Hybrid) Electric G Van, SAE Paper 920439(1992)

[2] A.F.Burke：Hybrid/Electric Vehicle Design Options and Evaluations, SAE Paper 920447(1992)

[3] J. S. Reuyl：XA-100 Hybrid Electric Vehicle, SAE Paper 920440 (1992)

[4] MF Tech Information, Motor Fan, 12, pp.86-89(1992)

[5] A.Kalberlah：Electric Hybrid Drive Systems for Passenger Car and Taxis, SAE Paper 910247(1991)

[6] Automotive Engineering/September, pp.21-25(1992)

[7] Lufthansa Bordbuch, 3/91, Mai/Juni(1991)

[8] 低公害車の開発状況調査, (財)日本自動車研究所, 1994. 3. 17

[9] A. Bassi, et al.：A Hybrid Car, Proc. FISITA, Vol.2, pp.2.49-2.54(1986)

[10] J.Samuel：The Clean Air LA301 Electric Vehicle for the Los Angeles Electric Vehicle Initiative, Journal of Power Sources, Vol.40, pp.27-37(1992)

[11] 第31回東京モーターショウ資料, 10-11(1993)

[12] CARB to test Mitsubishi hybrid-electric vehicle, Ward's Engine and Vehicle Technology, Vol.21, No.11-1 (1995)

[13] L.Brooke：Patriot Games, Automotive-Industries, February, p.114, 116, 174(1994)

[14] Electric Vehicle Progress, December 1, pp.3-4(1994)

[15] A.T.Gilbert, et al.：Natural Gas Hybrid Electric Bus, SAE Paper 910248(1991)

[16] 小幡ほか：ディーゼル―電気新型ハイブリッドシステム採用の低公害低燃費中型トラックの開発, 日本機械学会環境工学総合シンポジウム'93, 講演論文集, pp.207-210(1993)

[17] 宮下ほか：ディーゼル・電気の新型ハイブリッドシステム(HIMR)を適用したごみ収集車について, 自動車技術会学術講演会前刷集, No.941-27(1994)

[18] Truck & Bus Builder/September, p.3(1994)

[19] Electric Vehicle Progress, April 1, pp.5-6(1993)

[20] Westinghouse Electric Corporation Tech/Paper(1994)

[21] G.Heidelberg, et al.：The Magnetodynamic Storage Unit-Test Result of an Electrical Flywheel Storage System in a Local Public Transport Bus with a Diesel-Electrical Drive, Intersoc. Energy Eng. Conf. Vol.23th, No.2, 889230

[22] 鈴木ほか：日野 HIMR 採用のディーゼル―電気ハイブリッドエンジン搭載の大型路線バスについて, 自動車技術会学術講演会前刷集, pp.61-64(1990)

[23] 武田ほか：蓄圧式制動エネルギー回生バス, 三菱自動車テクニカルレビュー, No.4, p.82-90(1992)

[24] エネルギー回生の蓄圧式ハイブリッドシステムいすゞシャッセ, MOTOR VEHICLE, Vol.44, No.5, pp.32-33(1994)

[25] 中村ほか：都市内路線バス用蓄圧式ハイブリッドバスの開発, 自動車技術会誌, Vol.49, No.9, pp.53-58(1995)

5.7　陶瓷燃气轮机

5.7.1　开发的目的和开发经历

最初燃气轮机是作为汽车发动机由英国的罗威公司于1950年以前开发的。在那之后，以欧美的主要汽车公司为中心，从货车、客车用的大型机到乘用车用的小型机，开发了各种各样的燃气轮机。20 世纪 70 年代初，作为大型货车、公交车用发动机，几乎到了量产的阶段，但就在那时经历了排放法规强化、二次能源危机等大变化。虽然在排放、噪声、振动等方面具有压倒性的优势，但是行驶时的燃油消耗率却低于柴油机，为了改善燃油消耗率，必须使燃气轮机入口的气体温度（TIT）提升到 1350℃。为了解决这个难题，当时在世界上首次出现了构造用陶瓷燃气轮机的高温部件，制造排放、燃油消耗率均优的汽车用燃气轮机成为当时的研究主流。

汽车用陶瓷燃气轮机的研究开发真正开始于 20 世纪 70 年代初。美国的 DARPA（Ddfence Advanced Research Project Agency）项目是从 1971 年开始的。福特公司致力于 200 马力的单轴式陶瓷燃气轮机的研究开发。并于 1976 年开始了 CATE（Ceramic Applications in Turbine Engine）项目，通用汽车的 Alison 事业部开发的公交车、货车用金属燃气轮机高温零部件，渐渐替换为陶瓷部件，以达到燃油消耗率 20% 的改善目的。该项目的最终阶段在达到 TIT = 1240℃ 之前被中断，转而进行 AGT 项目。1979 年，能源部（DOE）真正开始了汽车用陶瓷燃气轮机的开发，包括发动机车载的 5 年计划的 AGT（Advanced Gas Turbine）项目启动，GM 的 Alison 事业部和 Garrett/福特共同参与，前者以 2 轴再生式、后者以单轴再生式的 100PS 发动机为目标进行了开发。

虽然通过这些开发，陶瓷应用技术有了大幅提高，但是发动机的性能评价始终达不到规定的目标。在对这些目标进行重新评估的同时，1987 年 ATTAP（Advanced Turbine Technology Application Project）持续进行。ATTAP 以 5 年的计划，其目的在于陶瓷的应用技术，而不是发动机本身的开发，重点扶持日本的陶瓷制造商，AGT 开发的发动机被用来进行陶瓷零部件的评价测试。最终

目标是与汽车用发动机生命周期保持一致，开发能在 1371mL 的 TIT 发动机环境中工作 3500h 的陶瓷零部件，并加以验证。具体来讲，就是在发动机试验台架上进行 300h 的耐久测试，通过该试验来总结陶瓷部件的设计方法。

参加测试的制造商基本上与 AGT 相同，GM 小组增加了新的技术，所评价的发动机也更换为技术中心独自开发的轴流涡轮机使用的 2 轴再生式 AGT－5。另一方面，福特从 Garrett 小组中脱离出去。ATTAP 继续进行了陶瓷部件的开发，终于顺利通过了 300h 的耐久测试。虽然已经过了预定的日期，还是于 1992 年开始对项目的内容重新作了调整，1994 年，项目方向略有变更，并延长到 1998 年年底。也就是说，Allied-Signal 公司（原来的 Garrett 公司）的小组将他们开发的陶瓷应用技术应用于该公司开发的航空用 APU 第 1 阶段喷油器和燃气轮机叶片上，并实施了长时间的实地测试，同时还将陶瓷部件的制造技术进行了分级，进一步向实用化靠近，另一方面，Allison Engine Company（原 GM 的 Alison 事业部）继续进行了 GM 小组的工作，对残留的技术课题进行研究。这些小组的目的都是为 DOE 新项目开展的混合动力汽车用陶瓷燃气轮机开发提供技术支援。项目的名称也分别更改为 CTEDP（Ceramic Turbine Engine Demonstraion Project）、HVTETSP（Hybrid Vehicle Turbine Engine Technology Support Project）。

另一方面，在当时联邦德国最积极的研究技术部的支持下，于 1974 年 10 月开始了国家项目计划，汽车制造商、陶瓷制造商、大学、国家研究所等参与其中，实施了高温、高强度结构用陶瓷材料以及零部件的技术开发。燃气轮机、喷油器、燃烧器缸套、热交换器等部件分别由各自的责任方开始试制，并于 1983 年结束了测试实验。依托当时的技术还无法获得合格的部件强度、可靠

性指标，Benz 公司于 1982 年实施了与 AU-TO - 2000 国家项目相关的、将陶瓷燃气轮机组装到乘用车上的行驶实验，在那之后又继续搭载在普通的生产车（W12、4 缸、M/B200 ~ 300E 级车）上，包括 20000km 的路面延长试验，安装在发动机上的陶瓷部件通过了 600h 以上的测试。不久之后由于其公司内部的一些原因，汽车用陶瓷燃气轮机的研究开发中断了。

在瑞典，Volvo 公司获得了政府的援助，开展了 3 轴再生式燃气轮机的开发，1982 年 3 月份，进行了世界上最早的搭载陶瓷燃气轮机的乘用车路面试验。在那之后，虽然又进行了发动机的改良及陶瓷化的研究，但是其开发重点转换到了混合动力汽车用涡轮发动机上，后来还参加了 AGATA 项目，开展陶瓷化研究。

AGATA（Advanced Gas Turbine for Automobile）是 1987 年启动的 EC 项目，按照当初的计划，德国、法国、瑞典的制造商参加开发直接驱动车辆的 100kW 陶瓷燃气轮机，在 7 年的时间内完成项目的测试。但是不久德国表明不再参与该计划，几乎没有开发实质性的工作，在这期间排放法规越来越严厉，1992 年 AGATA 计划全面重新评估，转向到新型混合动力汽车用的陶瓷燃气轮机的开发。在这个项目中，虽然以 TIT = 1350℃、60kW 的汽车用发动机为目标，但是并没有制造发动机，而是选择了对燃油消耗和排放最为重要的三种陶瓷部件（催化剂燃烧器、径向涡轮转子、换热器）的设计、试制和实验评价，对这些技术的可行性进行了验证。项目在 1993 年到 1996 年的 4 年间持续开展，并完成了主要部件的设计。

日本于 1980 年前后，丰田、日产、三菱汽车等独自进行了陶瓷燃气轮机的研究开发，从 1990 年开始石油产业活性化中心的汽车用陶瓷燃气轮机的开发项目（CGT 项目）获得通产省的援助开始研发，以日本

汽车研究所为中心，包括汽车制造公司在内，对相关技术进行收集及再开发。该项目计划利用 7 年的时间开发图 5.7.1 所示 TIT = 1350℃、100kW 的发动机，于 1996 年末将热效率提升 40% 以上，满足汽油机乘用车的排放法规要求，并在发动机台架试验中得以验证，目前正在持续进行当中。

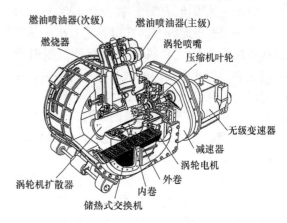

图 5.7.1　CGT 项目燃气轮机

5.7.2　技术现状

以美国的 ATTAP/HVTETS 项目及日本的 CGT 项目为中心介绍一下技术现状。

Alison 公司视为重点的部件包括涡轮转子、漩涡式涡轮机、燃烧器、热交换器、隔热材料，以这些部件为中心进行了陶瓷化开发，最终阶段完成了所有陶瓷部件的组装，并搭载在发动机上进行了耐久试验。1991 年完成了 100h 的耐久循环测试，最终还进行了 300h 的耐久试验，中间虽然经过了多次的故障，但是经过部件的维修及更换，使试验得以继续进行。发动机测试的最好成绩为 267h。幸运的是那些重点部件都不是最先出现损坏的，除这些部件以外的陶瓷/金属部件交界处、位置选择不当、热变形等为主要的损坏原因，通过整改措施最终完成了300h 的耐久试验。作为陶瓷部件，最受关注的虽然是相互对立的涡轮转子空气动力性能及耐久强度性能，在采取牺牲了少许空气

动力性能的 20 枚叶片方案后，虽然发生过叶轮尖部接触以及硬碳冲突，但是最终还是取得了 1000h 的运转成绩。另外，由于以前热衷于陶瓷部件的开发，发动机整体性能（燃油消耗、排放特性）有些迟滞不前，但是随着从 ATTAP 到 HCTETS 的转变，最近在发动机性能提升所必需的热交换器性能改善、低 NO_x 排放燃烧器的开发等方面又投入了大量的精力。特别是在燃烧器方面，预蒸发预混合方式的开发取得了进展，为了控制空燃比还试制了提升阀式可变机构，并进行了稳态试验。过渡性能的评价对良与否的判断至关重要，目前已经接近目标，很快就可以获得有价值的设计数据。燃烧器的排气性能目标值与 ULEV 法规值的比较如图 5.7.2 所示。

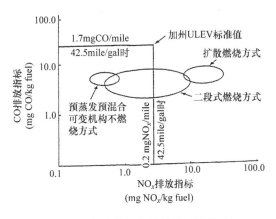

图 5.7.2　低公害燃烧器的排放性能指标

CGT 项目中各个部件的试制、评价实验仍在继续，于 1994 年末各个单元的性能均达到了预定的目标值。同时实施了将各个部件组装到一起后的实验，发动机测试也开始了。另外燃油消耗率虽然没有达到预期的目标，但是在 TIT = 1200℃、10 万次旋转功能测试中没有出现大的问题。图 5.7.3 所示是评价中的陶瓷静态部件。共试制了三种氮化硅径向型涡轮转子（图 5.7.4），和材料的强度相比，高温时的转子强度还不充分。为了确保 1350℃ 的高温下的可靠性，正在研究低应力化方案。还进行了预蒸发预混合方式的燃烧器样件试制和稳态性能试验。排放性能方面 NO_x 达到了很低的水平，但是由于逆火现象燃烧被限制在一定范围内，解决这个问题的措施也正在研究之中。

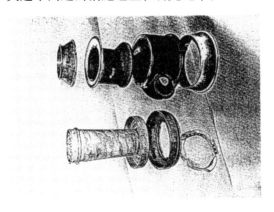

图 5.7.3　受评价的各陶瓷静态部件

图 5.7.4　陶瓷燃气轮机

如果用一句话来总结陶瓷燃气轮机技术的现状，可以说部件级别评价几近完成，发动机整体终于达到了可评价的水平。当将这些陶瓷部件组装到一起进行评价时，在部件单体上没有出现的问题却出现了，今后还需要重复进行大量的评价信息反馈，以提高陶瓷部件的可靠耐久性。

5.7.3　展望

如上所述，汽车用陶瓷燃气轮机的研究是从 20 世纪 70 年代初开始的。在这期间，陶瓷的应用技术、制造技术取得了飞速的进展，1985 年汽车用陶瓷燃气轮机在世界上首先实现了实用化，其可靠性初步得到了市场的验证。燃气轮机部件中的一个陶瓷化后，从发动机整体上来看并没有很好的效果，使得该技术并没有像增压发动机那样已经取得了实用化进展，但是在那之后随着技术的进步，一部分部件真正达到了实用化水平。实际上是否达到了实用化水平是要由市场来决定的，最终的可靠性确保和成本平衡成为最关键的一环。

关于可靠性和成本，如上所述燃气轮机作为汽车部件的商品化已经成为不可否认的事实，虽然说还有着进一步提升的空间，但是到目前为止，陶瓷化带来的发动机性能提升已经没有得到证实。尽早通过验证是非常重要的。日本试制了 100kW CGT 项目的发动机，以证实发动机的性能提升为目标正在不断努力。另外，美国的 CTEDP 针对航空机械 APU 上采用的陶瓷喷油器、叶片实施了长时间验证实验，HVTETS 及欧洲的 AG-ATA 从排气、燃油消耗两方面的高需求出发，开始了将陶瓷燃气轮机作为混合动力汽车涡轮发电机的开发。这些项目的研究成果将在数年内得到验证，长时间耐久性、可靠性达标，陶瓷燃气轮机是燃油消耗和排放性能优秀的发动机这样的结果将不会辜负大家的期待。

[伊藤高根]

参 考 文 献

[1] 伊藤高根：世界の小型セラミックガスタービンの開発動向，日本ガスタービン学会誌，Vol.22，No.87，pp.58-63（1994）
[2] M.L.Easley, et al.：Ceramic Gas Turbine Technology Development, ASME Paper 94-GT-485 (1994)
[3] R.Lundberg：AGATA：A European Ceramic Gas Turbine for Hybrid Vehicles, ASME Paper 94-GT-8 (1994)
[4] T. Itoh, et al.：Status of the Automotive Ceramic Gas Turbine Development Program, Transactions of the ASME（Journal of Gas Turbine and Power），Vol.115, Jan.（1993）
[5] S.G.Benery：Progress on the Advaced Turbine Technology Applications Project（ATTAP），ASME Paper 94-GT-9(1994)
[6] 西山　圓ほか：100 kW 自動車用セラミックガスタービン—エンジン開発の現状—，日本ガスタービン学会誌，Vol.22，No.87，pp.38-57（1994）

图书在版编目（CIP）数据

汽车发动机环境对应技术／（日）井上惠太，（日）迁村钦司主编；刘显臣译. —北京：机械工业出版社，2019.12

（汽车先进技术译丛. 汽车技术经典书系）

ISBN 978 - 7 - 111 - 64116 - 2

Ⅰ. ①汽…　Ⅱ. ①井…②迁…③刘…　Ⅲ. ①汽车 - 发动机 - 环境污染 - 污染控制 - 研究　Ⅳ. ①X734. 2

中国版本图书馆 CIP 数据核字（2019）第 241959 号

机械工业出版社（北京市百万庄大街 22 号　邮政编码 100037）

策划编辑：孙　鹏　责任编辑：孙　鹏

责任校对：肖　琳　封面设计：鞠　杨

责任印制：常天培

北京虎彩文化传播有限公司印刷

2020 年 1 月第 1 版第 1 次印刷

184mm×260mm · 13 印张 · 318 千字

标准书号：ISBN 978 - 7 - 111 - 64116 - 2

定价：79.00 元

电话服务　　　　　　　　　网络服务

客服电话：010 - 88361066　机　工　官　网：www.cmpbook.com

　　　　　010 - 88379833　机　工　官　博：weibo.com/cmp1952

　　　　　010 - 68326294　金　书　网：www.golden - book.com

封底无防伪标均为盗版　机工教育服务网：www.cmpedu.com